中央民族大学世界民族学人类学研究中心
中国文化走出去协同创新中心 资助

人类学、现代世界与文化转型：

21世纪人类学讲坛第二届年会论文集

包智明 赵旭东 主 编
刘 谦 龚浩群 副主编

中国社会科学出版社

图书在版编目(CIP)数据

人类学、现代世界与文化转型：21世纪人类学讲坛第二届年会论文集／包智明、赵旭东主编．—北京：中国社会科学出版社，2016.6

ISBN 978-7-5161-8139-3

Ⅰ.①人… Ⅱ.①包…②赵… Ⅲ.①人类学—文集 Ⅳ.①Q98-53

中国版本图书馆CIP数据核字(2016)第099824号

出 版 人 赵剑英
选题策划 刘 艳
责任编辑 刘 艳
责任校对 陈 晨
责任印制 戴 宽

出　　版 中国社会科学出版社
社　　址 北京鼓楼西大街甲158号
邮　　编 100720
网　　址 http://www.csspw.cn
发 行 部 010-84083685
门 市 部 010-84029450
经　　销 新华书店及其他书店

印　　刷 北京明恒达印务有限公司
装　　订 廊坊市广阳区广增装订厂
版　　次 2016年6月第1版
印　　次 2016年6月第1次印刷

开　　本 710×1000 1/16
印　　张 18
插　　页 2
字　　数 313千字
定　　价 68.00元

凡购买中国社会科学出版社图书，如有质量问题请与本社营销中心联系调换
电话：010-84083683

序　言

2014 年 11 月 1 日至 2 日，由中国人民大学人类学研究所联合中央民族大学世界民族学人类学研究中心一起举办了“二十一世纪人类学讲坛（第二届）：人类学、现代世界与文化转型”的学术研讨会。

这次学术研讨会之所以能够从最初酝酿到顺利召开，跟会议组织者和发起者之一赵旭东教授之前写作的一篇论文有关。这篇论文的题目是《中国意识与人类学研究的三个世界》，最初发表在《开放时代》杂志 2012 年第 11 期上。在文中，他提到了以中国意识为核心的人类学在三个世界中的不断展开。这三个世界即是指地方社会、周边社会与现代世界。他原计划召开以这三个概念为核心的三个主题会议，这样可以使中国人类学的特征得以凝聚和凸显。恰好在 2014 年秋天他得到了中国人民大学“985 工程”经费的支持。他在申请之时，觉得应该先从现代世界这个论题谈起，再逐步回到自身的地方社会中来，便毅然决然把此次会议的题目确定为“人类学、现代世界与文化转型”（Anthropology, Modern World, and Cultural Transformation），并决定联合中央民族大学世界民族学人类学研究中心共同主办这次学术研讨会。在征集会议论文之时，他曾经专门写了一份会议主旨的说明，可以说有些与会者是受到这份文字的吸引而来参会的，因此不妨将这段文字罗列在此，便于查考。

> 二十一世纪，乃是一个文化转型的世纪。面对越来越清晰的世界各种不同文化之间的相互碰撞和影响，面对由新媒体所带动的文化讯息传播和交流速度的日益加快，同时还有，面对由媒介的新物质性以及社会性所导致的文化表达的多样性呈现。面对所有这些，使得人类学自身的处境与在二十世纪之初人类学发轫之时的样貌以及所面临的世界文化的格局已经是大不一样了。

> 执此之故，今天的人类学家承载了一种不同于既往时代的文化重建的使命，这种文化重建的根本是在于如何在世界性的文化转型过程中，有意识地凭借一种知识建构的主体性，而去重新定位人类学以及人类学家在整个人类知识发展体系中的作用。面对多样性的世界文化，面对作为整体的人类存在，人类学必须在新的文化语境中，努力为自己找寻到一种更为恰当的定位，这既是一种世界性的学科的定位，同时也是基于一种文化自觉而有的文化定位。
>
> 人类学家在理解文化方面的独特视角，使得人类学家在今日世界文化大变局中，扮演着越来越重要的沟通与打破各种人为的社会与心理边界的作用，同时，人类学家对于文化及其差异性的包容和欣赏态度，恰恰也在不断地为人与人、人与社会之间的冲突带来越来越完整以及越来越细腻的化解途径。人类学正担当着一种在人与人之间、社会与社会之间以及文化与文化之间顺畅沟通的粘合剂的作用。面对一个全新的文化转型的世界，我们需要为这种新的粘合剂的发明找到一种新的配方。

在为期两天的会议中，共有八场次三十六位报告人报告了会议相关主题的研究成果。本会议文集分三编收录了其中十五位报告人提交的会议论文。

第一编为“文化转型之可见”，收录了七篇会议论文。广西民族大学秦红增教授以“对文化复杂性的认知：基于中国西南地方文化抒写讨论”为题报告了他的研究。在他看来，近些年来中国西南民族地区地方文化出现了不少“复振”的案例，从现实的历史、流动的区域、再现的遗失、真实的传说等四个方面对“文化抒写”进行叙事。他认为，这些源于当地人的主动性与文化自觉，实质上隐含着文化的重构或创新，效果上可能更有利于文化多样性的传承与保护，也有利于新的文化表达范式的产生，深化了人们对文化复杂性的认知。

华中科技大学孙秋云教授在其题为“电视传播与村民国家形象的建构及乡村社会治理”的报告中，基于他们团队对贵州、湖南、河南等地乡村的实地调查指出，电视传播在乡村社会信息传播中占有主导性地位，对于乡村村民国家形象的认知起着重要的作用，并认为这种影响主要表现为中央政府与地方基层政权、中央电视媒体与当地县市电视媒体之间较为强烈的认知割裂状态。基于上述认识，他提出，改革现有的地方台电视传播体制和机制，释放地方电视台在乡村基层民众社会生活传播中的主体性和能动性，对于推动乡村基层社会的科学治理非常重要。

中国人民大学张慧博士以“可持续城市社区的形成：一个自下而上的视角”为题汇报了她与莫嘉诗、王斯福等人合作的研究成果。他们以在昆明的四个社区所进行的田野调查为基础，从居民的视角出发讨论了城市社区形成过程中居民的社会关系、公共信任、社区归属感、冲突解决与社会融合等问题，并通过最基层城市社区的运行和实施情况分析了社区管理和城市规划的可持续发展问题。他们指出，自上而下的政策和通过拆除、搬迁强制进行的城市化一定会遭到居民更大的抵制，这与不信任的累积以及城市化过程中政策的不确定性相连，同时，新政策、新规划对基层意见反馈的延迟和不畅会加剧这种矛盾。

安徽大学王云飞副教授在其题为“社会变迁中农村留守家庭社会支持网络的路径研究”的报告中指出，中国社会正处于从传统社会向现代社会的急剧变迁过程中，这一变迁的主要标志便是城市化。城市化所带来的社会变化使得传统的农村家庭结构、社会关系和社会规范等发生了深刻的变化。他认为，这些变化对农村传统社会中原有的社会支持系统造成了很大的影响，甚至破坏了原有的支持系统，由此导致农村留守家庭不能通过传统家庭和家族的支持系统来面对社会变迁所带来的各种复杂的社会问题和现实困难。由此他指出，要建立完善的社会支持系统，必须建构由政府、社区和社会组织等互动形成的支持网络，同时重视以家族支持、邻里朋友等非正式的天然社会支持系统。

内蒙古大学博士生陈红以“牧民与其本土知识体系的再思考——基于西藏当雄牧区的人类学考察”为题进行了报告。她发现：一方面，在国家牧区话语中，牧民仍是被发展和扶贫的对象；在另一方面，本土知识体系则给予了牧民更多的自信。她指出，国家牧区话语和牧民本土知识体系在村落社会中相遇时，互动中形成了对话机制，双方做出了不同程度的调整和改变。牧民主要依靠的对话条件是其所掌握的本土知识体系。在对话过程中，当牧民本土知识体系被过多忽略或否定时，将会出现国家牧区话语与牧区现实相互偏离的现象，其偏离的程度取决于牧民本土知识体系与国家牧区话语体系之间的融合程度。

贵州财经大学段丽娜教授的题为“现代化背景下的贵州民族文化的

保护与发展”的报告向我们清楚地展示了民族文化在现代化浪潮影响下发生的质性的改变。她指出，自20世纪90年代以来，贵州传统的民族文化受到很大的冲击，许多传统文化迅速消失，状况令人感到担忧。如何从传承弘扬的高度来充分认识贵州民族文化，对于贵州各级政府乃至全社会至关重要，并认为保护贵州传统的民族文化对于传承世界文明有着积极重要而深远的意义。

社会科学文献出版社李闯编辑以“从‘人’到‘族’：‘归族’后克木人的认同与发展研究”为题对于云南布朗族中的克木人族群认同的过程进行了细致的报告。他分别从官方史籍中克木人的失语、口述史中潜在的二元结构和实际社会互动中的认同依据进行分析，认为被认异的记忆与语言决定了克木人的族群边界，并在认同——被认异——强化认同的过程中得以维系。而当代克木人日常生活中的身份意识与国家帮扶下的文化展演显示了作为族群社会背景下的“人”与作为民族国家系统中的“民族”间的内在张力。

第二编为“文化转型之隐喻”，收录了四篇会议论文。厦门大学彭兆荣教授在题为“连续与断裂：我国传统文化遗续的两极现象”的报告中，首先从中华文明的连续性和西方文明的断裂性着眼提出问题，他注意到了维科《新科学》中所提及的西方社会的转型首先是一种人的转型，是通过对人的重新分类而实现的对于他者的排斥。而中华文明大一统的连续性使得文化的损失表现得最为严重，所谓的文化遗产大多不在地上而在地下，这是由大一统的相互剿灭所实现的文化不能够留存下来的症结所在。他认为，在任何历史性社会转型中，“人的转型”是根本性的，西方的历史为我们刻划出一条鲜明的历史痕迹。在人的历史演化中，暴力成为一个重要的借助手段，并以“污名化”予以身体性惩罚和社会化排斥。我国的历史自有其特质，“连续”与“断裂”并不总是同趋性的，在社会转型中，王朝更替与文化传统表现出相违的现象，出现“连续中的断裂”现象。

中山大学周大鸣教授的题为“都市化中的文化转型”的报告，不同于以往将乡村都市化作为社会转型过程所进行的宏观研究，从人类学角度将乡村都市化作为“文化转型”的过程对其进行了“微观阐释”。因此，他将文化内化到人的日常生活中，具体到每一个社区，每一个家庭，每一个人身上，分析和讨论了都市化中的文化转型。对于都市化与文化转型的关系，他认为，事物双方的影响常常是相互的，都市化在造成文化转型的同时，文化转型同时也型塑着都市化。作为一种社会变迁，中国的乡村都市化无疑决定着其进程中发生的文化转型。

文学营销研究所的王革培先生以“文学人类学需要‘文学营销’”为题，用生动的语言阐述了文学如何与营销相联系，又如何与人类学有关联。他认为，现有文学人类学理论之所以没有“文学营销”概念，是因为没有从技术角度看待文学，文学这门技术区别于人类为节约生产成本而产生的那种通常技能，文学主要负责在人类社会中如何降低社会交易成本。他通过对文学营销概念的阐述，试图对文学人类学理论加以补充，并试用“文学营销”中的产品概念分析文化转型中文学所起到的降低转型交易成本的作用，继而提出了文学营销视野下建立“世界文学”的可能。

中国人民大学富晓星博士题为“‘主位诉求’的志愿服务模式探究——以流动儿童为例”报告了她与刘上、陈玉佩合作的研究成果。他们认为，在我国发展了30余年的志愿服务仍处于立法缺乏、规范不足、管理不善的多元探索阶段。针对这些问题，他们指出，人类学强调对于主体的尊重和发展，与服务对象一起在实践过程中进行理论应用和建构。他们以流动儿童为例，基于3年的大学生支教田野，发展出了一套原创的志愿服务模式：以“主位诉求”为核心概念，发展出适合流动儿童诉求的“递进”行动策略并采用志愿者参与观察、儿童后测日记与课堂小短剧、儿童所拍照片与“心里话”信箱的“三角验证法”确保了其“主位诉求”的信度和持续发展。

第三编为“文化转型之于人类学”，也收录了四篇会议论文。中国人民大学赵旭东教授在题为“人类学与文化转型——对分离技术的逃避与‘在一起’哲学的回归”的报告中指出，伴随着权力支配方式转变，文化形态亦在发生着一种根本性的转变。它意味着一种跟各文化关联在一起的转型人类学的出现。这是以自我的文化体验为判准的一种文化内生的人类学，它的基础在于去深度考察那些为西方现代理性所切断联系的文化的逐步恢复与重塑。他进一步指出，一种文化的转变需要人们认识到人不再是一种功能论式的理性的再生产模式的造物，它还是一种能动的自我的生成机制，它为激情留有足够的空间，并使之与理性有了一种最为完美的结合：那就是告别单纯的反思，直面多样性的文化的表达，并在欣赏和培育文化情调中去拒绝一种无中生有的批评与嘲讽。

中国社会科学院罗涛博士的以“制造‘人’：一项关于人格的法律人类学研究”为题的报告，通过归纳等级社会中关于人格的等级—特权范式和民主社会中的权利—义务范式，分析了在不同法律体系中对于人格的规定及其对应的支配方式。他试图指出，个体在民主社会的法律体系中已被界定为抽象的契约关系的集合体，其代价实际上是放弃支配自身及其所有物的自由，人作为自由存在的价值被剥离了，人格还原为属性、关系和价格等外在的并且可以被使用和转让的东西。由此他认为，建构理想的现代法律体系的基础，应该是个体拥有终极价值并保有普遍而有限的自由意志。

南开大学博士生刘顺峰则以“论民族法学研究中的局限及可能进路——以民族习惯法为分析对象”为题报告了他对民族法学在中国的发展过程及其存在的问题的一些思考。他以西方法律人类学与历史法学的相关知识为基础，对中国民族习惯法研究中的固有局限性予以揭示，并提出了未来中国民族习惯法研究的可能进路。他指出，中国民族习惯法研究中面临着理论与方法上的诸多挑战，虽然西方的法律人类学与历史法学知识在一定程度上为我们提供了一个成熟的经验样本，但中国民族习惯法的研究还是离不开对于中国场域实践的充分关注。

浙江师范大学辛允星博士在题为“‘文化改良主义’刍议——民国乡村建设运动再思考”的报告中指出，在中国的“现代化”路径选择问题上，学界有一种观点倡导以“文化变革”先行，同时又十分强调对传统文化元素的继承。他将这种观点概括为“文化改良主义”，并指出，这种思想观念发端于清末民国时期，之后演变成为“乡村建设运动”的理论指南，至今还有着很大的社会与政治影响。他认为，透过“文化改良主义”思想及其社会实践的检验，我们可以发现其中所隐含的诸多理论困境，其中的核心表现就是对“文化整体性”理论的漠视，以及对“文化嫁接”工作的盲目信任，而对这些理论话题的剖析有助于人们更好地理解民国乡村建设运动的历史命运。

在这次研讨会上，八位专家对各位发言人的报告进行了画龙点睛的评议。来自人类学、社会学、心理学、法学、管理学等不同学科背景的学者，围绕会议主题进行了广泛而深入的讨论和交流。经过两天的研讨，大家一致认为今天的中国人类学走进了一个新时代，在这个时代里应该在一种中国意识的引导下展开对于地方社会、周边社会以及现代世界这几个区域范围的人类学研究，以此来构筑一种中国社会中可以发挥其作用的有现实感的文化转型人类学。我们可以自信地说，这次学术研讨会达到了预期目标，获得了圆满的成功。

包智明

2015 年 11 月 8 日

目　　录

第一编　文化转型之可见

第二编　文化转型之隐喻

第三编　文化转型之于人类学

第一编

文化转型之可见

对文化复杂性的认知：基于中国西南地方文化抒写的讨论

秦红增

随着时下中国社会转型的逐步深入，“文化”也渐渐进入发展的核心视野。如火如荼的民族民俗文化体验，方兴未艾的乡村生态旅游，茶道、花艺、建筑等独特艺术分享，不只是为区域或地方发展注入了新的活力，也使得“文化消费”在中国人的日常生活或休闲中成为常态。其在主观上满足了现代人，尤其是城市人对“异文化”的好奇或着迷心理，提升了中国人的生活品味，客观上则促成了文化的“复振”，如地方文化的复兴、重构、建构等。但由于自近代以来中国社会长时期的救亡图存、革新富强等运动，使得地方文化一直处于“断裂”状态，以致时下的文化“复振”中，不得不掺杂许多捕风捉影、牵强附会，甚而“虚构”的成分，在某种意义上可谓是对文化的任意“抒写”，因而在赢得地方文化空间拓展的同时，也导致文化的滥觞，引发了文化“真实性”的质疑与讨论。窃以为，不应过多地纠结于“真实”与否，因为社会的变迁场景本身就是最为真实的存在，而是应当对这些“抒写”现象进行深度反思，以促使地方文化、民族文化更好地增长，实现人类文化多样性的愿景。同时，在学理上应以积极主动的态度，认真总结其中所体现出来的民族志撰写范式，以有利于对文化复杂性的认知。

一　“写文化”与文化抒写

通过认知“文化”来达到对不同民族或族群之间的理解与沟通，是人类学学科的主要目标。基于文化本身天然的“复杂”性，人们又创造出许多范式或工具，来达到对文化复杂性的认知，“民族志”是表现这一认知的基本载体。有学者按撰写方式把民族志分为三个时代：第一个时代的民族志是自发性的、随意性的和业余性的，所谓有文字而又重文献的民族大都有自己文化特色的民族志；先有民族志，很久之后才有人类学。但是经过专业训练的人类学者来撰写民族志，民族志的发展就进入了一个新的时代，也就是通过学科规范支撑起“科学性”的时代；民族志发展的第三个时代是从反思以“科学”自我期许的人类学家的知识生产过程开始萌发的，其把求知主体作为对象，承认知识是涉及主体的一种建构，它标志着另一种更具决定性的决裂，即与实证主义对科学工作的观念决裂，与对“天真的”观察的自满态度决裂。其在尝试怎样在民族志中把调查对象写成主体、行动者，即如何来“写文化”，而不是研究“文化”。[①]

那么，人类学又是如何“涉及主体来建构知识”，如何实现“写文化”式的民族志？这便要求对具体时间、空间和行动主体的经历及其社会处境的把握。“要而言之，人类学要研究人的社会文化实践，就要带着对当前社会问题的反思和问题意识，到目标社区去体察（参与观察）和聆听（焦点访谈）他者的处境和需求，领会和描述他者的经历，了解目标社区和结构性事件的时空场景及其过程，呈现和阐释行事者行动的意义体系和结构条件，写出好的民族志。如果没有对于主体意义、结构场景和事件过程的深刻理解，我们的研究导向不论是理论建构还是实践应用，都只会事倍功半或南辕北辙。”[②] 这也就表明“写文化”实际是一个综合性的建构过程。在这个过程里面，研究者要把文化看作是研究对象主导下的动态展现，要始终围绕研究对象的行动，在其所处的特定时间、空间场景中来展开自己的文化描述。

这里我们暂且不论“写文化”目标是否能够最终实现，但其所传递的撰写宗旨对丰富民族志则有着重要的启迪：文化描述实质上是文化建构即“文化抒写”；在这一整体建构过程中，研究对象变为行动主体，有着自身的文化自觉与建构能力；研究者要实现文化描述，不只是尊重，更重要的是要理解研究对象，应具有对文化时间与空间整体的感觉

---

① 高丙中：《民族志发展的三个时代》，《广西民族大学学报》（哲学社会科学版）2006年第3期。

② 张海洋：《好想的摩洛哥与难说的拉比诺：人类学田野作业的反思问题》，《广西民族大学学报》（哲学社会科学版）2008年第1期。

与认知；等等。

二 地方文化抒写的兴起

在类型上，地方文化可看作是与亚文化、非主流文化、非西方文化等与“弱势文化”相类似的概念，对应于正统文化、主流文化、西方文化等“强势文化”。从学科来看，对地方文化的重视一直是人类学的传统，起初只是为了好奇或满足殖民统治等现实需要之类的认知。但是，自20世纪中期以来，地方文化越来越受到重视，典型的如在理论与实践上对“地方性知识的倡导”，注重“民族文化重构、建构”等，大有与占主导地位的“强势文化”平起平坐之势。正因为如此，萨林斯在面对全球化浪潮时乐观地指出，两者是同步的，即现代科技、经济在全球到处扩张的同时，也必然有一个地方化的过程。[①]

地方文化兴起主要归结于人们试图借助地方文化或民族文化来对全球化或西方文化形成反思与矫正。与之相适应，随着人类学、民族学等学科的积累与发展，非西方学者相关本土研究亦呈风起云涌之势。具体到中国，便是对少数民族文化、边疆文化的重视，这可能与中华民族的分布格局相关联。自古以来，在中央王朝“教化”范畴内形成了两类不同的群体：中原汉族与周边少数民族。这两类的界限无论在过去还是在今天都是你中有我、我中有你，但在以儒学为正统的文化教化里面，还是有“内外”之别：中央为正统，周边为“蛮荒”。“礼失而求诸野。”周边“蛮荒”恰恰是文化多样性最集中的地方。由此可见，如何做好地方文化研究，以与正统的中原文化或儒学教化照应，乃是当前中国人类学民族文化研究的重要议题。

注重地方文化实质上是中国人类学界长期倡导“从中心看周边，从周边看中心”视野的扩展。事实上，人类学、民族学在这方面已取得了一定成绩。其中除了大量案例研究外，一些学者还尝试在方法论层面进行反思。譬如麻国庆、何明等人就认为“中心”和“周边”是两个灵活的、相对的概念。从儒家文化的视角着眼，“周边”并不仅限于中国

---

① ［美］马歇尔·萨林斯：《别了，忧郁的譬喻：现代历史中的民族志学》，李怡文译，载王筑生主编《人类学与西南民族》，云南大学出版社1998年版，第42页。

的少数民族地区，还涵盖了包括东亚、东南亚等周边国家和地区。“周边”的概念在汉族社会内部的不同民系、汉族和少数民族等各族群的互动中，又有着新的内涵和外延。因此，华南到环南中国海区域研究就有了方法论的意义，[①] 有必要创建东亚人类学共同体以适应区域一体化进程中社会文化变迁的社会事实，[②] 考察族群互动和文化交流背后建立起来的山地文明、河流文明与海洋文明之间的复杂关系。这也就表明，地方文化研究应具有整体视野，体现出文化全局，这一点与“写文化”是不谋而合的。因此，本文概括为地方文化的区域“抒写”，并拟以近期中国西南地方文化复兴与抒写为例，对此做出进一步阐发。

三　地方文化抒写例证

历史承载着人类大多数的记忆与文明。社会剧烈变迁的一个突出特点就是，许多日常生活现象往往屏蔽在历史的长河中，这在近代以来的中国社会尤为明显。在救亡图存的高压之下，传统文化只能退出历史舞台，整个社会演变成近似于“非此即彼”的形而上学的思维状态。但是，30 多年来的改革开放，则破除了这一刚性二分、简单机械的结构，社会发展日趋多样性与多元化。富裕起来的中国人迫不及待地寻根问祖，展现自身的文化特色。于是乎，群体的独特习俗、故事、传说，祖上的丰功伟绩，经过整理、重构，便走到了前台。

近些年来兴起的历史人类学等领域着重于对普通民众日常生活的研究，衣、食、住、行、死亡、婚变、家庭、节日、礼仪、信仰、迷信、神话、传说等社会亚文化（或称俗文化）是其研究的中心。它在资料来源方面主要依据传统史学所忽略的档案、账目、原始记录、口述史料和考古发现。其目标虽说是讨论与“大历史”相对应的地方史或区域史，但在客观上则形成对远古或已逝人们生活的建构或回复，因之应归属在文化的抒写之列。而文化人类学、旅游人类学等，更是注重通过对族群记忆、传说等的挖掘，来建构或复归其传统的文化形态。所以，笔

---

① 麻国庆：《作为方法的华南：中心和周边的时空转换》，《思想战线》2006 年第 4 期；麻国庆：《文化、族群与社会：环南中国海区域研究发凡》，《民族研究》2012 年第 2 期。

② 何明：《论东亚人类学共同体的建构》，《思想战线》2010 年第 4 期。

者虽然将这些文化抒写现象从四个方面做了简单的归类与分析，但其实际上是纠合在一起的，且其中所列举的案例并非一一对应，只是就其侧重点而言，是符合某一抒写维度的。

（一）“现实”的历史

“现实”的历史，即是尽可能通过物质、社会组织、宗教信仰等文化的各个层次，试图对历史进行复原，为人们建构一幅幅“真实”的文化场景。在这一过程中，现实的需要激活了尘封已久的历史，而远去的历史则为现实的文化抒写提供了蓝本或重构的依据。但其中的“现实”不只是历史的注脚，更重要的是为族群及其文化赢得展现的空间。下面我们将通过两个案例来说明历史是如何被抒写成“现实”的。

一个是“屯堡文化”，这一文化类型来源于朱元璋大军征南和随后的调北填南。明朝军队征服南方后，为了统治南方，命令大军就地屯田驻扎下来，还从中原、湖广和两江地区把一些工匠、平民和犯官等强行迁至今贵州安顺一带居住，经过600余年的传承、发展和演变，就形成了现在被称为“屯堡文化”的这样一种独特的汉族文化现象。不过，屯堡文化真正进入世人视野，以及获得系统性的建构，成为一门多学科、全方位的“安顺屯堡学”，在很大程度上归功于人们的抒写。如安顺学院于2001年5月成立了“屯堡文化研究中心”，2008年学校以“贵州省屯堡文化研究中心”申报省编委，获批为独立建制的正处级研究机构，2014年该中心被列为贵州省高等学校人文社会科学研究基地。此外，贵州省也于2009年专门成立了屯堡研究会，以2013年为例，该研究会共发表涉及屯堡的期刊论文24篇，立项涉及屯堡课题4项（含国家社科基金项目2项），多个项目获贵州第十次哲学社会科学优秀成果奖和安顺市首届哲学社会科学优秀成果奖。①

再来看看一些学者主张的重构“古苗疆走廊”。这些学者认为，当初明王朝之所以在永乐十一年（1413年）设置贵州省，与一条驿道关系极为密切。这条驿道从湖南省境内的常德沿水陆两路溯沅江而上，进入贵州东部门户镇远，然后改行陆路，东西横跨贵州省中线的凯里、贵阳、安顺、盘县等，后入云南省，经马龙、沾益、曲靖等抵昆明。数百

---

① 参见安顺屯堡研究网，http：//gztpyj. asu. edu. cn/。

年过去了，当初在强烈的国家意志下开辟的这条维系内地与西南边陲之间命脉的“官道”，随着其后“改土归流”“开辟苗疆”等一系列“内地化”政策的实施，其敏感性逐渐隐退而淹没在历史的尘埃中。然而，回溯历史，这条古驿道“古苗疆走廊”，其沿线及周边地域，不仅留下了厚重而多样的文化积淀及景观，对了解明清时代以后西南地区的“国家化”过程、汉族移民史、族群文化交融与互动、文化景观及非物质文化遗产保护等问题都有着重要的研究价值；对今后整个西南地区的经济文化建设也可提供一条新的发展思路。①

在这两个案例中，屯堡文化主体及诸多文化事象，依然处在“当下”状态，但经过“屯堡学”的构建，其成为区域内有着强大影响力与吸引力的文化体系；“古苗疆走廊”目前仍处在抒写的初步阶段，但可以预见的是，在不久的将来，其也会立体地出现在世人面前。

（二）“流动”的区域

社会空间将时间、空间及人的活动紧密相连，已成为人类学解析群体社会的主要工具。普里查德《努尔人》的贡献之一在于提出了空间的三个层面，从而落实了杜尔干和莫斯主张的“空间独立性”。但事实上，在努尔人的社会中，时间与空间的关联紧密，在哪个时段、哪种场合从事何种活动，是约定俗成的，关键还在于人。更多的学者如施坚雅、弗里德曼等，主张从市场、行动、组织等社会活动来对空间进行考察，这就基本上否定了空间的独立性。② 因之，关于中国传统的区域社会研究的目标之一是了解漫长历史岁月的文化过程所形成的社会生活的地域性特点，特别强调“地域空间”和“时间序列”，把地域空间所展示的现象视为一个复杂的、动态的、多元因素交互关系叠加的社会经济变化过程，因此，“流动”便构成区域文化的显著特征，而其中的文化抒写便围绕流动来展开。

近些年来被世人熟悉的清水江流域文化正是借助木材的流动及其与

---

① 杨志强、赵旭东等：《重返“古苗疆走廊”：西南地域、民族研究及文化产业发展新视阈》，《中国边疆史地研究》2012 年第 2 期。关于“古苗疆走廊”，更多的研究成果可参见《广西民族大学学报》（哲学社会科学版）2014 年第 3 期所载之相关文章。

② 秦红增、梁园园：《侗族村寨的空间结构及其文化蕴涵》，《西南边疆民族研究》2009 年第 6 辑。

之相关的“山林契约”而建构起来的。清水江是沅江上游的主要支流,据文献记载,明洪武三十年(1397),朱元璋派官军溯沅江而上进入锦屏境内,被“丛林密茂,古木阴稠,虎豹踞为巢,日月穿不透”的“深山箐野”之景象所震撼。早在500年前,清水江沿岸就形成了具有一定规模和影响的木材市场。兴盛的木材采运活动成就了清水江文化。“山客”成为木材贸易中的纽带,白银的广泛流通,加快区域社会商业化进程。在族群互动中出现了地权观念,民间契约文书成为规范经济活动的重要依据。“地方社会在接触和遵从王朝的规范时,逐步表现出极大的能动性,诸如典章制度在地方社会被普遍接受和应用,科举与功名在村落间‘正统性’地位的确立,文字书写的逐步普及甚或某种文字崇信风俗的产生、宗族的创造及族谱的修撰等等。”① 经过学术界的推动,清水江文书与敦煌文书、徽州文书前后相衔,形成了可供大跨度历史观察和客观分析的文书学史料系统,贵州大学为此还专门成立了“清水江学研究中心”,以开辟西南学研究新路径。②

更值得一述,或者影响更甚的是“茶马古道”。与“丝绸之路”同等重要的茶马古道,是云南、四川与西藏之间的古代贸易通道,通过马帮的运输,川、滇的茶叶得以与西藏的马匹、药材交易。其首次正式提出是在20世纪90年代初,木霁弘等6位青年学者联名的文章《“茶马古道”文化论》其后被收录在张文勋主编的《文化·历史·民俗:中国西南边疆民族文化论集》(该书编辑时间是1991年,出版时间为1993年),这是“茶马古道”首次公开出现。1992年,云南大学中文系教师陈保亚的《论茶马的历史地位》发表在《思想战线》1992年第1期;同期在田野考察基础上撰写的《滇藏川“大三角”文化探秘》一书由云南大学出版社出版。但当时由于受前期“南方丝绸之路热”的影响,“茶马古道”概念产生后的前十年影响并不大。2000年后,随着影视、互联网等大众媒介的介入,加之茶马古道上的重要物资——普洱茶的热销,尤其是旅游业以“茶马古道”为主题的推出,它才逐渐深入千家万户,并最终成为妇孺皆知的一个云南乃至中国西南地区的符号

---

① 张应强:《木材的流动》,生活·读书·新知三联书店2006年版,第277页。

② 《清水江学研究中心揭牌》,贵州日报,参见http://gzrb.gog.com.cn/system/2013/05/10/012268867.shtml。

资源和文化遗产。目前出版的茶马古道的专著或相关的著作已有《茶马古道考察纪事》等共计300余部；论文方面，截至2010年5月22日，在中国知网刊登的论文中，题名包含“茶马古道”的文章共计657篇；自2002年以来，以“茶马古道”为主题的旅游书便出版了50多种；影视方面，如《最后的马帮》《大马帮》《茶马古道》等的热播，更是激起了一浪又一浪的“茶马古道”热。①

或许是受了“茶马古道”及清水江流域文化研究的感染与启发，近几年来，在中国西南地区逐渐兴起了一股“江河流域文化”的研究热潮，如长江师范学院关于乌江流域文化，湖南怀化学院关于“五溪”，及其与贵州凯里学院联合推进的“沅水”流域文化研究等。此外，2013年10月24日，一批人类学学者还在重庆文理学院举办了第十二届人类学高级论坛，主题便是“人类学与江河文明”。也有从“山脉”角度入手的，如“环大明山”文化，等等。② 由上可见，如同“民族走廊”，“江河流域”等“流动”的区域业已进入学科关注与社会视野，成为新时期地方文化抒写的主要阵地之一。③

（三）再现的“遗失”

文化是连续的也是一个断裂的过程。导致文化断裂的因素很多，如社会剧变、强势文化的突然侵入等。文化断裂往往表现为“文化涵化”中的文化“没落”，即原先的文化不复存在，群体被迫或自愿认同新的文化。不过，具体到相应的文化场景或一些特殊族群，情形要复杂得多。因为文化是有“记忆”的，原来的文化可能遗存于传说、文献、遗迹、遗物中，一旦有适时的环境，便会“复活”。因此，人们对“文化遗存”的关注，不只是满足于寻找逝去文化的心理欲求，更重要的是再现“遗失”，并形成传统文化的“复振”。

譬如近些年来重庆市彭水县着力建构的“黔中文化”。“黔中”一词最早见于《史记·秦本纪》：“孝公元年……楚自汉中，南有巴、黔中。”在古代泛指今长江中游的荆江水系和洞庭湖的湘、资、沅、澧水

① 周重林、凌文峰：《茶马古道20年从学术概念到流行文化符号》，《中国文化遗产》2010年第4期。

② 参见广西民族大学学报编辑部黄世杰等人的研究成果。

③ 赵旭东：《中国人类学为什么会远离江河文明?》，《思想战线》2014年第1期。

系。历史上，这一区域以其广袤的土地、多样的地形和物产，再加上中原王朝较为宽松的统治政策，从而形成了独特且内容丰富的“黔中文化”。其中，尤以“盐丹文化”最为久远、最负盛名。史载上古时期，以今郁山为中心的涪陵所产的丹砂，就被人类开发和利用了。《后汉书·郡国志》在全国千余县中，记载的产丹砂的县中只有涪陵和谈指（今贵州贞丰县西北）。至今，彭水有朱砂洞、朱砂窝等地名，有采丹砂炼水银的银洞子等遗迹。其中最出名的人物当数巴寡妇清。《史记·货殖列传》载：“巴寡妇清，其先得丹穴，擅其利数世，家亦不赀。清，寡妇也，能守其业，用财自卫，不见侵犯，秦皇帝以为贞妇而客之，为筑女怀清台……”传说其家财之多约合白银八亿两，又赤金五百八十万两等，曾出巨资修长城，为秦始皇陵提供大量水银。近些年来重庆市及彭水县的学术界及政府机构，重点围绕一系列与彭水有关的如盐丹文化、羁縻文化等进行深入挖掘，精心建构，逐渐把“黔中文化”立体地呈现在世人面前，并于2012年9月7日成功举办了“黔中文化·彭水论坛”。其中所重点推出的盐丹文化，不仅发掘了当地人关于彭水郁山盐业兴盛的久远历史，而且成为当地文化旅游的重要事项。

再如铜鼓文化在广西的复兴。铜鼓是中国古代壮族及南方其他少数民族代表性的器物文化，多用于祭神或节日喜庆活动，自上古至宋元，一直被广泛使用。明清以后，铜鼓在官方丧失了其权力意义，制作、礼义等活动也已消歇，然而在民间仍具有神圣性，是否拥有铜鼓、铜鼓质量好不好，乃是家族或宗族、村落竞争的主要尺度，因而，大量的铜鼓为民间所收藏。但在“大炼钢铁”的年代及“文革”时期，铜鼓更是被看作封建主义的残渣余孽而受到了灭顶之灾，铜鼓文化也一度断裂、“消失”。[①] 不过自20世纪90年代以来，铜鼓文化又得到了新的复兴。这种复兴表现为三个层面：一是出现了多个铜鼓铸造作坊，传统的铜鼓铸造工艺曾一度失传，但随着民间使用铜鼓的复兴，祖传的受损严重的铜鼓不堪重负，在此种背景下，一些民间工匠或根据祖传秘诀，或是在博物馆的支持下，开始了铸造铜鼓的试验，并成功铸成被红水河流域使用铜鼓的民族认可的新铜鼓。二是很多村寨重新恢复了在传统节日中使

---

① 秦红增、万辅彬：《壮族铜鼓文化的复兴及其对保护民族民间文化的启示》，《中南民族大学学报》（人文社会科学版）2005年第6期。

用铜鼓的习俗，如每年正月的蚂拐节，红水河流域有铜鼓的村子大多重新过起蚂拐节，一些村寨还因传统节日保存较好而备受外界的关注。三是从官方、学术界到民间的各个层次，已形成了挖掘、重视、保护、传承铜鼓文化的氛围，组织开展了一系列铜鼓文化活动，尽管其出发点各有不同，但在一定程度上开创了铜鼓文化的繁荣局面。

如同前文所述，“遗失”文化的再现要依凭“文化遗存”。除了传统意义上的传说、文献、实物外，由联合国教科文组织及各国政府所推动的“文化遗产”保护项目将会有效地提供可靠的文化见证。另外，以数字信息技术为基础的新媒体兴盛，不仅赋予“文化遗存”以新的生命，而且消除了传播上的鸿沟，极大地扩展了文化的空间，这些都为人类“遗失”文化的再现提供了坚实的保障。

（四）“真实”的传说

传说与真实是两个不同类型的话语，但两者又密切相关。传说的意义在于它记载某一阶段的历史画面和时代生活，可看作是“口传”的历史，其出现通常以某种特定的事件、特定的人物或事物为原型，源于历史的真实又不完全是真实历史事实的记录。不过，在文化层面，传说则构成“真实”的文化事实，且通过代代相传与记忆，融入族群的文化体系。因之，传说往往就成为文化抒写的开端与凭借。

在传说基础上建构文化体系的例子数不胜数。如笔者曾研究过的中越边境广西龙州县金龙镇布傣族群。布傣人在民族识别时期被划归为壮族，但他们却自认为是“傣族”，祖上是从西双版纳迁徙过来的，已有好几百年的时间。与当地布侬等其他壮族相比，布傣人有着独特的习俗，如弹唱天琴，妇女穿长袍黑衣，正月十一日过“侬峒节”。而这些独特的文化事象，在金龙当地（板池屯）则源于一个动人的传说。传说有两个仙女，因为私自下凡并动了俗念，触犯天条，玉皇就下令抓她们回天宫。离别之际正好是正月十一，她们孩子的周岁生日。于是全屯村民杀鸡、做粽粑、备糖果，齐到村前的金龟坡去烧香告别两位仙女。临别时仙女叮嘱，她们的儿女长大成人后要合婚，并生儿育女，以后每年的正月十一那天，她们都会下凡来看她们的子孙后代，希望子子孙孙都英俊貌美。从此以后，为了纪念这两位仙女，在每年的正月十一日那天，村里的人都会拿出最好吃的东西，烧香祭祀，并举办歌圩，弹唱天琴，进行对歌、跳舞、舞狮、抛绣球等娱乐活动。基于这些文化事象，近些年来，经过当地政府、学者及当地人的努力，以天琴为核心的布傣文化体系已逐步建立，并得到了有效传播，相关的旅游、节庆等活动也日渐兴盛。一个“真实”而完整的文化事实已生动地呈现在世人面前。[①]

最为广泛的文化事象当数中国人关于“龙”的传说。近些年来，全国各地兴起的有关“龙”的节日更是数不胜数，学术界也进行了大量的研究，如云南省红河州弥勒县巡检司镇境内的彝族支系阿哲人的“祭龙节”,[②] 广西宾阳县的“炮龙节”，福建东部畲族地区的“分龙节”，浙江衢州开化县苏庄的“舞草龙节”，成都平原的“火龙节”，等等，使得“龙”文化“真实”地存在于人们的日常生活中。由此可看出，作为历史集体记忆的一种表达方式，传说里面即便是有很多虚构的成分，但在不断地抒写之下，就呈现为“真实”的文化场景。

四 对文化复杂性的认知:民族志撰写第四个时代的来临

如本文开始所述，人类学通过文化来认知世界与人群。因之基于“文化”各种各样的特质与表现，以及学科的发展，相应的表述范式也有所不同。人类学家们也创造了参与观察、主位客位、整体观、比较法等多个田野调查与分析方法，来保证自己认知的科学性。

但是当我们认真反思这些学科范式时，除了作者本身的情感影响外，还有两个因素导致难以实现对文化的客观认知。一是研究的目的，与当地人没有关系或关联度不大；二是文化变得日益复杂。与人类学早期对部落或史前社会的文化研究不同，后来转型为关于中国、印度、东南亚等区域，即文明社会里复杂文化的认知，这直接导致了本土人类学的产生。但是，在全球化与市场化程度日趋加深的大背景下，不同文明与文化之间的对话与交流日益密切，文化间的交互影响已成为潮流，正

---

① 秦红增:《中越边境广西金龙布傣族群的“天”与“天琴”》,《广西民族研究》2012年第2期。

② 洪颖:《共域的多场景定义：仪式、表演或游艺》,《广西民族大学学报》（哲学社会科学版）2006年第6期。

如赵旭东所说，“因为很难在今天撰写民族志的时候单单有一种所谓的地方性的‘文化’而不掺杂其他的跨越地方性的‘自’的元素，因为今天流动性和媒体的跨边界性都是随手可得的地方感中的实存”①，因此，对文化复杂性的认知就日渐迫切。

近些年来中国西南地方文化的区域抒写有一个很好的思路。正如我们在个案中看到的，原来只是一点传说，或是由很小群体所享有，但是经过抒写与建构，就变得很丰厚了，享有的区域也大多了。这一文化现象实际上是与20世纪中期以来，人类学所形成的“写文化”思潮相合的。如前文所说，这一思潮实质上是对文化多元视角认知的认同与肯定，并努力将其付诸实践。抛开学理上的意义，写文化之所以在当代大行其道，其实质与社会变迁密切相关。社会变迁意味着人的活动有着大的改观，文化从根本上讲是人的活动的反映，不管其如何规范人的行为，最终都要回到人的活动上来。也就是说，当人的活动有所需要或发生变化时，文化也应跟着变，这是不以任何人的意志为转移的。因此，文化的界限在社会转型或大的变迁时，就变得相当脆弱，换言之，抒写已成为必然。由于新的文化认同与构建往往表现为传统文化的断裂与复兴，因此，不管如何“抒写”，文化本身发展的内在逻辑性还是存在的。相应地，就中国目前来说，社会转型已到深层，需要一个文化建构期，这不只是全社会或国家层面上的事情，对于地方或群体，也同样迫切。为什么？全球化、市场经济，大家的经济运行都是一个模式，但是深入文化这个层面，则各有各的不同，这就只能从传统或传说中找。牵强附会、捕风捉影也好，若隐若现、若有若无也罢，经过建构、包装，便是自己的东西了。

正是在这些意义上，中国西南地方文化的区域抒写与传统意义上的“抒写”有着很大的差别，主要表现在以下三个方面：一是参与主体，可说是全员参与，从学者、研究者到地方官员、旅行者，尤其是当地人在文化抒写中的主动性、积极性、创造性，表现出很高程度的文化自觉性。也正是出于他们的这种自觉，才形成了学术上关于西南民族文化抒写的繁荣。二是描述对象，不再局限于一个小的村落或某个特定的族群，而是突破了地方性的阈限，形成区域内的文化整合，即文化的描写更为复杂，涉及不同的时间、空间、族群等多重元素。三是标志性成果

① 本文在初稿完成后，就相关问题请教于赵旭东。引用的是他在回邮件中的原话。

也有整体性，不仅是单一的文本，可能是包括图画、影视、场景再现等丰富多样的系列成果；不只是文字上的描写，还有舞台展演、节日表现、旅游开发等。正是在这些意义上，笔者认为可以将其称为“民族志撰写的第四个时代”。

也许很多人要问，这些抒写出来的文化有多少是“原生态”的呢？如同讨论文化的真实性一样，可能没必要深究。笔者曾指出，文化的多样性要比文化是否真实要重要得多。[①] 或许“抒写”本身可能就是文化的创新，其在某种程度上可说是“真实”的文化，随着时间的推移，将成为民族或地方文化积淀的一部分，这就给文化抒写提供了空间。至少，社会、民间总是按照自己的思路来行动，学术界能做的，就是要求他们做得更好，更有利于文化多样性的保护。

更进一步，人类学如何表达文化？在传统的意义上，多半是出于学科本身或“殖民”统治的需要，无论是科学表达还是“抒写”，都经常处在被当地人询问这样的研究到底能够给他们带来什么样的好处，这么一个尴尬境地。在这种“利益不相关”的境况下，表达文化的范式尽管在理论上要求充分表达当地人的声音，但在实践中可能会遇到很大的阻力。但是，当我们身处一个激烈剧变的时代，面对一个像中国社会这样文化积淀深厚、文化形式多样的国度，情况可能会大大改观。正如案例中所表达的，当地人对于地方文化的复兴或建构，不仅是积极主动的，有时候也是迫不及待的，他们在实践中有许许多多的文化创新，也希望将自己的文化更大限度地拓展并加以传播，尽管其背后可能有着特殊的经济或者其他利益诉求，但“文化优先”已最大限度地被体现出来。学术界应该信心满怀地融入其中，探求文化多样的表达声音。从这个意义上来讲，本研究在这方面算是一个小的尝试，也期望更多的探讨深入其中，寻求中国人类学的文化表达范式。

参考文献

1. 高丙中：《民族志发展的三个时代》，《广西民族大学学报》（哲学社会科学版）2006 年第 3 期。

---

① 秦红增：《全球化时代民族文化传播中的涵化、濡化与创新》，《思想战线》2012 年第 2 期。

2．何明：《论东亚人类学共同体的建构》，《思想战线》2010 年第 4 期。

3．洪颖：《共域的多场景定义：仪式、表演或游艺》，《广西民族大学学报》（哲学社会科学版）2006 年第 6 期。

4．麻国庆：《作为方法的华南：中心和周边的时空转换》，《思想战线》2006 年第 4 期；麻国庆：《文化、族群与社会：环南中国海区域研究发凡》，《民族研究》2012 年第 2 期。

5．［美］马歇尔·萨林斯：《别了，忧郁的譬喻：现代历史中的民族志学》，李怡文译，载王筑生主编《人类学与西南民族》，云南大学出版社 1998 年版。

6．秦红增、梁园园：《侗族村寨的空间结构及其文化蕴涵》，《西南边疆民族研究》2009 年第 6 辑。

7．秦红增、万辅彬：《壮族铜鼓文化的复兴及其对保护民族民间文化的启示》，《中南民族大学学报》（人文社会科学版）2005 年第 6 期。

8．秦红增：《全球化时代民族文化传播中的涵化、濡化与创新》，《思想战线》2012 年第 2 期；秦红增：《中越边境广西金龙布傣族群的"天"与"天琴"》，《广西民族研究》2012 年第 2 期。

9．杨志强、赵旭东等：《重返"古苗疆走廊"：西南地域、民族研究及文化产业发展新视阈》，《中国边疆史地研究》2012 年第 2 期。

10．张海洋：《好想的摩洛哥与难说的拉比诺：人类学田野作业的反思问题》，《广西民族大学学报》（哲学社会科学版）2008 年第 1 期。

11．张应强：《木材的流动》，生活·读书·新知三联书店 2006 年版。

12．赵旭东：《中国人类学为什么会远离江河文明?》，《思想战线》2014 年第 1 期。

13．周重林、凌文峰：《茶马古道 20 年从学术概念到流行文化符号》，《中国文化遗产》2010 年第 4 期。

作者简介

秦红增（1967— ），男，广西民族大学教授，博士生导师。主要研究方向：文化人类学、族群与区域文化。邮箱：qinhongzeng@vip.sina.com。

电视传播与村民国家形象的建构及乡村社会治理

——基于贵州、湖南、河南三省部分乡村的实地调查

孙秋云　王利芬　郑　进

引　言

国家形象是一个国家对自己的认知以及国际体系中其他行为体对它认知的结合，是一系列信息输入和输出所产生的结果。它反映在媒介和人们心理中是对于一个国家及其民众的历史、现实、政治、经济、文化、生活方式以及价值观的综合印象，美国著名的政治学家布丁（Kenneth Ewart Boulding）将其概括为“国家的外部公众和内部公众对国家本身、国家行为、国家的各项活动及其成果所给予的总的评价和认定”①。近十年来我国学术界对“国家形象”的研究颇为关注，主要集中在传播学、新闻学、国际关系学等领域，占主流的研究多是将其放在国际关系中我国的国家形象建构及其传播的策略问题上，少数学者也涉及国内“国家形象”的研究，但多是通过二手文献，即以民国、港台或较为早期的报纸、期刊为文本资料，对国家形象或政治人物的想象进行内容分析，专门研究当下日常生活中普通民众，尤其是乡村村民对国家形象的理解、认知和态度的成果极少。

在国家形象的塑造中，作为国家政治代表的政府无疑具有决定性的作用。政府的执政理念、制度安排及其施政举措，对于其在意识形态领域占据领导地位、塑造政府执政合法性，进而凝聚民心、团结和动员大

① Boulding, K. E, “National Images and International Systems”, Journal of Conflict Resolution, p. 3, pp. 119 – 131. 1959.

众等方面都具有根本性的意义。基于当前我国的政治文化，对于普通民众而言，政府的形象，实际上就是代表了国家的形象。在我国现行政治体制中，中央政府的执政理念、制度安排会通过大众传媒迅速、简洁地传达给社会大众，而民众对政府执政理念和制度安排的体会则主要通过地方政府及其下派组织官员的施政行为来感受，两者之间时不时地会产生出一定的差异甚至错位现象。这种差异和错位会在普通民众的心理和观念上造成一种割裂，不利于基层社会的治理。鉴于此，我们结合自身近些年来率课题组在我国河南、贵州、湖南等省部分乡村地区所做的实地调查，尝试探讨乡村村民在日常生活中对国家形象的理解、态度和感受，进而探讨随着电视传媒等电子媒体的发展，“国家形象”传播对乡村社会治理的影响和意义。

一 电视传播在乡村社会中的地位

自20世纪90年代以来，电视媒介已经成为我国民众获取信息的主要渠道之一。据国家统计局统计，到2010年底，我国广播和电视的综合人口覆盖率已分别达到96.8%和97.6%，每百户彩色电视机拥有量城镇为137.4部，农村为111.8部；全国中、短波转播发射台822座，调频转播发射台1.16万座，电视转播发射台1.6万座，微波实有站2376座；开办电视节目3350套，其中公共电视3272套，公共电视节目播出时间1635.5万小时；有线广播电视用户18872万户，其中农村7293万户，数字电视8870万户；有线广播电视入户率为46.4%，其中农村入户率为29.35%。[①] 随着电视的普及以及电视传播媒介技术手段的不断创新，电视媒介对社会和民众的影响远远超越了以往诸如报纸、杂志、广播、电影等类型的传统媒体，成为普通百姓，尤其是乡村村民日常生活中最受欢迎的媒体。2009年7月和2010年7月我们率调查组在贵州黔东南地区雷山县、黎平县和湖南湘西凤凰县等苗族、侗族乡村进行实地调查时，少数民族村民休闲娱乐的方式主要是看电视、赶集逛街、聊天、走亲访友、看书报、玩牌或打麻将、听广播、运动、旅游、

① 中华人民共和国国家统计局编：《中国统计年鉴——2011》，中国统计出版社2011年版，第329、894页。

参加宗教活动、“拉歌跳舞”、睡懒觉等，其中看电视的比例最高，达到了87.4%（详情见表一）。在贵州雷山县西江苗寨和黎平县肇兴侗寨乡村村民的问卷调查中，占89.4%的乡村村民表示，电视是他们获取信息的主要渠道，互联网、口耳相传分列为第二、第三位（详情见表二），这与其他学者在汉族地区农村所做的调查结果基本一致。[①]

表一　**黔湘两省三地少数民族山村村民主要参与休闲娱乐活动类型分布表（N=776）**

休闲活动类型	频数（人）	所占比例（%）
看电视	678	87.4
看书报	100	12.9
赶集逛街	185	23.8
聊天	322	42.8
走访亲友	121	15.6
玩牌或打麻将	125	16.1
听广播	43	5.5
运动	88	11.3
旅游	17	2.2
参加宗教活动	11	1.4
“拉歌跳舞”	19	2.4
睡懒觉	40	5.2
其他	41	5.3

注：在湘黔两省三地少数民族山村共发放问卷1000份，回收有效问卷776份，问卷填写中允许每个村民填写不超过3项的主要休闲娱乐活动形式。

① 凌燕和李发庆在《当代中国中、东部农民与媒介接触使用情况实证研究》一文中认为：“乡村村民最喜欢的媒体形式是电视，占总人数的89.2%；村民最喜欢收看的电视频道是中央电视台第1套节目的新闻综合频道；村民最喜欢收看的电视节目类型是新闻。”详见《广告大观》（理论版）2006年第4期。

表二　　贵州黔东南地区西江苗寨、肇兴侗寨青壮年男性群体获取信息主要渠道（N=141）

获取信息渠道	频数	百分比（%）
电视	126	89.4
报纸杂志	24	17.0
广播	11	7.8
互联网	35	24.8
口耳相传	32	22.7

注：问卷设计中允许村民填写不超过2个的主要获取信息渠道。

二　电视传播中村民对国家政权的割裂认知

如果说“国家形象”在置于国际关系中是包含一个国家的政府及其民众的历史、现实、政治、经济、文化、生活方式以及价值观的整体化或一体化的形象，那么在我国乡村社会中，村民所理解和感触到的国家形象则主要是政府形象。他们往往是从媒体传播中中央政府领导人的言谈举止、颁布的政策、他乡的繁荣与自身生活的遭际等方面的比较中体验和建构国家形象，其中起主要作用的媒体就是电视。

笔者率课题组在河南省汝南县乡村、贵州省雷山县西江苗寨和黎平县肇兴侗寨做调查时，村民的反映大多是：“国家的政策是好的，就是一到下面的官，都是坏心眼儿了！”“大家都知道，中央政策是好的，公平的，但是下面搞得乱七八糟……没有办法。中央为人民着想，地方为荷包着想。”当调查员问他们：“你们又没有去过北京，没有见过胡锦涛，你们怎么知道中央是好的呢？”村民的回答大多是：“我没有见过胡锦涛？我天天见（注：指在中央一台的《新闻联播》节目上见到），我对胡锦涛天天在干什么很清楚！”“看电视啊！《新闻联播》每天看他们，胡锦涛、温家宝、习近平……你看温家宝，跟老百姓在一起的时候多亲切！你再看我们这里的干部，一年四季你见不到他们，他们搞得比温家宝还忙！”“哪个晓得我们县长、乡长叫啥名字，鬼影都没见过！”[①] 从这些话语中我们不难发现，电视传播的现实特点在一定程

① 相关访谈材料参见孙秋云等著《电视传播与乡村村民日常生活方式的变革》，人民出版社2014年版，第187、221、245页。

度上促使村民从国家政治结构的“上”和“下”的角度来看待国家和政府，形成了“上好—下坏”这种割裂式的认知形象。

除了“上好—下坏”的认知外，村民从电视传播中还有一个“外”和“内”的对比，认为“他乡”发展得很好，而自己生活的“本乡”发展很糟糕，从而产生自己生活的“本乡”不及“他乡”的认知和印象。“每次看中央新闻里播的，我就感到气愤，同样是一个领导，一个国家，别的地儿能搞得这么好，咱这凭啥就搞不好呢?!”“中央说得都很好，地方的都是变动的。新闻说的都是真实的，中央说的到地方说的就不一样了，黎平（县）说的和肇兴（乡镇）说的也不一样。像经济啊，照顾啊，（中央说的时候）什么都有，说到这里（乡镇）什么都不对头了。”[①] 村民们通过接收到的中央台新闻中反复播放的农村其他地方的典型经验、发展图景，以及介绍外乡的好干部如何带领当地群众发展致富的故事，使得接受电视传播的村民观景生情，心理上产生“落差”，有了“他乡”发展得好，自己生活的地方发展得差，比较落后，遇到不顺心的时候愈加对本地的政府和官员印象不好，对本地社会的发展也愈加失望和不满。

三　村民对中央电视媒体与地方电视媒体的认知差异

在对地方基层政权形成趋恶看法的同时，乡村民众对地方电视台等媒体也形成了同样的印象。绝大部分村民相信中央电视台更为公正，更为基层百姓的利益着想。我们在贵州省雷山县西江镇调查时，当地村民就直接表明自己的观点：“我一般都看中央 1 台、4 台、5 台、12 台。我不喜欢本地台，因为中央台更切合实际、公道。本地的（电视）很假。我不信任它，好的就报道，坏的就不说，只往好的方面宣传。”“雷山（县）台不看，看中央（台）新闻，地方政策都是一句话，对国家政策不了解。像去年的雪灾补助款，上面拨下来每家 150 元，我们实际才得到 50 元。中央是很体谅我们农村的，就是（地方政府）欺上压下。”“中央他们都是不了解基层，上面来检查都隐瞒过去了……但这

---

① 相关访谈材料参见孙秋云等著《电视传播与乡村村民日常生活方式的变革》，人民出版社 2014 年版，第 121、245 页。

里的记者都是依赖政府，是连贯（注：串通的意思）在一起的。以后有一天我有事，我会打电话到中央电视台。我不相信贵州电视台……我们这里的电视台就是和政府一个鼻子出气的，政府说你可以报道，电视台就报道；政府说你不要报道，电视台就不会报道。所以这样下面的政府做得不好，上面的也不会知道，除非你直接去找中央电视台，像中央12台啊，《焦点访谈》啊，他们不怕得罪地方的政府。”①

在河南省汝南县乡村调查中得到的反映也与贵州乡村村民的观点类似：“国家的政策、一举一动都在新闻里。我看新闻的时候，要是小孩给我争（电视频道），我都不愿意。牵连着国家政策变不变的问题，牵连着农民的利益。底下干的违法的事，与上面的政策都不吻合。上面的政策，下面的对策。中央新闻当然客观真实，他对外广播了，他能胡来吗？代表着国家的形象呢！看了中央（台）看河南（台），看《都市频道》，再看驻马店《汝南新闻》，谁看哩！现在农民的觉悟都高了。有时候地方新闻像说空的一样，咱亲身体会的事难道咱会不知道？所以电视上说的不真实。《汝南新闻》报喜不报忧，又是修路了，这了那了的，都牵涉着群众的利益呢！领导又上那去又上这去参观，去看贫困户，有的报的是虚夸的，有的贫困户比谁都富裕！”“中央新闻里讲的肯定是真的，中央都不搞真的，那哪中啊？地方新闻净表功，说瞎话，还要天天播、反复播，谁会去看呢？汝南县是啥情况我还不知道么？几个小厂早就弄垮了，（地方新闻里）还说经济每年发展。到处脏得要死，电视里却搞得那么干净，骗傻子呢？”②

这种对电视媒体认知的态度并不是个案或特例，而是一种较为普遍的现象。有学者曾在全国范围内对870位农民进行过抽样调查，结果显示，在当前乡村生活中，占54.5%的青年农民、64.1%的中年农民、58.4%的老年农民都喜欢看中央台的《新闻联播》，并且一致认为中央电视台的新闻节目最可靠、最真实。③

英国著名社会学家斯图亚特·霍尔（Stuart Hall）在其名作《电视

---

① 相关访谈材料参见孙秋云等著《电视传播与乡村村民日常生活方式的变革》，人民出版社2014年版，第121、219—220页。

② 同上书，第242、246页。

③ 申端锋：《电视与乡村社会的变迁》，《华中科技大学学报》（社会科学版）2008年第6期，第100—105页。

话语中的编码与解码》一文中认为电视符号是一个复杂的符号，它自身是由视觉话语和听觉话语相结合而构成的，社会现实存在于语言之外，但它永远要依靠并通过语言作为中介，这就是编码与解码。他提出了三种解释电视产品生产者在电视符号内涵上的编码与电视产品接受者如何解读电视符号内涵意义的解码立场，史称“霍尔模式”，即：第一种是主导—霸权地位的立场（dominanthegemonic position），指的是受众的解码立场与电视制作者的“职业制码”立场完全吻合，这是一种理想的“完全明晰的传播”形式。第二种是协调地位的解码立场（negotiated code），指的是受众尽可能充分地理解占主导地位意识形态所给定的意义，但他们一方面承认主导意识形态的权威性和合法性，另一方面也强调自身情况的特殊性。即受众对电视产品的解码既不完全同意，又不完全否定，处于一种与主导的意识形态充满矛盾和协商的过程。第三种是完全对抗性的解码立场（oppositional code），即受众可能完全理解电视话语赋予的字面和内涵意义，但他们每每根据自己的经验和背景，读出自己的理解和意义来。[①] 若拿霍尔的这套编码解码理论来解释当今我国乡村村民对电视话语的解读，则他们对中央电视台，尤其是《新闻联播》《焦点访谈》《今日说法》等新闻时政类栏目的电视话语所持的是第一种立场，对省级地方电视台相关栏目电视话语所持的是第二种立场，对县市级电视台相关栏目的电视话语则持的是第三种立场。这在一定程度上真切地反映了我国当前社会转型时期各地社会发展的不平衡，以及普通乡村村民对不同层级政府的形象和权威的认知与期望。

四　电视传播与乡村基层社会治理张力

为什么在乡村村民的认知中会产生这样一种中央政权与地方基层政权、中央电视媒体与地方县市电视媒体间如此强的认知错位和割裂状态？究其原因，大致可归为以下一些因素：

1. 在20世纪80年代以前，由于国家社会生活是政治统率一切，经济与社会生活领域也是高度意识形态化，基层政权与中央政府唱的是一

---

① 斯图亚特·霍尔：《编码，解码》，载罗钢、刘象愚主编《文化研究读本》，中国社会科学出版社2000年版，第351—365页。

个调，做的是一件事，因此，尽管乡村村民没有直接接触中央政权或国家级领导人，但广播上说的与基层干部传达的是同一个信息。这时的国家形象在革命的意识形态教育和宣传中是上下一致的。自80年代初实行改革开放以后，发展经济成了全国各地社会生活的中心，下级政府作为上级政府的直接代理者的角色发生了变化。由于意识形态压力衰减而经济发展的压力增大，地方政府在扮演中央政权执行者身份的同时加上了地方利益代表者的角色，各地方政府之间的关系也变成了竞争性的协作关系，地方政权及其官员也有了自身的政治和经济利益诉求。这样，上下级政府在资源的利用与分配、利益的选择等方面也一改过去单向度服从上级命令的模式，逐步演化为讨价还价式的协商、合作型模式。在这种情形下，地方政府会根据自身的需要对中央政府的政令采取某种程度上的变通或选择性执行，这就是所谓的“上有政策，下有对策”，使得中央政策在执行过程中严重变形或走样。[①] 而自20世纪90年代以来，乡村电视的普及改变了当地社会政治信息输入的渠道，普通村民可以在电视直播中直接感知中央政府的政策大纲和施政理念，因而在社会治理大转型的过程中，乡村村民再也不愿意认可基层政府是国家的代理人，也不再轻易从基层政权那里来获取国家的政策信息，而是倾向于直接从媒体，尤其是从中央级电视媒体中获取中央政府的政策信息。这一方面树立了乡村村民心目中中央政权的权威和其国家代表的形象，另一方面也对他们日常生活中实际接触的基层政权权威和国家代表的形象产生了消解或解构的作用。

2. 电视媒介在乡村村民心目中建立了中央政权的权威，增强了村民对中央政府能力的信任，但这种权威和信任均来自于电视媒体上宣传的理念。理念，是一个社会或一个组织想要达到的愿景，常常是理想化的但常人却难以触及的东西。有时这种愿景还被神圣化或上升为意识形态，成为人们的精神依托。我国电视传播所构建的正是这种象征性的政治形态，它成为村民心目中政治的“理想类型”。当村民以之为标准来衡量现实生活中基层政权的具体工作时，常会产生达不到人们心理预期的失落感。这样，乡村居民就会对实际工作的执行者产生不信任、不认

---

① 崔金云：《合法性与政府权威》，《北京大学学报》（哲学社会科学版）2003年国内访问学者、进修教师专刊，第65—70页。

可，但他们依旧会接受和认可电视荧屏中所展示的中央政权和上级领导的工作面貌，接受电视媒介的政治社会化。这就不可避免地形成了地方，尤其是基层政府行为合法性与其所代表的国家形象之间的一种割裂状态。

治理，汉语原指“统治、管理”或“得到统治、管理”，如《荀子·君道》曾云：“明分职，序事业，材技官能，莫不治理，则公道达而私门塞矣，公义明而私事息矣。”英文中的“治理”（governance），一般也是指“被统治的状态”或“统治的方式、方法或制度”[1]。但政治学和社会学意义上的“治理”，含义显然与一般理解的有所不同。有学者将“统治”与“治理”加以比对后认为，从机制上看，治理既包括政府机制，也包括非正式的、非政府的机制，而统治的机制和权威只能是政府的；从机制的运作上看，统治强调自上而下的“指导”“命令”，治理更强调合作信任与权力分散，强调国家和社会的合作，是一个上下互动的管理过程，主要通过合作、协商、伙伴关系，确立认同和共同的目标等方式实施对公共事务的管理；从活动主体看，治理的主体可以是公共机构，也可以是私人机构或公共机构与私人机构的合作、强制与自愿的合作，统治的主体则只能是政府机构；从管理范围看，政府统治所涉及的范围是以领土为界的民族国家，其权威主要源于政府的法规法令，治理的权威主要源于公民的认同和共识。因此，治理主要代表一种政府行政、公众参与、非政府组织作用和企业影响的共同行为，它主要是一种协调、参与和磋商的过程，是民主成分居多的议政行为。[2]据此，乡村基层社会的治理，主要是指乡镇政府依据国家的法律、法令和政策，与乡村社会中不同群体、不同组织及广大村民相互合作、共同协商，使其积极参与公共事务管理、维护乡村社会秩序，促进乡村社会健康发展的过程和结果。

在我国，电视媒介是各级政府建立权力与威信的重要舆论工具，也是他们动员民众相互合作、共同参与公共事务管理、维护乡村秩序和社会发展的有力杠杆。广大乡村居民可以通过这一渠道直接了解县

---

① ［美］乔治·弗里德里克森：《公共行政的精神》，张成福等译，中国人民大学出版社2003年版，第84页。

② 鲁哲：《论现代市民社会的城市治理》，中国社会科学出版社2008年版，第11—12页。

级以上国家权力机构想要传达的执政理念和政策，但他们一般不会对电视运作的背后机制和成规做细致的思考和分析。经过“把关人”的严密把关，媒体呈现在受众面前的不一定是现实世界的全面图景，而是符合需要出现的图景。中央电视台的综合类新闻节目特别是《新闻联播》，是乡村村民热衷观看的电视节目中为数不多的栏目，当经过央视“把关”的关于现实世界的信息在全国乡村受到青睐时，这种单一化的、经过意识形态严格选择的事实在乡村村民心中就会成为认知世界的全部图景。除了可以看到中央政府如何整肃吏治、惩罚贪官之外，村民在中央台的新闻中更多看到的是“有利于全国农民”的良好政策意图，以及诸多的先进典型是如何将这些政策执行到位的，又是如何把某地乡村建设得欣欣向荣的诸多事例报道的。这种站在中央宣传部的角度俯瞰全国的新闻在把报道中的个别典型美化的同时，客观上也恶化了乡村村民对自身所在地区基层政权的评价。乡村村民自己一般情况下并不会主动反思反映在电视机屏幕上的事实是被精心加工过的、专门反映“典型政绩”的事实。中国的地域差别很大，各地具体情况有所不同，因此也不能排除各地干部的勤勉程度有所差异，但是如果中央电视台新闻一味突出“先进典型”而不把这些典型的特殊条件加以全面的呈现，则从客观上消减了不少地方乡村基层政权的权威性和行政的合理性。

当然，乡村村民对待电视新闻也不完全是被动的。不论是中央台还是地方台，电视播放一条新闻往往只有几秒或至多数分钟的时间，普通村民很难通过这么短的新闻来全面正确地把握国家政策，他们往往会倾向于从有利于自身利益的角度来理解和解读国家政策。同时，电视是一种告知型媒体，通过中央电视台新闻所传播的政策信息没有和传播者直接面对面交流的机会，因此，电视新闻所传播的信息注定只能是笼统地、概要性地介绍，不可能顾及不同地区的差别，故只通过电视了解到的国家政策，也注定不可能是完整的国家政策信息。

五　基本结论

通过以上的研究和分析，我们认为可以得出以下几个结论：

1. 电视在乡村社会的普及，拉近了中央政府与乡村村民的距离，它将国家的惠农政策直接传播给了村民，起到了构造乡村村民对于国家形象和中央政权政治认同的重要功能。

2. 由于目前我国乡村基层政权与普通村民之间缺乏有效的信息交流的平台，当村民从中央或省级以上电视媒体中第一时间了解到来自中央政府的大政方针时，地方基层政权由于行动的滞后、迟缓，或者对中央政府的决策实施不到位，这就导致乡村村民对地方政权的认同度和权威性下降，进而将他们从国家代理人的形象和身份中割离出来。

3. 电视新闻的传播，在构造乡村村民对于中央政府高度认同和信任的同时，客观上削弱了基层政府和村民之间的精神联系，这一方面有利于中央政府的权威树立和国家形象的建构，另一方面也导致了地方政府，尤其是乡镇政府及其下派干部国家代理人身份和形象的疏离，增加了乡村基层社会进行政治动员和社会治理的难度。

4. 这种中央政府与地方基层政府、中央电视媒体与地方电视媒体在乡村村民心目中的分离或错位，表面上看是由电视传播内容与村民接受电视传播时对其意义的解码造成的，但背后深层次的因素则是我国电视传播的体制和机制以及政治文化的生态所造成的。

在现实的乡村治理结构中，村民们一旦发现基层政府有与民争利的行为、严重的贪污腐败行为、与国家中央政策明显不相符的侵害地方利益的行为时，往往会采取三种方式解决：一是上访；二是打电话给媒体，尤其是电视媒体，希望媒体能够进行曝光，主持公道；三是采取群体性事件的方式，把事情闹大，以期引起上级领导和中央电视媒体的关注，最终加以解决。在现实的压力型体制下，村民上访是被禁止的；打电话给电视台，由于各种原因，地方电视台对当地敏感性事件也往往采取回避、隐瞒、屏蔽的态度或方式加以处理，使得当地老百姓深感失望，失去了他们对地方媒体所抱有的基本信任。由于我国法制建设的现状，老百姓对法庭低效的体验和对法律执行的基本不信任以及原有乡村“亲情”文化的深刻影响，“以法治乡”还远不是全国多数乡村进行基层社会治理的首选路径。基于此，如果乡村社会的矛盾，尤其是涉及较大经济利益的干群关系之间的矛盾没办法找到解决的途径，往往会促成乡村地区群体性事件的形成或爆发。因此，利用现有的电视在乡村基层社会中的地位，改革现有的地方台电视传播体制和机制，释放地方电视台在乡村基层民众社会生活传播中的主体性和能动性，让其成为乡村潜在较大社会矛盾的揭露口和宣泄点就显得非常重要。只有地方电视媒体能够与基层社会的村民、干部积极互动，准确、公正、完整地报道社会事实，才能帮助乡村村民更好、更全面地理解自己的权利和国家政策的执行特性，构建基层政权的合法性，进而推动乡村基层社会的科学治理，对乡村社会的现代化建设事业起到积极的引领作用。也只有借此一途，地方电视媒体才能取信于基层百姓，营造出一种有求必应、公平公正、与百姓心连心的新形象。

参考文献

1. 崔金云：《合法性与政府权威》，《北京大学学报》（哲学社会科学版）2003 年国内访问学者、进修教师专刊，第 65—70 页。

2. [美] 乔治·弗里德里克森：《公共行政的精神》，张成福等译，中国人民大学出版社 2003 年版。

3. 凌燕、李发庆：《当代中国中、东部农民与媒介接触使用情况实证研究》，《广告大观》（理论版）2006 年第 4 期。

4. 鲁哲：《论现代市民社会的城市治理》，中国社会科学出版社 2008 年版。

5. 申端锋：《电视与乡村社会的变迁》，《华中科技大学学报》（社会科学版）2008 年第 6 期。

6. [英] 斯图亚特·霍尔：《编码，解码》，载罗钢、刘象愚主编《文化研究读本》，中国社会科学出版社 2000 年版。

7. 孙秋云等著：《电视传播与乡村村民日常生活方式的变革》，人民出版社 2014 年版。

8. 中华人民共和国国家统计局编：《中国统计年鉴——2011》，中国统计出版社 2011 年版。

9. Boulding, K. E, "National Images and International Systems", Journal of Conflict Resolution, p. 3, pp. 119 - 131, 1959.

作者简介

孙秋云（1960— ），男，华中科技大学社会学系教授，博士生导师，城乡文化建设研究中心主任。主要研究方向：文化人类学、城乡文化研究。邮箱：sunqiuyun@ hust. edu. cn。

王利芬（1972— ），女，华中科技大学外语学院讲师，社会学系博士研究生，主要研究方向：文化社会学。

郑进（1987— ），男，华中科技大学社会学系博士研究生，主要研究方向：文化社会学。

可持续城市社区的形成：一个自下而上的视角[①]

张　慧　莫嘉诗　王斯福

社会的可持续性，作为城市社会学和城市规划的一个研究主题，一直关注居民之间的社会关系、经济和政治关系、公共信任的生成、治理的去中心化以及居民归属感等可持续性问题（Dempsey，2011；Manzi et al.，2010；European Commission's Sustainable Development Strategy，2007；Brundtland Commission Report，1987）。空间的可持续性则特别关注在空间上多元的城市样态，以及理解这些多元样态对人口密度、公共物品的分布及分配有哪些影响（Hillier，2009；Meegan and Mitchell，2001）。具体来说，城市社会学所研究的可持续性发展往往从经济的持续增长所带来的能源和资源风险、收入分配不公导致的贫富差距过大、社会福利失衡、环境压力、环境污染以及文化传统的延续与断裂等角度展开（洪大用，2010：21－26）；而在城市规划学所讨论的城市可持续性则更集中在城市化所带来的种种影响上，认为城市可持续性反映了“世界城市化与全球可持续性之间日益增长的内在挑战”（杨东峰、殷成志，2010：64－65）。

已有的关于城市可持续发展的理论可以被总结为以下几种：1）从环境的视角出发，城市可持续性被表述为应该通过经济、社会和物质环境的相互协调，致力于实现三者共赢的状态；2）从系统视角出发，城市被认为是由经济、社会和环境三个逐级嵌套的子系统组成，城市可持续性意味着所有的经济活动应该有效融入社会进程，进而满足外部环境的基本限制；3）在政治视角下，城市可持续性则需要引进制度治理的模式，处理不同利益群体的利益诉求和矛盾冲突，实现多方利益的公平

① 原文发表在《社会学评论》2015 年第 5 期上。感谢何清颖和渠海龙对文献综述和英文翻译的贡献。

性（杨东峰、殷成志，2010：66－69）。现有的关于城市可持续发展的理论和分析多采取一种“由上至下”的分析方法，从宏观的政策、制度设置、环境与经济制衡等角度进行，缺乏从居民的角度，将一个社区看作一个整体，用相对系统的观点来考察涉及可持续发展的管理、规划政策是否协调、如何具体实施的，以及需要维持社会可持续发展的要素是否得到兼顾、效果如何。

本文是欧盟资助的关于城市化可持续发展项目的一项子课题，核心的关注点是城市化如何改变了居民的传统生活方式[①]，昆明是四个项目点之一。昆明的城镇化近年来进入了“提速”“加快发展”和“大跃进”时期[②]，2009年，市辖区有466.6万人口[③]，到2011年达到726.31万人，到2020年可能成为奔向千万人口的大城市[④]。按照新昆明城市发展战略的要求，昆明的城镇化率要从52%提高到81%，主城区从现在的180平方公里发展到“一湖四片”现代新昆明城市区的460平方公里[⑤]。同时，昆明快速城镇化的发展也包括作为新型都市区的呈贡新区的建成，对336个城中村的加速改造，大规模的搬迁安置，道路改造环境治理，等等。本章选取了在昆明的四个居委会所管辖的社区为田野调查和收集资料的基础[⑥]，结合其他地区的调研资料，重点讨论了居民对于快速城市化发展的日常体验，了解他（她）们与

---

① 2012年，张慧和Paula Morais在昆明分别选择了两个“中心”和两个“边缘”的居委会开展田野调查，Paula Morais还在上海选择了一个“中心”居委会和两个“边缘”居委会开展田野调查。Stephan Feuchtwang负责这两个城市研究的总体协调，同时也是在欧盟支持下在重庆和黄山进行的“城镇化中国”项目第五组（Work Package 5）的总负责人，第五组共有6名参与者，在四年的时间里对上海、昆明、重庆和黄山的20个田野点进行了深入的调查。

② 昆明信息港，昆明城市化提速，2020年或成千万人口大城，2011年11月11日，http：//xw.kunming.cn/km－news/content/2011－11/11/content_2732454.htm；新华网，昆明城市化进程加快，综合体究竟怎么建，2014年3月17日，http：//www.yn.xinhuanet.com/house/2014－03/17/c_133191757.htm。

③ 摘于《2010年中国城市统计年鉴》。

④ 昆明信息港，昆明城市化提速，2020年或成千万人口大城，2011年11月11日，http：//xw.kunming.cn/km－news/content/2011－11/11/content_2732454.htm。

⑤ 杨谋，昆明城市规划专题，2005年11月，http：//km.fang.com/subject/kmgh/#1。

⑥ 关于社区的定义和界限有大量社会学的著作，如肖林的综述性文章《“‘社区’研究”与“社区研究”：近年来我国城市社区研究述评》，《社会学研究》2011年第4期，第185—208页。本章对社区的讨论是肖林所区分的“本体论”意义上的社区，将社区看成一个共同体、“场域”，并探讨其可持续性问题。由于一些调查主题的敏感性，本章涉及的社区和人名都做了匿名处理。

居委会的关系、与其他居民或组织间的冲突、环境质量（住房、公共空间）、公用事业、安全、归属感和对市区重建计划的看法（包括拆迁和安置）。作为一项探索性研究，该项目对居委会的选择兼顾了城市中心和城市边缘（考虑到中心与边缘地带城市化进程的差异性），目的是尽量涵盖不同类型的社区和选取复合型的社区人员组成——以中低收入人口为主，混杂富裕的居民和流动人口。每个社区的调查时间为两个月，对居民区的选择是为了更广泛地覆盖与城市化相伴的住房条件的改善，以及深入把握居民与居民之间、居民与居委会以及与其他组织间的复杂关系。同时，调查还涉及了不同级别的规划部门、街道办事处和居委会的成员，兼顾城市社区形成中的管理和规划的双重视角也是本研究的特殊之处。

一　城市社区的形成背景

（一）居委会与社区管理

新中国成立后的社区经历了“单位制”“街居制”到“社区制”的转型（吴群刚、孙志祥，2011：32－63），而对于社区兴起后的居住区分类，可以包括“单一式单位社区”、“混合式综合社区”、“演替式边缘社区”以及“新型房地产开发型社区”等（董小燕，2010：41－43）。对于以居委会为核心的社区管理体系也经历了一系列的改革和试验。1979年，全国人民代表大会重申了城市居民代表委员会的组织章程，指出，“居委会是居民自我管理、自我教育、自我服务的基层群众性自治组织”；1989年《城市居民委员会组织法》的颁布完善了相关规定，以法律的形式明确了街道办事处和居委会之间管理的责任，促进“社区”的形成，减少了居委会的数量，扩展了其规模（Wu，2002：1071－1093）；1998年国务院的政府体制改革方案确定民政部在原基层政权建设司的基础上设立基层政权和社区建设司，推动社区建设在全国的发展；2000年11月，国务院办公厅转发了民政部关于在全国推进城市社区建设的意见，而民政部对于“社区”的界定就是居民委员会所管理的小区（侯言，2009：33）。

居委会的大小和所管辖的人口规模在不同地区甚至同一城市之内的区别非常大。改革之后的社区居委会不是被标准化了，而是被制度化了，替代了之前的单位（城市）和村委会（农转城）来管理新形成的城市社区。事实上，居委会在实践层面往往指代的是“两委一站”，即党委、居委会和社区服务站的管理模式，两委一站的员工往往是重叠的，有些既是居委会的成员，又是工作站的雇员。因此，在实践层面，居委会的角色往往是双重的，既是一个自我组织的实体，又是一个政府派出的工作站。在昆明居委会的访谈中我们了解到，居委会的全职人员数量相对较少，但居委会的任务繁杂，所以大量的工作需要依靠志愿者和薪水很低的员工，而他（她）们要负责的工作往往包含了党群教育、社会救助、计划生育、环境健康、就业培训、社会保险等大量事无巨细的工作。

自2003年公开投票选举以来，党支部需要动员居民去投票选举居民代表或居委会成员，但居民参与的热情大大减弱，这在我们调查的所有居委会都有所体现。现有研究也验证了这一发现：如Bernard Read在北京的研究发现居委会候选人是由街道办事处挑选的或者居委会内定的（Read，2012：75-76）；Gui，Chang和Ma在上海的研究也发现：居民投票选举只是为了“给他（她）们（楼长或小组长、支部书记和成员、居委会成员、志愿者和候选人）面子；帮助他（她）们完成选票登记的动员和投票工作”（Gui，Chang and Ma，2006：16）。支部或者退休的成员花了大量的精力在志愿者中间进行动员工作，而大多数是在退休人员中间。而近年来社区工作倡导专业化、年轻化的趋势（员工必须在50岁以下），社区工作中的文案工作也大量增加，包括提供专业的心理辅导等。但是专业化的趋势使社区工作人员不再像以前一样往往由居住在社区的人员兼任，这意味着在工作之外，社区工作者很难与社区大部分需要外出工作的居民有任何接触。

（二）城市规划与社区规划

2008年在中央“大部制”改革的背景下，“国家建设部”改为“住房和城乡建设部”，城市规划划入“住建部”管理。在城市发展过程中，城市的规划、建设和管理的关系十分密切，“城市规划要求对城市空间进行合理分配、城市建设提供工程设施、城市管理保障城市健康运行和良好秩序”，“三者既有工作时序上的前后连续性，又有工作性质的互补性”[①]。“建设部”改为“住建部”是城市综合管理改革的一个重要步骤，规划和建设合并为一个部门是大趋势，城市管理部门单列也是一个大趋势。[②]落实到社区的层面，城市规划、建设、管理的方方面面都要涉及社区居民，但是在规划、建设和管理的过程中，居民的参与都非常有限。

在商品小区的开发过程中，房地产开发商的规划必须经过规划部门的批准，满足城市总体规划的各项要求。但在具体的操作过程中，市政收入的很大一部分来自于开发商的投标竞价，地产商的商业利益也需要得到保障。无论是欧洲还是中国的城市规划都要服从于各项与规划相关的法律，包括物权法，以及对于居民的拆迁补偿条例，规划师既要满足规划法的种种要求，也要平衡政府机构以及相关各方的需求和利益。但是中国情况特殊之处在于政策的制定和实施需要面对迅速变化的城市扩张——一开始是作为促进经济发展的城镇化，接着是增加国内市场的购买力来维持已经下降的经济增长速度。在这种情况下，表面上城市规划师在大规模的城市扩张中似乎有了施展的空间，但正如在昆明与规划师的访谈中所提到的，实际上“在这整个过程中存在很多问题，我们必须要评估谁的利益是第一位的，这才是问题的关键”[③]。也就是说，规划的重点之一在于权衡开发商、政策制定者（和居民）之间的利益。

在正常的情况下，规划师应该在前期调查的基础上来制定规划。而快速城市化的结果往往是问题出现了再解决（如果有反馈机制的话），而这一过程需要花费很长的时间，比如在我们的调查中发现对公共空间的使用，尤其是停车和绿化出现矛盾的时候，往往只能等修建新小区的时候才能重新考虑修建地下停车场来缓解原有小区的矛盾。同时，具体的社区管理部门与住建部（规划部门）缺乏有效的沟通，隐藏这些问题有时是面子工程的一部分，另一方面这些问题也退居于基层组织需要完成的众多“目标”之后（Wang，2013）。另外，目前城镇化发展的短期效应明显，官员的更替体现为政策的非延续性，可持续性发展往往不

---

① 住房和城乡建设部政策研究中心、北京中城国建咨询有限公司：《中国城市管理体制及其运行机制研究（研究大纲，征求意见稿）》，住房和城乡建设部软科学研究项目（09－R3－4）。

② 同上。

③ 昆明市规划局官员访谈。

是政策制定的首要考虑。同时，在规划和政策的制定过程中，居民参与的人数很少，城市规划只是简单地以人口数量为基础[①]。而城市人口的快速增长和变化使得在规划的过程中几乎不可能准确地预测人口数量，规划师只能靠自己的努力和判断去理解城市发展的背景和问题，“一般来说，规划局没有机会听到当地居民的声音，但是我知道问题在哪”[②]。

（三）住房改革与社区构成

1980年6月，中共中央、国务院在批转的《全国基本建设工作会议汇报提纲》中提出，“准许私人建房、私人买房，准许私人拥有自己的住宅”，揭开了城镇住房制度改革的序幕（杨宏山，2009：289）。之后，城镇住房改革经历了几个发展阶段；在现阶段，“以高收入群体为对象的商品住房供给体系，以中低收入群体为对象的经济适用住房供给体系，以最低收入群体为对象的廉租房供给体系”被确定为完善住房体系的发展目标（杨宏山，2009：290）。但在现实层面，往往是多种住房体制并存[③]。郭于华和沈原的研究以北京的研究为基础提出了“传统街区、商品房、房改房、单位宿舍区、经济适用房、两限房、廉租房、拆迁安置房、城中村”9类不同的但同时存在的居住格局（郭于华、沈原，2012：84－87）。

不同阶段住房体制改革导致了在每一个居委会都存在多种住房类型的情况，比如在单位住房的私有化过程中，某些单位虽然解散了，但是房屋产权不清，或者居民仍然以低租金享受社会住房的福利，受原有单位制的庇护。而在这一阶段建成的房屋往往质量较差、建筑格局不合理、住户需要共用洗手间和厨房等。这一时期的住房往往以旧城改造、原有居民搬离城市中心作为终结。新的商品房小区由于地价、拆迁成本较低等原因多建在城区边缘，而在一个新小区的建成过程中，往往先完成的是质量较差的回迁房，之后是商品房，最后才是配套的服务设施，

① 来自上海市一个区城市规划局的官员访谈。

② 来自上海市另一个区城市规划局的官员访谈。

③ 根据 Chen, J.（2012），“Chinese Model of Public Housing: the Changing Provision Structure of Public Housing in Post－reform Urban China”（论文初稿，国家社科基金项目 NSF71173045 和复旦大学985三期的研究），2010年改革前的公房仍占上海住房总量的53%，其中37%已经私有化，16%仍由市房管局管理。

如商场、学校、医疗中心等。地方政府在发展过程中的角色是冲突的，一方面要通过出租土地、提高税费来增加政府收入，但同时必须要确保社会秩序的稳定（Wu，2004：453－470），这导致财富再分配和提供福利的责任往往与企业经济利益最大化发生冲突（Wu，2004：453－470）。此外，对地方政府的不信任，以及拆迁补偿中出现矛盾的案例屡见不鲜，农转城居民的城市融入、农民市民化、福利体制改革，以及不同类型居民的共存和冲突都成为城市社区形成中面临的新问题。

二 城市“中心”的社区

（一）旧城改造小区

这一辖区的登记人口有11300人，大概1/3的居民是外来人口，辖区内的重新开发计划仍在讨论中，详细的计划也还没有制订出来。如果计划有所进展，居民可以选择回迁到同一地方，保持原来的社区；安置必须通过第一轮投票超过70%的认可，最终投票要超过90%的认可。一位居民说：“如果这个社区被重建——首先，我们不希望我们的房子被拆除；其次，我们不想搬出去。他们需要征得我们的同意。但是我们也没有别的选择，只能同意，否则会有麻烦……”（居民访谈KM－DH－R7 2012）。昆明的拆迁政策可以选择原地回迁，但这取决于地方政府的政治意愿和“开发商是否有足够的钱”（区规划局官员KM－PL－PL1 2012）。住户回迁新居（即使是和原来一样大小的）也必须要为优越的地理位置付差价，虽然这部分一般是以低于市场的价格来计算的，但对很多居民来说还是不小的负担。正如在上海的调查所发现的，越来越多的外来居民搬来旧城中心租住，且增长的速度很快，长期的居民会因此感到不适：“大多数比较富裕的人都搬了出去，他们的房子就租给别人。”（居民访谈KM－DH－R16 2012）11300人（其中4000人年龄超过60岁）中包括来自昆明以外的3500人。还有一小部分外来移民被“隔离”在临建房里，这部分人跟普通居民的情况不同，他（她）们都是外地人，居住条件非常差，使用公共厕所，基本从事些临时的行业，跟社区大部分的居民没有任何来往，这部分建筑/居民被居委会称为社区的“癌症”，急需改造，但也没有具体的计划。“我们很少与新搬来的居民交流”（居民访谈KM－DH－R16 2012）——“我们”，社区里剩下的本地居民，有着更为强烈的集体感和自我组织的能力。2008年，区政府免费粉刷了该社区所有建筑物的外墙，但是大多数情况下，居民需要自己安排对房屋的修缮。

居委会组织了一个志愿者群体，为一些居民提供午餐服务，“我们有100多人每天在这里吃饭，一顿饭只需花3元；我们照看老年人、残疾人和低收入者（每个月收入少于300元）。我们也会检查老年人的身体状况（特别是那些没有家人的老年人），我们也会为老年人和学校的青少年组织活动”、“我们自我组织，自我奉献”（居委会成员KM－DH－JW－1 2012）。这种自发性组织已有两年，居委会将之视为一种新的尝试。2009年，这个小区被授予省级“和谐社区奖”；2012年，被授予“省级模范（文明）社区”。但是，一位低收入居民谈到了他对居委会的认识“他（她）们只关心那些失业的、老年人，所有其他的人都不在被关注的范围之内，他（她）们并不关心我们的收入很少……他（她）们应该对社区内需要帮助的家庭进行一次全面的调查分析——这才应该是马上应该做的。但是，他（她）们搞假选举，我们从不用投票。我与他（她）们也没什么关系”（居民KM－DH－R20 2012）。另一位居民说，居委会的候选人早就定好了，然后，他（她）们要求我们将选票投进票箱，“我们只需在表格上打钩就行了”（居民KM－DH－R14 2012）。“十年以前，我们会投票选举，但现在，都是政府安排好的——不用选举”（居民KM－DH－R8 2012）。

谈到居委会，一位工作人员说“我们需要有能力的员工来工作，我们也需要更多的钱来给发工资……工资太低、工作任务繁重，因此，找到合适的人很难……除了街道划拨下来的钱之外，申请额外的资金很难，专项资金受到很多的限制，很难申请到”。例如，居委会“想要申请资金建一个老年人活动中心，但是要符合条件，必须有800平方米的场地才能申请，这个社区内没有那么大的场地”。然而，“维持一个和谐社区的需要有一个高质量的公共空间，大家可以在这里相互交流”（居委会成员KM－DH－JW－1 2012）。居委会知道社区的工作在很大程度上要依赖志愿者的社区责任感，但是又没有足够的资源来维系志愿者的付出。城市规划中是讨论过旧城改造，但是又没有足够的动力和资金来重建一个省级“和谐社区”，尤其是这里既没有人口压力，也没有极端恶化的公共空间来把改造计划付诸实施。

（二）旧的单位制小区

这个位于城市中心的居委会辖区很大，超过30000人，根据建成时间的不同分为不同小区。该社区建成于第一批的旧城改造，从当时的市中心搬迁至此。直到1996年，住房的所有权仍是单位，之后卖给个人，大多数居民留了下来，但是居民构成变得多样化，从固定某几个单位的职工扩展到各行各业。而条件较好的居民已经搬到设计更好、更现代化的小区（客厅更大、采光更好、选择更多的商品房小区），留下的多数是老年人。正如居委会一位工作人员所说，现在这个小区是“1/3外来人口，1/3老年人”。那些有能力购买商品房的人都搬走了，剩下的，除非是为了孩子就近上学，或没有能力搬走的。对于没有能力搬走的，在跟以前同事的比较中有很强的挫败感——因为自己的失败，只能生活在日益衰败的老小区（居民KM－JA－R13 2012）。

除了众多商店和餐馆外，这个地区的配套设施非常方便：有一所私立学校、三所幼儿园、一所高中、一个大型超市、一家医院、各大银行的营业网点、一个菜市场、四通八达的公交线路——衣、食、住、行，样样方便。大多数被访者都非常享受优越的地理位置和便利的生活设施，老人们觉得住惯了，都是老邻居，跟很多人都很熟悉。当然，社区老龄化是一个很大的问题，以及随之而来的对专业医疗服务的需求，而这些服务是社区诊所无法提供的。小区里的建筑已经破败不堪，曾经由开发商投资建设的沿江公园和娱乐设施虽然有些还在被居民使用，但由于长时间无人修缮，其中一些已经废弃。很多小区居民认为，如果他（她）们可以得到很好的赔偿，并且可以选择生活在新建的、价位较低、可以支付的新型住房，他（她）们还是会支持新一轮的旧城改造。

与长期居民不同，租户与邻居之间交往很少。当他（她）们休息时，会去市中心、购物广场或其他公共场所去见朋友。他（她）们对房屋和小区的情况很少关心，而这种态度有时会造成一些不满情绪，乱抛垃圾、偷窃、私拉电线等不当行为都被认为是租户造成的。老居民会抱怨新移民素质低、没有环保意识、非法用电等。尽管小区的居住条件相对破旧，但便利的地理位置吸引了一些相对富裕的人居住，在住房附近、街道入口和人行道旁也可以看到很多豪车。与此同时，车辆数量的扩张与老旧小区的停车位紧张形成了很大的矛盾，很多车停在绿化带上或占道停车，常常引发各种冲突。物管的收费很低，入不敷出，停车费成为收入的主要来源，而雇来的保安不是负责安保，而是主要去收停车费，这也造成了居民的不满。但是，如果雇用更多的保安，物业费用就要上涨，这对于本来已经很难收取物业费的老单位小区来说无疑难以操作，尤其是对依靠退休金和政府补贴生活的老年人来说，物业费已经是经济负担。

而在具体解决小区所出现的问题时，又存在责权不分的状况，“政府”是一个很虚的说辞，具体是政府的哪个部门该负责什么，有时候连居委会和物业都弄不清楚，比如，到底哪个部门该对废物处理和损坏的水管负责，或者费用由谁来出——老小区并不存在维修基金——都是模糊的。而居民往往认为居委会代表“政府”，有问题就找居委会，并认为居委会要负责解决，但居委会往往并不具备解决问题的人力和财力资源，其更多的是协调工作；对于物业公司来说，收基本的费用都很难，更不用说提高费用改善服务了，导致这些问题形成周而复始的恶性循环。业主委员会本来可以协助调节居民和居委会的关系，但在这个小区，把居民都召集在一起很难——尤其是现在居民成分很复杂：老住户、外来租户、搬走的有钱人，在这样一个大的社区把2/3居民召集在一起，场地都是个问题。一些老居民也没有业主意识，保留了“一切找单位（即使单位不在了）”的意识。在居民的心目中，居委会是办各种证明、领政府福利的地方，而劳动适龄人口往往不知道居委会办公室在哪儿（即使它就在小区的中心位置）；同时，居委会忙于应付上面交代的各种任务，要处理与外来人口、失业、计划生育等相关的日常工作，组织的居民活动往往参与者以志愿者和老人为主。另外，居民则自己组织了各式各样的兴趣小组、旅游、跳舞、绿色食品甚至慈善活动。

三 城市“边缘”的社区

（一）“农转城”社区

这是一个在农转城片区内的城市社区居委会（负责城市居民和单位），在该片区内还有一个是涉农居委会（“村改居”改造进行中，负责村民和村民小组），辖区内两个居委会的管辖区域有所重叠。该城市社区居委会登记的人口在2009年为21289人，流动人口385人；2011

年人口在册21789人，1955人是外来移民①。该辖区有很多高科技企业和大学，有两个商品房小区，在辖区内还有一个围绕寺庙而形成的每周一次的集市，虽然这个集市是归相邻的村委会管辖。社区内的商品房小区绿化非常好，2002年开发，2006年第一批居民入住。在开发商交房、业主入住后，小区内部物业维护交给了物业公司承担。该物业公司属于开发商下属的独立核算的物业公司。入住之初，配套设施如超市、商店、餐馆、公交等不到位；由于入住率低，安保也是大问题（入室盗窃时有发生）。据居民描述，在最开始搬来的时候，周围都是空地，公交车到站后还要走很长一段路才能到小区，并且一到晚上小区里都黑乎乎的，没有灯。但是到调查进行时的2012年，入住率已经大大提升，安保有了很大的改善，公共交通线路增加，周边的商户也生意兴隆。小区内包括因为城中村改造项目的失地农民（用补偿款购买的商品房）、来昆明打工的外地人或帮子女照看孩子的老人、受云南舒适气候条件吸引搬来的商人和大学老师等。这种人员混杂也导致了很多抱怨，比如教育程度高的人抱怨其他居民素质低下、公共场所大小便、没有礼貌、保安半夜偷树上的果子等。

小区绿化率很高、面积大，但是缺乏足够的空间和设施让居民健身娱乐。在调查的过程中，商业小区面积之大和绿化覆盖率之高的确是小区内显著的特点，但是在开发商规划中，小区内部没有广场——这样使得整个小区占地面积大，建筑密集度低，但缺乏足够的活动空间。小区业主就此曾经和物业公司商议，寻找解决办法，但没有显著效果。其中一个典型的事例就是业主间和业主与物业之间因为健身锻炼发生的冲突：部分业主在小区内放音乐锻炼，引起周围居民不满，双方发生冲突，最后不得不由“110”和物业调解。几次冲突之后，需要活动空间的业主找物业要活动空间，而这种问题没办法调和，锻炼和健身的业主只能选择放弃健身或是前往附近高新区的广场活动。针对这一问题，物业公司指出实际上小区是已经规划好的小区，规划一批下来很难再改，改建是不可能的。同时，小区早期规划停车位不够也是一个客观存在的问题，随着入住率的提高以及地理位置的特殊性，私家车的增多也成为居民和物业共同面对的问题。业主又提出建议减少绿化面积，将地面平

① 来自于居委会统计资料。

整后改建成停车场，也同样被物业指出很难操作。

小区维护存在的矛盾和问题是小区居民与物业公司的重要矛盾。开发商在小区规划时将小区外围商品房规划为底商，随着辖区交通的改善和经济的发展，餐饮业的发展为居民带来了一系列问题，如夜晚油烟的排放、摊位占道经营以及营业时间过长、饮酒过度带来的不安全因素等，影响居民正常出行和休息。在小区内部，矛盾则最集中在物业费的收取，物业服务的定位和基础设施的维护、建设方面：物业长期疏于管理，公共设施破损时需要很久才会发现并维修；而居民住房出现问题需要维修时，物业公司的维修费用又要比成本费用高出一半左右，很不合理。据物业公司反馈，小区建成时期依照国家有关物业管理条例制定物业费用之后，再也没有过物业费的增长，物业费用偏低。长期低廉的物业费用在当前物价不断增长的市场中给物业服务带来很大困难，尤其是小区基础设施需要全面维护整修、资金紧张、物业工资和收效低，难以提供更好的服务。同时，物业管理人员也要面对居民拒交物业费用的现象，更增加了服务难度（物业人员访谈 KM - LY - K3 2012）。而在居民反映的状况中，则认为物业费用已经足够整个小区的维护，居民不断缴纳物业管理费却根本没有看到物业管理有服务行动。双方在就此协商之后，物业公开账目，但还是无法达成一致。

在居民与物业的矛盾之中，双方都意识到成立业主委员会可以是当前一些问题的解决之道（居委会人员访谈 KM - LY - K2 2012）。物业提及资金匮乏的问题可以从两方面解决，其一是住户购房时缴纳的大修基金，其二是协商提高物业费价格。但是，依照当前物业管理条例的规定，两项工作都需要业主委员会或小区内 2/3 的业主同意后方可执行。在这样的情况下，物业也表达了对于成立业主委员会的支持。但业主委员会并没有成立起来，并且两次主要的尝试都以失败告终。一次是，居民们建了一个 QQ 聊天群，大家讨论集体向房管局提交申请。在线上线下的讨论后，一部分积极分子被选出来准备申请书，但是，在查看了相关政策后，参与者都很失望，因为他（她）们发现，只有项目开发完成——即使仍有小部分空地被开发商推迟建设也不能叫“完成”——申请才能被接受，也就是说即使该小区 2006 年就入住，还是不符合申请的条件。另一次的尝试是居民内部没有达成一致，有些积极分子认为大部分业主，尤其是外地来昆明居住的业主没有业主意识，以及“缺乏核心价值观”，同时“政府法律不支持，开发商不同意，业主主观也不统一”（居民 KM - LY - R1 2012）。而物业表示在很多管理问题上如果没有业主委员会（以下简称业委会），物业公司需要花费大量时间、精力和人力争取绝大多数业主的同意，所以物业也支持业委会成立。针对业委会的问题，居民也与社区居委会联系，希望能由居委会出面组织。但依照相关规定，居委会没有权力成立业委会，居委会和业委会实际上都是居民自治的表达，居委会只能协调、监督，两者之间到底关系如何还没有定论。

与城市中心的居委会类似，居委会和社区服务部门有大量服务事务要去承担，人员和资金又经常不够，还要承担大量行政任务。不同的是，因为城市边缘社区居民成员的复杂性以及物业管理的封闭式小区，使居委会的工作难以开展。一方面居委会抱怨物业不支持居委会的工作，因小区都带门禁，物业掌握了比居委会更详细的居民信息；另一方面物业公司则抱怨居委会什么事情都来找他（她）们，甚至计划生育的统计工作——物业认为这完全不是他（她）们职责范围之内的工作。对于居委会来说，政府及相关部门的某些工作正逐步向社区延伸或转移，但各职能部门在下放工作时往往经费和职能未到位，权责又不明确，没有体现“费随事走，权随责转”的原则。随着工作的下放，各职能部门的检查、考核、验收，造成基层社区工作的“行政化”倾向，导致了社区服务成为“副题”，主业成了“副业”，严重影响基层工作人员正常工作的开展和工作效率。在居委会看来，社区服务、基层社会工作都需要一支庞大的队伍，应当包括专职、兼职和志愿者三大群体，但目前的专职服务队和兼职队伍人数有限，志愿者队伍虽已建立但作用发挥受到制约，由于队伍小、人员少，同时社区居民又不配合，也造成“上面的政策都是好的，下面的事情都是糟的”，应开展的服务开展不起来的局面（居委会成员访谈 KM - LY - K2 2012）。

这个居委会的辖区内的另一个住宅小区则以“农转城”人口为主，是当地村委会和开发商之间协商之后村委会集资为所有村民建成的四栋楼房，一栋有电梯，三栋没有。住房分配采取随机的方式，分配之后很少有人将房子卖出或者租给外来人。旧的行政组织仍然存在，即传统自然村的三个生产队处理村民间的冲突，这在很大程度上减轻了居委会的负担。村民觉得他（她）们的新住房不如以前旧的房屋设置——以前的房子有很大的储物空间和生活空间，现在只有三室一厅是自己的。他（她）们说自己新的住房环境就是“住洋房，受洋罪”。但是，他（她）们很享受与邻居、亲戚们还住在同一个社区，附近的交通状况在改善，依山而建的地理优势也使这里的空气很好。

与这两个小区相邻的涉农社区还维持着传统的居住方式，是第一次修路拆迁集体改建的住房小区，基本是由4—6层并排而建的房屋组成的，很多居民都把房间出租或底层的改为商铺。因为还不是像周围重建后的高层封闭式小区，这些村民担心他（她）们面临二次搬迁的可能。在这个社区里，当地的节日庆祝传统还保留着，一些老年人轮流祭祀土地神，神像放在村里仅存的一个小公园的大理石桌上，社区居委会也会为没有工作的农民组织免费的计算机培训班。但是，农民们还是担心经济保障问题，因为靠他（她）们所学的这些基本技能还很难在社会上找到工作。他（她）们多以赔偿款和房屋的租金为生，但是他（她）们担心孩子将来的教育、工作问题，以及找不到工作才40多岁就闲在家里。村民们认为昆明城市化和改造是好事，是发展、改善了居住环境，但是反反复复强调希望政府不要再改造已经规划好的新村。

（二）城乡结合部

这个居委会正式成立于2004年，由七个自然村组成。和上面的案例不同的是，几乎一半人口是外来的租户，但他（她）们与房东的关系、融入状况都很好。在昆明的规划者看来，由于区域内的历史文化人物和故居，这个区域可以发展成一种生态人文的开发模式。而当地的居民则为他（她）们自己建的房屋而自豪：“我们请了四川的一个师傅为我们盖房。整栋房子都是我的，那个时候就花了20万！一家是一栋房子，有些家还不止一栋。”（居民KM－BY－R8 2012）征地补偿之后，居民被允许在原区域内建造自己的房屋，大多数居民决定至少要盖四层，他（她）们赖以为生的土地已经没有了，多出来的可以租给外来务工人员。房子建的面积更大也是未来再次拆迁补偿用于协商的筹码，因为现在的政策是按平方米补偿（而不像以前是按家庭人数）。一些房子还有自己的院子，晚上居民和租客们可以坐在一起聊天。

在居委会的协调下，与村民进行城中村改造的谈判已经开始，这一过程预计在2017年完成——所有的房子将被拆除，村民会搬迁到一个新建的高层住宅居住，混合了拆迁安置和商业性住房的住户。前面曾提到，昆明搬迁政策中居民可以选择集体原地回迁，规划中也更多地涉及对居民的考虑，比如一些公开标语里提到："规划使城市更有序""规划带来美好未来"。[①] 从 2011 年开始的对失地农民的培训项目有三个主要目标：第一，教授农民新的工作技术，以使他（她）们能进入劳动力市场；第二，提高居民的"综合素质"；第三，创建和谐社区（居委会成员 KM - BY - JW - 1 2012）。这些课程帮助参加培训的 676 人中的近 400 人找到了工作——虽然他（她）们的工作主要是清洁工作。一些青年劳力成为村里联防联保的成员，由赔偿款资助，但这只能维持到 2014 年底。村民认为，他（她）们不仅缺乏竞争力，年龄也受到歧视。"培训项目没什么用，不过是种形式，不是真的。要是来真的，我就已经找到工作了。"对于失地农民来说，工作意味着"职位提供者"，在一个机构里有一定的职务和地位，也有稳定的收入作为未来的保障。在当地，工作被认为不是经济需要，因为大多数居民可以靠租金为生。这种对工作的理解可以通过一位居民对他朋友所说的话来印证："出租收入是额外收益，不是稳定的收入——出租不是工作……例如，他也没有工作——他有一辆丰田汽车但是没有工作!"（居委会成员 KM - BY - JW - 1 2012）

另一方面，"过去，我们（农民）的生活很困难。现在，我们有更多的空闲时间"（居民 KM - BY - R18 2012），或者用另一位老人的话来说："我从没想过生活变得这么好，之前我们吃不到肉，只有土豆。"（居民 KM - BY - R13 2012）现在交通便利，"很多地方可以买到新鲜的蔬菜"。"对于老年人很好，我们可以靠补偿款过后半辈子。年轻人就会比较困难，因为他（她）们还得顾孩子和家庭。"居民们对新的社区开发计划很失望。"一些人担心政府可能不会满足他（她）们补偿的愿望。但是，房地产开发公司想说服我们同意这个计划。今年初，一些房地产公司的人带了 10 公斤的大米来我家，被我拒绝了，跟他们说：我不需要你们的大米!"（居民 KM - BY - R17 2012）

为了保持模范社区，以及配合未来社区开发改造的规划，居委会表示会建成"一个实验性质的综合服务部门，将会提供很多服务，包括新

---

① 社区墙上的标语（2012）。

生儿护理，流动人口普查、户口登记和结婚登记等，以便保持动态的人口记录”（居委会成员 KM - JW - 1 2012）。一位曾是党支部委员的居民说：“作为一名党员，我认为政府有自己的计划，肯定要为国家整体利益考虑，这一点我们都认同。但是，从长远来看，我很担心政府的管理。贪污腐败的官员太多了。比如，农村投票选举人们花钱（买选票……）。这些人上台后，只会考虑为自己多赚钱，不会考虑广大群众的利益的。今年建党纪念日那天（2012 年 7 月 1 日），他们睡到中午，然后读了一些政策文献做做样子，你知道吗？下午四点，他们就都去市中心的酒店吃饭了。我没去。这也是居民抱怨政府的原因之一，街道办事处应该以年度报告来回应这些问题，但实际上只是一些官方套话，不会将真实情况报给上级。大多数老一辈党员都十分看不惯这些。”（村主任 KM - BY - 16 2012）

由于社区安全是由村里的民兵联防负责，警察不会巡逻，外来人口的安全没有保障，就像一对年轻夫妇所讲的：“这儿的人太多，而且很多人都没有工作，偷东西经常发生。上周我的自行车被偷了，我报了警，但警察说，像你这样的案子太多了，我们也没办法！他们让我们去找村主任，村主任说这不是他们的责任，没一个人出来承担责任。所以我认为他们就是对我们有偏见，因为他们说自行车是被‘外地人’而不是‘小偷’偷走的。我就是外地人！但我的自行车被偷了。然后我去居委会看他们是不是能解决问题，因为社区内有监控录像，我想看，但他们只跟我说，‘下次记得锁好你的自行车’……然后，让我去找联防去要监控录像，他们不给，让我再去找派出所。警察再告诉我去找联防，因为我有权要求看这个录像，结果我再去，他们告诉我，负责监控录像的主任不在……我放弃了。没人可以解决问题，我白耽误了一天的时间，车子还是没找到……问题是，我们到底该向谁抱怨呢?”（居民 KM - BY - R1 2012）。另一方面，外地租户和本地居民的关系很好，被采访的外地人说，当地居民对他（她）们很“友好”“热情”，他（她）们没有受到歧视，除了在安全问题上。

大多数被访居民和做生意的外地人都不希望房子被拆掉再回迁，即使是原地回迁。居民们对自己的房子很满意，外地人的生意也很稳定，“我们（老年人）不喜欢爬有很多台阶的楼梯。住在低层的房子里出去找人很方便，如果在高层，我们可能就只待在家里，跟邻居、朋友们交往的机会就少了”（居民 KM - BY - R6 2012）；“我们的问题，我们自己解决。房子是我们的。我们建的，我们自己照顾。我们更喜欢自己管，不想给物业管理公司付钱”（居民 KM - BY - R8 2012）。年轻居民则更积极一些，他（她）们认为新住房会更舒适、更干净。从居委会的角度来说：“我们与开发商谈判达成协议，要先在空地上建安置房，在拆迁之前让大家有地方住。区政府会制定出相应的政策”（居委会成员访谈 KM - BY - JW - 1 2012）。城市规划者期望这个区域有机会成为以旅游业和文化遗产为主的发展模式，这也是昆明经济发展的策略之一。

四 讨论：城市社区的（不）可持续性

衣食住行，是居民对于社区生活的最基本诉求。衣，体现在便利的购物环境上；食，需要有方便的菜市场；住，是对房屋质量和格局的总体要求；行，要求交通便利、出行方便。但快速城市化的发展往往是以牺牲居民的基本诉求为代价的：在老旧小区，居住条件相对较差，但是配套设施齐全、交通便利；城郊的新小区，居住的格局大大改善，但配套往往要花相当长的时间才能建成。旧城衰败，维修资金缺乏，而旧城改造往往又不是短期内可以完成的，这会导致原本已经破败不堪的住房、公共空间、绿化设施进一步破坏；而在城郊的新小区，缺乏给未受过高等教育的人的工作机会，公共设施和交通基础设施的建设速度很慢，如果这两点无法改善，那么以减少市中心人口密度的努力将还是失败的。

衣食住行、公共空间的需求和使用、社区归属感和邻里意识以及基层管理都是影响居民日常生活的基本要素以及社区可持续发展的关键问题。在旧城改造小区，公共设施的恶化以及社区感的衰落尤其是公共维修基金的缺乏都为居民的生活带来了很大障碍，尤其是旧城改造的不确定性使个人无法为设施维修投入更大精力；在旧的单位制小区，除了旧的房屋构造、公共设施与居民新的居住需求之间的矛盾之外，“凡事靠单位”的思想与新的社会管理之间的矛盾也日益凸显，涉及社区核心利益的矛盾如治安、老龄化、设施维修等问题无法得到切实解决，居住环境将继续恶化；对于农转城社区，城市社区管理与村民的需求之间还存在着巨大的差距，与城乡结合部类似，不同类型小区和居民的融合面临着挑战，居民间冲突不断，拆迁越来越困难，居委会和物业对很多问题都无力解决。

在以上四个案例中，我们都发现了不同程度的社会隔离与居民归属感的破坏。社会隔离存在于邻里之间，但更多的是由于收入和地位差异而导致的社会隔离。对外来务工人员的歧视很明显，住在商品房的经济条件更好的居民会指责一些邻居素质低下、思想落后（像谴责外来人口那样）。而在农转城的混合社区，相似背景的居民和外来人口反而相对融洽，但是拆迁之后与商品房居民的混住又会成为新的问题。这种居民间的区隔对于形成业主委员会也成为一个障碍，尤其在城市/农村混合居住的地区，矛盾很多。城市规划的雄心不仅破坏了仅存的居民的社区归属感，拆迁，尤其是异地拆迁更破坏了人们与所居住的地域的情感连接，与之同时消失的是传统的单位和村庄中的邻里关系和社区意识。

从规划层面上看，人口增长似乎对规划者来说很意外，但这对于一个靠廉价劳动力而迅速发展的经济应该是显而易见的，规划者似乎也没意料到即使当地居民搬走了，外来租房者还是络绎不绝地搬进来，使城市中心变得更为拥挤。这只能反映出规划的不完整，以及缺乏对社会机体的理解和调研。同时，规划与居民需求之间的差异也是导致住房建成后居民矛盾的重要方面，居民对于公共空间的需求与使用和规划者、地产商所设定的目标之间存在很大差异，这也给后期管理带来众多挑战。

通过城市中心和边缘社区的比较，我们也发现了新旧体制的并行和转轨——单位制和社区制的并存，村委会与业委会的交叉。居委会处于一种尴尬的局面——无论是“农转社”还是“居改社”都并未关注到不同社区的组织特点，标准化的运行结构以及居委会“顾上顾不了下”的工作原则都大大削弱了居委会服务居民的初衷，与居民的互动越来越少。自上而下的城市化也割裂了居民与社区的联系，这使得原本依赖本地志愿者和居民的居委会进一步从社区中分离了出去。同时，居民与基层组织的社会信任进一步削弱——无论是居委会无法解决居民遇到的问题，还是选举过程的名存实亡。由于社区建设的专业化目标，再加上居委会被视为居民自我管理的代表性组织，名义与实质的割离无论是对于居委会员工还是居民来说都意味着对“居民群众组织理念”的破灭，对选举程序的不信任、对居委会的漠视成为城市社区的常态。大多数居民独立于居委会的管理，也不需要它提供的服务和组织的活动，而居民需要的服务和活动居委会又无法提供。当然，居民有独立于居委会的志愿活动，有时也会使用居委会提供的活动中心和公共场地，但是居民与居委会的纽带进一步割裂。同时，自上而下的政策和通过拆除、搬迁强制进行的城市化一定会遭到居民更大的抵制，这与不信任的积累以及城市化过程中政策的不确定性相连，同时，新政策、新规划对基层意见反馈的延迟和不畅会加剧这种矛盾。

参考文献

1. 董小燕：《公共领域与城市社区自治公共领域与城市社区自治》，社会科学文献出版社 2010 年版。

2. 侯岩主编：《中国城市社区服务体系建设研究报告》，中国经济出版社 2009 年版。

3. 洪大用：《理解中国社会的可持续性》，《江苏社会科学》2010 年第 5 期。

4. 郭于华、沈原：《居住的政治：市业主维权与社区建设的实证研究》，《开放时代》2012 年第 2 期。

5. 吴群刚、孙志祥：《中国式社区治理：基层社会服务管理创新的探索与实践》，中国社会出版社 2011 年版。

6. 肖林：《"'社区'研究"与"社区研究"：近年来我国城市社区研究述评》，《社会学研究》2011 年第 4 期。

7. 杨东峰、殷成志：《城市可持续性：理论基础与概念模型》，《国际城市规划》2010 年第 6 期。

8. 杨宏山编著：《城市管理学》，中国人民大学出版社 2009 年版。

9. Dempsey, Nicola et al. "The social dimension of sustainable development: Defining urban social sustainability", Sustainable Development, 9: 5, pp. 289 - 300, 2011.

10. Gui, Yong, Chang, Joseph Y. S., and Ma, Weihong, "Cultivation of grass - roots democracy; a study of direct elections of residents' committees in Shanghai", China Information, 20: 7, p. 16, 2006.

11. Hillier, Bill, "Spatial sustainability in cities: organic patterns and sustainable forms", In: Koch, D. and Marcus, L. and Steen, J., (eds.)

Proceedings of the 7th International Space Syntax Symposium. Royal Institute of Technology (KTH): Stockholm, Sweden, 2009.

12. Manzi, Tony et al., "Understanding social sustainability: key concepts and developments in theory and practice", In: Manzi, Tony, Karen Lucas, Tony Lloyd – Jones and Judith Allen, (eds) Social Sustainability in Urban Areas. London and Washington DC: Earthscan, pp. 1 – 34, 2010.

13. Meegan, Richard and Alison Mitchell, "It's not community round here, it's neighbourhood': neighbourhood change and cohesion in urban regeneration policies", Urban Studies, 38: 2167 – 2194, 2001.

14. Read, Bernard, Roots of the State: Neighbourhood Organization and Social Networks in Beijing and Taipei, Stanford University Press, 2012.

15. Wang, Di, "Pratiques et norms de fonctionnement des Comités de residents: consequences et limites d'une gestion par les chiffres", Perspectives Chinoises, 1: 7 – 16, 2013.

16. Wu, Fulong, "China's Changing Urban Governance in the Transition Towards a More Market – oriented Economy", Urban Studies, Vol. 39, No. 7, 1071 – 1093, 2012.

—— "Residential relocation under market – oriented redevelopment: the process and outcomes in urban China", Geoforum 35, pp. 453 – 470, 2004.

作者简介

张慧（1980— ），女，中国人民大学社会与人口学院人类学研究所讲师。主要研究方向：情感人类学、经济人类学。电信地址：北京市海淀区中关村大街59号中国人民大学科研楼A202，邮箱：zhanghui01@ruc. edu. cn。

莫嘉诗（Paula Morais），女，伦敦政治经济学院项目官员/Bartlett School of Planning，UCL。主要研究方向：城市规划、城市设计。

王斯福（Stephan Feuchtwang）（1937— ），男，伦敦政治经济学院人类学系教授。主要研究方向：人类学理论、宗教、历史人类学。

社会变迁中农村留守家庭社会支持网络的路径研究

王云飞

随着城市进程的加快，中国传统的社会结构发生了深刻的变化，农村大量的劳动力涌入城市。由于我国城乡二元结构以及相关的体制政策性阻隔的现实情况，农民工举家搬迁进入城市生活成本太高，这就造成了包括留守儿童、留守老人和留守妇女组成的农村“留守家庭”的出现。由于绝大多数外出的是一些年富力强的劳动力，这些人和家人长期分居两地，导致这些留守家庭在现实生活中面临诸多困难，如子女教育问题、情感缺失问题、妇女与老人生活负担重以及基本社会保障欠缺问题等。如何解决留守家庭的现实困难是当前农村地区发展中亟待解决的一个重要问题。为此，探索农村留守家庭问题的解决办法，构建一个解决农村留守家庭问题的社会支持网络，是农村社会在社会转型过程中所必须解决的重大问题。这里，从社会变迁视角认识我国农村地区留守家庭社会支持的建设和发展，探讨建构农村留守家庭社会支持网络的有效路径，从而为解决农村留守家庭问题提供有益支持。

一　中国农村地区的社会变迁

中国从传统社会向现代社会过渡的过程就是社会变迁的过程。社会变迁表现为多方面的变化，其中社会结构的变迁是社会变迁的重要形式，这种变迁在农村社会中的变化非常明显，透过这一变迁视角可以发现农村社会变迁的复杂性。研究社会变迁的视角是多方面的，在此仅从家庭结构、社会关系和社会规范等角度来探讨农村社会的变迁。

（一）社会变迁

1. 社会变迁的涵义

社会变迁（social change）指的是社会全方位的变化，包括自然环境、人口结构、价值观念、文化形态和社会结构等方面的变化。有学者指出，社会变迁既泛指一切社会现象的变化，又特指社会结构的重大变化；既指社会变化的过程，又指社会变化的结果。社会变迁是一个表示一切社会现象，特别是社会结构变化的动态过程及其结果的范畴。社会变迁是客观的不以人的意志为转移的过程。[①] 还有学者立足于社会内部关系的变化，认为社会变迁是由一个旧的安定、和谐而整合的社会，转变为一个新的安定、和谐而整合的社会的过程。[②] 也有的学者从政治权力的聚散角度来考察中国近代社会中的政治权力的变迁。[③] 还有的学者，如于建嵘研究员从国家对地方政权的控制以及地方政权演变的角度来研究社会变迁。[④] 刘少杰教授立足于网络化时代的特点来谈社会结构变迁。[⑤] 透过以上的研究，可以从不同的视角来认识“社会变迁”这一概念的涵义。社会变迁一方面表现为社会全面的变化，另一方面又表明社会变迁是一个复杂的过程。自50年代以来中国农村社会结构的变迁表现的正是农村社会变化的复杂性。

2. 农村的社会变迁

中国农村社会变迁是一个非常复杂的过程，这种变迁主要体现在传统向现代转变过程中经历了集体化时代和后集体化时代。

在传统向现代社会转变这一根轴线上，主要反映的是过去农村以血亲、宗法制度等建立起来的社会向着一种现代化的社会转变，这种转变是随着新的国家形态诞生而发生的，充满现代性的一系列的文化价值观念和政权组织形态的输入，使得过去建立在亲缘关系等基础上的传统社

---

① 罗玉达：《现代化大潮与社会变迁》，《贵州大学学报》2004年第2期，第43页。

② 张玉法：《近代中国社会变迁（1860—1916）》，《社会科学战线》2003年第1期，第244页。

③ 许纪霖：《近代中国政治变迁中的权力聚散》，《社会科学研究》1993年第4期，第31页。

④ 于建嵘：《近代中国地方权力结构的变迁——对衡山县地方政治制度史的解释》，《衡阳师范学院学报》2000年第4期，第88页。

⑤ 刘少杰：《网络化时代的社会结构变迁》，《学术月报》2012年第10期，第14页。

会开始发生变化。集体化和后集体化时代是自解放战争以来，新的政府在农村地区开展的一系列的社会主义改造运动，如土地革命、人民公社运动等。这些社会主义改造在广大农村树立了一种集体主义价值观念，而这一时期的农村社会由分散的小农状态转向集体主义的结构状态。集体化时期，农村社会结构越发趋于封闭，人与人之间、群体与群体之间的关系处于凝结状，社会流动性低。这一时期的农村社会形态主要是围绕着国家政权或者是无产阶级运动为内核的一种家国同构体系，此时，在传统农村社会中的家族或者宗族结构全部让位于国家。改革开放以来，以集体主义为内核的社会形态逐渐开始松动，国家层面的一系列去集体主义政策，如包产到户、去人民公社化、村民自治等加速了农村社会去集体主义化进程，此时，整个农村社会既保留了集体主义时期的些许特征，又呈现出新的社会关系状态。

伴随着上述变化，农村的家庭结构、社会关系和社会规范等方面都发生了变化，因而据此考察农村的社会变迁是研究很好的切入点。

（二）农村家庭结构的变化

家庭是社会构成的最基本组成单元，家庭根据人员数量，人员间关系又构成了一定的家庭规模，它反映的是家庭结构的状况。家庭结构是指家庭中成员的构成及其相互作用、相互影响的状态，以及由于家庭成员间的不同配合和组织的关系而形成的联系模式。它是社会结构形成的基础和主要部分。中国农村传统家庭结构表现为规模较大、人员较多、关系多样，随着农村地区由传统社会向现代社会转型的加速，农村传统家庭结构的基础正在日渐解体，家庭的生产和保障功能不断弱化，家庭的组织规模也在不断缩小。

一方面，从家庭规模和人口数量看，过去我国农村地区家庭人口数量很大，家庭往往是建立在亲属关系基础上，家庭规模大，往往出现四世同堂或五世同堂的局面，而随着农村地区社会转型的加速和国家计划生育政策的执行，我国农村地区的家庭人口数量和规模都在不断减少和缩小，据统计，我国农村地区家庭人口数量在近 50 年中呈现下降趋势，根据全国人口普查数据，中国农村家庭的平均人口逐年减少。1953 年为 4.3 人；1964 年为 4.4 人；1982 年为 4.41 人；1990 年为 3.96 人；

2000年为3.44人。[①] 就家庭规模看，据2000年第五次全国人口普查主要数据公报显示：核心家庭已占我国家庭的64.84%；主干家庭占21.73%；联合家庭占0.56%；单亲家庭占8.57%；残缺家庭占0.73%；其他家庭占0.26%。可见农村家庭开始核心化或原子化，家庭规模不断缩小，这在一定程度上导致农村地区在社会保障不完善的情况下，家庭成员的生活风险会有增大的可能。

另一方面，就家庭的人员组成看，处于社会转型时期的农村地区，由于受到城市化和工业化的影响，大量的农村青壮年劳动力离开农村，这就造成了农村地区的“空心化”。同时也造就了大量的老人、儿童、妇女留守在农村，俗称“386199部队”。在这样的背景下，农村家庭出现了人员的缺损，由于青壮年离开家庭后，家中只剩下老人、儿童和妇女，所以留守家庭大范围出现。据学者唐钧估计，目前我国农村地区的留守家庭数量比较保守地计算至少也应该有5000万—6000万个，如果“宽松”点，说有8000万—10000万个农村“留守家庭”也不为过。[②]

（三）社会关系和社会规范的变化

社会关系是农村社会生活得以顺利展开的必备条件，社会规范是农村社会的生活准则。一方面，社会关系的变化对农村社会产生一系列的影响，这些影响会使农村的社会资源重新组合，因而会建立新的社会网络，由此调整农村的社会关系；另一方面，社会规范的变化使得农村地区迈进法治社会的门槛。

1. 社会关系的变化。社会关系主要是指人们在社会生活中结成的一种互动形式，这种互动形式与一定的社会形态相联系，社会关系决定人们的行为方式，也决定人们在社会生活中的地位。社会关系的背后蕴藏着丰富的资源和权力，它是人与人在交往中形成的一种关系集合。

一方面，农村社会关系的中心在发生变化。传统农村社会关系中基于血缘和亲缘的社会关系模式受到了其他社会关系的挑战。农村中建立在地缘或业缘基础上的朋友关系正逐渐占据农村居民生活的中心，并呈

---

① 杨荣、王晓艳：《现代农村家庭结构变迁研究——以余丁坝村为个案》，《理论界》2009年第12期，第202—203页。

② 唐钧：《农村“留守家庭”与基本公共服务均等化》，《长白学刊》2008年第2期，第97—98页。

现出越来越强的扩展能力。正如阎云翔通过对下岬村“礼物流动”的考察指出，在过去40年特别是80年代期间，村民们的私人网络普遍扩展了；村民已经越过亲属关系体系，通过各种基于友情的人际关系去建立网络。[①]

另一方面，虽然以地缘或业缘为基础的正式社会关系逐渐得以在农村社会关系中确立地位，但这并不代表传统的社会关系结构的崩塌和彻底退出历史舞台。在农村地区传统的亲属关系仍然发挥着重要作用。例如，基于婚姻而建立起来的姻缘关系正逐渐变得重要。伴随着家庭结构的变化，夫妻关系逐渐成为每个农村居民生活中的主要关系之一。之所以这样，是因为夫妻关系是一种受到法律保护的关系，并附带着一系列的财产、情感等因素，所有由此而带来的因为结婚产生的社会关系网逐渐变得重要。

2. 社会规范的变化。社会规范指人们社会行为的规矩、社会活动的准则。它是人类为了社会共同生活的需要在社会互动过程中衍生出来，相习成风，约定俗成，或者由人们共同制定并明确施行的。农村地区社会规范的变迁主要表现在礼治向法治的转变。传统农村社会中社会规范是以“礼”为基础，社会秩序的形成有赖于礼治。正如费孝通在《乡土中国》一书中所描述的，我国农村社会是一个“礼治”社会，而所谓的“礼”是指社会公认合适的行为规范，礼并不是靠外在的权力来推行的，而是从教化中养成了个人的敬畏之感，使人服膺，人服从礼是主动的。[②] 由此可以看出，传统的农村社会中，礼是人们社会生活的规则来源和依据，农村社会不需要外来的权力或权威来维持稳定。

随着社会进一步发展和农村地区逐渐的开放，“礼治”规范在国家权力不断深入乡村后，逐渐地淡出了农村社会生活的舞台，取而代之的是“法”逐渐成为农村社会规范的核心。一方面，随着现代国家权力体系的建立，国家重视社会法制制度的建设，不断地在农村地区推行法治，通过送法下乡等举措不断地向人们宣传法律法规。同时通过国家权力机构对农村地区违反法律行为进行惩罚，树立了农村地区人们对于法

---

① 阎云翔：《礼物的流动：一个中国村庄中的互惠原则与社会网络》，上海人民出版社2000年版，第1—3页。

② 费孝通：《乡土中国》，上海人民出版社2006年版，第43页。

的权威的认可。另一方面，随着农村地区不断和外界接触，农村地区人们的现代权力意识也在不断觉醒，加之农村地区人口教育水平的提升和经济实力的增强，那种融入现代法治社会的渴望在不断加强。同时，“礼治”社会的弊端也在人们的这种变化中被发觉，因此，这种在互动基础上的影响使得“礼治”的空间不断地被压缩。

二 社会变迁中的农村留守家庭社会支持

农村留守家庭的出现并不是当前中国社会独有的现象，显然它存在于中国社会变迁的历史当中。在传统农村社会中也存在着留守家庭，但是并没有成为一个突出的社会问题。而今天农村留守家庭与其他社会问题共同地存在于当前中国社会，成为这个社会日益凸显的重大问题，直接地影响着社会的发展。从对农村社会变迁的分析来看，正是由于社会变迁使得农村留守家庭原有的生存和生态环境受到影响，传统的留守家庭用以解决家庭发展困境的措施的瓦解，导致了当前农村留守家庭问题突出。在此，引入“社会支持”概念，以此作为解释和解决农村社会变迁中留守家庭出现困境的一个理论和实践范式。

（一）社会支持的涵义

社会支持（social support）这一概念来自国外，最初应用于心理学，后来发展为社会学广泛使用的一个学术名词。国外学者如索茨（Thoits）将社会支持定义为“重要的他人如家庭成员、朋友、同事、亲属和邻居等为某个人所提供的帮助功能。这些功能典型地包括社会情感帮助、实际帮助和信息帮助”[①]。郑杭生认为“在笼统的含义上，我们可以把社会支持表述为各种社会形态对社会脆弱群体即社会生活有困难者所提供的无偿救助和服务”[②]。综合以上两位学者对社会支持的定义，不难发现，社会支持实际上是一种综合的帮助系统，是多方合作协调的一个体系，而不单单只是一个方面，社会支持主要由主体、客体、内容、功能和目

① 转引自周林刚、冯建华《社会支持理论——一个文献的回顾》，《广西师范学院学报》2005年第3期，第11页。

② 郑杭生：《转型中的中国社会与中国社会的转型》，首都师范大学出版社1996年版，第319页。

的几个要素构成。它可以分为正式的社会支持和非正式的社会支持两个方面。正式支持主要包括政府、社区、社会组织等，这些支持一般具有某些特殊的定位与功能、固定的程序和正式的规则，对提供支持的人员、服务或过程都有明确的要求，具有专业化、规范化、制度化特征。非正式支持主要是指建立在血缘、地缘基础上的支持，比如亲朋好友的支持、邻居的支持等，这些支持是基于情感，支持主体完全是自愿的。

（二）农村留守家庭社会支持

结合社会支持的相关理论，我们认为，农村留守家庭的社会支持是指留守家庭以外的各种支持主体对这些留守家庭提供的帮助或支持（包括精神上和物质上），农村留守家庭的社会支持不仅仅是一种单纯的帮助，也是一种主体与客体间的社会交换与互动。农村留守家庭的多样性和差异性需求也决定了社会支持不可能由单一主体来提供，它是关系到各个主体间的一种合作体现。

1. 留守家庭社会支持的主体

农村留守家庭社会支持的主体主要指的是在农村留守家庭社会支持网中提供支持产品的主体，即给农村留守家庭提供帮助的主体。结合中国传统农村社会结构的特性和当前农村现代化进程，农村留守家庭的社会支持主体主要包括以下几种。第一，农村社区。农村留守家庭得以生存和发展的第一要素是要有一个好的居住环境和生活空间，而这和农村留守家庭所在的农村社区是紧密关联的。第二，基层政府。农村留守家庭社会支持网的建构需要制度化和规范化，它必须要以一种法规或政策的形式得以确认，这样才有利于维护农村留守家庭成员的权利，合理规范地整合调度支持资源，而这些政策和法规的制定要有赖于政府。第三，社会团体或民间社团。随着中国社会现代化进程的加快，社会分工体系日益明确和精细，民间组织或社会团体越来越多地承担起部分社会建设的职责，它们越来越成为一个不可忽视的力量，在社会支持系统中发挥着作用。所以农村留守家庭可以以一种互助形式结成一个组织，或者乡村社会可以自发组建一个专门针对农村留守家庭的组织。第四，亲戚、朋友和邻居。中国农村社会关系中最显著的特征是基于地缘和血缘建立起来的一种关系网络，诚然，这些固有的关系结构随着现代化深入农村而逐渐变弱，但是它仍然是农村社会中重要的关系结构，家庭或者家族、邻居等仍然是农村人生活的不可或缺的中心。

2. 留守家庭社会支持的结构

政府、农村社区、社会团体、基于血缘和地缘的家族、亲属和朋友等是我国农村留守家庭社会支持的几个不同层面的主体，这些主体几乎囊括了农村留守家庭的全部社会生活空间。据此，我们可以把农村留守家庭的社会支持分为天然的社会支持（内生的社会支持）和建构的社会支持（外在的社会支持）。一方面，农村社会一直存在着一种天然的社会支持或者称为内生的社会支持，如邻里间、亲属间的互帮互助，它是内生的、稳定的，并且根植于农村社会流动缓慢、村民间基于地缘和血缘构成的社会关系中，它主要是血缘支持和地缘支持。另一方面，基于国家这一新的组织机构的成长壮大和福利型国家形态的崛起建构的社会支持，则是一种以需求主体为基点的制度性的支持。它并不是以血缘和亲缘为基础的，而是一种以权利和义务为核心的理性基础上的，均衡的、普遍的社会支持体系。它是根植于现代社会流动性加大、社会稳定性差等现实基础上的一种制度，主要是政府支持、农村社区支持和社会组织支持。

（三）农村社会变迁对留守家庭社会支持的影响

通过对农村留守家庭社会支持的分析，可以肯定的是，在过去的农村地区存在着一种对留守家庭等弱势群体的社会支持，这些传统的社会支持是建立在传统农村社会结构基础上的。由于农村家庭结构的变化，以及农村社会关系及社会规范的变化，使得过去的农村社会家庭支持已经失去了可持续存在的基础，难以有效发挥作用，由此给传统的农村留守家庭社会支持带来了巨大的影响，这种影响表现在：

1. 家庭和家族内部支持减弱。随着家庭规模的缩小和大家族的逐渐消失，来自家庭内部或者家族内部的社会支持减少甚至消失，这就使得农村留守家庭生活保障变得脆弱，其陷入生活困境的风险加大。农村社会的“核心化”和“原子化”使得家庭的规模不断缩小，加上农村精英和劳动力的出走，建立在传统社会中的社会支持资源几乎完全丧失。这种内部支持的减弱使得原本发生在家庭和家族之间的支持必须转而求助于社会层面的支持。

2. 传统的社会关系支持式微。随着国家权力得以全面深入地介入农民社会生活，在越来越多的农村事务中，国家力量所带来的影响越来越明显，这就使得农村社会中传统社会关系对个人和家庭的影响减弱。就农村社会支持方面看，由于农村社会关系的变化，原来建立在传统社会关系基础上的如邻里、朋友之间的支持也随之发生变化。在现实的农村社会生活中，来自邻里和朋友的社会支持已经不再是农村留守家庭社会支持的主要来源。农村社会养老保险和医疗保险的全面实施，在很大程度上改变了农村过去的养老和看病传统，过去养老靠子女、看病困难的局面有所改观。农村留守家庭同样也得到了这种来自国家层面的社会支持，这在一定程度上缓解了留守家庭的生活负担，同时国家层面的针对留守儿童、妇女和老人的相关政策也都在不断地制定和实施中。农村社会发生的变化使得原来基于“差序”性质的社会结构基础上形成的血缘、地缘等社会支持网发挥的作用变弱。这一切是农村社会变迁给农村留守家庭社会支持带来的正面影响。

3. 社会支持观念发生改变。就社会支持而言，表现最为显著的是社会支持主体和客体之间关系的变化。传统农村社会中，类似于今天农村留守家庭的弱势群体得到的社会支持只建立在传统的社会价值观基础上。这种基础有赖于传统社会中的道德、社会规范、价值观念以及家族规定等，在这样一个社会生态系统中，过去的农村社会支持运行平稳，更多时候，社会支持提供的是基于家族这个主体来进行的，而作为客体的留守家庭，对社会支持的主观意愿不强烈，这个时候，社会支持是一种松散的、不稳定的家族救助。但是随着农村传统的社会价值观念发生变化，以及农村社会和外界社会越来越多地接触交流，权利义务观念不断深入人心，当前农村留守家庭社会支持这一需要已不再是一种依靠传统的价值规范建立起来的情理制度，社会支持的生成是基于社会的需要而出现的，即社会支持提供的是一种在现代社会被称为社会产品的服务，它具备了公益性。在很大程度上，社会支持是一种农村留守家庭的权利需要，以及作为公权力代表的政府的一种义务的体现，这一社会支持已经转变为一种法律制度。

三　农村留守家庭社会支持网的建构

中国传统社会中并不是没有社会支持，只是这种社会支持和今天所指的社会支持是有差别的。今天要建立的农村留守家庭的社会支持是一种更为系统的、多元的，契合了中国传统和现代社会形势的社会支持。这其中既重视传统的人情、人伦关系网，又重视当今的社会福利或者狭义的社会支持。要考虑的是处于变迁社会中的何种社会支持最为有效，最能提供农村留守家庭的保障，而不是一味地强调复制其他社会的社会支持系统。例如，社会工作是国外或者城市留守家庭社会支持中惯用的一个方式或者手段，但是把社会工作这一方式引入农村留守家庭社会支持中，农民是否能接受，能否有效地适应农村社会环境，社会工作志愿者是否有足够的耐性和毅力留在农村服务，这都是值得商榷的问题。所以，构建一个本土化的农村社会支持体系是一项很重要的实践活动。

（一）建构的支持系统

1. 政府支持。当前我国的现实国情是政府在社会建设和发展中处于主导地位，发挥着不可替代的作用。就农村留守家庭的社会支持而言，政府是当前农村留守家庭社会支持建设中的重要力量，无论是保障制度的建设、政策规章的制定和实施、社会支持主体间的协调等都需要政府的参与。一方面，政府应当加大对农村留守家庭的经济支持，这是当前农村留守家庭最为现实和迫切的需求。应当尽快地制定有关农村留守家庭的相关帮扶政策和规章制度。同时，针对农村留守家庭普遍反映的医疗支持不足问题，政府应当给这些留守家庭长期患有慢性疾病的家庭成员相应的补贴，并制度化、规范化地发放这些补贴。以物质支持缓解留守家庭的养老风险和生活压力，同时切实落实农村地区的精神文化建设的相关政策，不要让这些承诺变成“空头支票”，切实提升留守家庭成员的精神文化生活质量，从而增强他们生活的幸福感，使他们不再感到孤独。就部分农村地区出现的留守家庭遭到偷盗的现象，公安等相关部门要切实抓好农村地区的治安问题，定期组织相关人员蹲点巡逻，同时发挥农村地区的民兵联防系统功能，保障好这些家庭的安全。另一方面，对于农村留守家庭的具体数量，至今仍然没有一个官方的统计结果，统计和计生等相关部门应当尽快建立一个“农村留守家庭数据库”，及时掌握这些留守家庭的全部数据，包括人口数量、收入水平、健康状况、教育情况、生活需求等，从而有利于政府部门管理，为政府制定相关的支持方案和政策提供可靠依据。

2. 社区支持。社区支持作为一种更为贴近农村留守家庭的支持方式，在他们的日常生活中发挥着重要的作用。构建一个多元的、动态的社区支持是做好农村留守家庭社会支持网络的关键。一方面，在留守家庭日常生活中，社区支持要在生活和精神方面发挥关怀作用。例如，为村里的留守家庭中的留守老人提供基本粮油等物质帮助，同时定期给留守家庭的成员提供免费的医疗检查。此外，村委会还可以在村里定期开展健康讲座、提供娱乐活动，如看戏、看电影等，定期开展丰富多彩的社区活动。

3. 社会组织支持。近年来，随着我国改革事业的纵深发展，社会组织在社会发展和公共事务管理中发挥的作用越来越明显，已经成为我国政府部分职能转移的重要承接力量。相较于政府支持和社区支持，社会组织由于其自主性、草根性等特性使其更加灵活，运作起来也更加方便，更易贴近需要帮助的群体。积极地发展这些社会组织，鼓励更多的专门从事针对“农村留守家庭”的社会组织或志愿团体与政府相互合作，共同参与“农村留守家庭”社会支持工作，实现农村留守家庭社会支持向着多元化、深层次发展。同时，搭建好这些专门的社会组织与政府、社区和村庄的互动平台，使得这些主体实现资源共享，从而有利于完善整个农村留守家庭社会支持网络。

（二）天然的支持系统

1. 重建家族支持系统。家本位思想是中国社会最为重要的一个方面，家对于每个中国人是至关重要的，同时，家庭或者家族在中国社会中起着非常重要的作用。传统中国社会中，由于政府和其他非政府组织的正式社会支持弱小，基于血缘、亲缘的非正式社会支持发挥着重要的作用，家族支持和亲属支持在过去中国的农村地区庇护着中国人的生活与工作。随着现代化的加快，过去有赖于血缘和亲缘建立起来的社会支持开始逐渐退出农村社会的舞台，家族的缩小、亲属的疏远都在很大程度上瓦解着农村社会惯有的社会支持。当前，在建立农村留守家庭社会支持网络过程中，还要重视非正式社会支持，发挥好它们的作用。不能一味地否定家族支持和亲属支持，当一个农村留守家庭遇到困难时，这些支持是第一时间能够有效帮助它的。在正式的社会支持未能快速覆盖的情形下，保护好、利用好非正式支持可以有效地解决农村留守家庭的困难。为此，我们应当加强家庭文化建设，着力构建和恢复过去的家庭支持或家族亲属支持，鼓励家族亲属等亲缘关系系统为农村留守家庭提供帮助，为留守家庭成员消解孤独和寂寞感，提升留守家庭的抗风险能力和幸福感。

2. 恢复邻里朋友类非正式支持系统。非正式支持系统中另一个重要的方面就是以地缘、业缘、趣缘为基础的朋友、邻里支持。他们是继家庭、家族支持外最为重要的非正式社会支持系统，是农村留守家庭日常生活中接触最为密切和交往相对频繁的关系网络。一方面，农村留守家庭的家庭成员在和邻里、朋友的交流互动中完成自我情感的一种释放，实现了交往需求，避免了子女或家人不在身边造成的孤单等负面情绪的出现，减少了留守人员心理问题的发生。另一方面，由于家中子女常年在外，无法对家中成员照顾，而基于地缘，邻居可以作为一种社会支持提供相应的照料，从而在一定程度上避免了留守家庭成员照顾的缺失，这就是中国传统的“远亲不如近邻”。所以，应当积极倡导互助互爱的邻里关系，促进邻里之间和谐的良好社会风尚，发挥邻里关系在农村留守家庭中的生活支持、情感支持等方面的重要效能。总之，邻里和朋友的支持应当在农村留守家庭社会支持中仍然扮演一定的角色。

农村留守家庭社会支持是一种基于农村社会变迁之上的支持，这种支持可以为一个家庭带来物质帮助和情感安抚。一方面，现代国家的功能日益完备，与传统社会中家庭的支持绝大多数靠关系或者自发孕育的“社会支持”不同，在今天的社会，这种支持已经不能满足家庭的需求了，或者说传统的支持已经出现结构性缺失和功能性的损毁。鉴于此种情况，一个强有力的以国家为主体的社会支持呼之欲出，涵盖一个家庭中成员生老病死的全方位的支持是一个现代福利国家的标准。另一方面，在现实的调查中发现，处于中国当前社会环境，国家支持的缺失和不足，一些农村地区的确出现了社会支持的差异性，即国家提供的社会支持和原先靠家庭关系生成的社会支持的差异，在一些国家支持不发达的地区，传统的社会支持仍然发挥着重要的作用。所以，只有多方协调推进，既延续好传统的中国农村天然的社会支持，又发挥好现代建构的社会支持，并做好传统和现代的契合转换，才能构建好农村留守家庭的现代社会支持网络，使其发挥良好作用。

参考文献

1. 费孝通:《乡土中国》,上海人民出版社 2006 年版。

2. 刘少杰:《网络化时代的社会结构变迁》,《学术月报》2012 年第 10 期。

3. 罗玉达:《现代化大潮与社会变迁》,《贵州大学学报》2004 年第 2 期。

4. 唐钧:《农村“留守家庭”与基本公共服务均等化》,《长白学刊》2008 年第 2 期。

5. 许纪霖:《近代中国政治变迁中的权力聚散》,《社会科学研究》1993 年第 4 期。

6. 阎云翔:《礼物的流动:一个中国村庄中的互惠原则与社会网络》,上海人民出版社 2000 年版。

7. 杨荣、王晓艳:《现代农村家庭结构变迁研究——以余丁坝村为个案》,《理论界》2009 年第 12 期。

8. 于建嵘:《近代中国地方权力结构的变迁——对衡山县地方政治制度史的解释》,《衡阳师范学院学报》2000 年第 4 期。

9. 张玉法:《近代中国社会变迁(1860 — 1916)》,《社会科学战线》2003 年第 1 期。

10. 郑杭生:《转型中的中国社会与中国社会的转型》,首都师范大学出版社 1996 年版。

11. 周林刚、冯建华:《社会支持理论——一个文献的回顾》,《广西师范学院学报》2005 年第 3 期。

作者简介

王云飞(1966—),男,安徽农村改革与经济发展研究院(协同创新中心)副研究员;安徽大学安徽农村社会发展研究中心副研究员;安徽大学社会与政治学院副教授。研究方向:农村社会学。邮箱:1124689789@ qq. com。

牧民与其本土知识体系的再思考
——基于西藏当雄牧区的人类学考察

陈　红

一　引论

个人或集体的身份表述很难逃脱文化建构过程，文本表述中的身份与现实生活中的人和社区之间并不存在完全对等的关系。文本中的“身份”所含的模糊意指常引发对某一主体表述形式的关注。“主体不是一种自由意识或某种稳定的人的本质，而是一种语言、政治和文化的建构……只有通过对人和事物的联系方式的考察才能够理解主体性：文化不断地把时尚编织进自身之中。”① 牧民的自我表述是牧区人类学研究中值得关注的问题，笔者认为牧民自我表述与其所掌握的本土知识体系息息相关，互为表里。虽然牧民本土知识体系的重要性在学术领域得到了一定认可，但在国家牧区话语中至今常被置于否定的境地。

人类学田野观察对改善此类处境提供了一种可能的途径：通过对村落为单位的牧业社区的参与观察，发现和记录牧民和国家牧区政策之间的对话方式，从对话过程中寻找牧民的自我表述形式。对牧民和他们所掌握的本土知识体系之间相关性的观察是体现牧民自我表述形式的一个新的视角。牧民信赖所掌握的本土知识体系并以此为基础去面对和经营生活中的新的变化。牧民对自身的表述是非文本的，其系统性隐藏在零散、动态的生活过程中。

牧民与国家牧区话语之间的对话，其实现场域位于极为琐碎的生活

① ［英］卡瓦拉罗：《文化理论关键词》，张卫东等译，江苏人民出版社2005年版，第93页。

实践领域，然而其中有两点内容是相对稳定的。首先，牧民需要借助所处的自然环境，这是牧民本土知识体系形成、变迁的时空环境，是牧区、牧民生活内容的常量单位。其次，相对稳定的畜群结构对牧民的本土知识体系具有决定性意义，如果把自然环境视为基础条件的话，畜群结构的稳定应该是必要条件，畜群结构的大幅度调整意味着牧民原有本土知识体系的巨大变迁。

牧民本土知识的零散、动态状态源于此两项，他们所拥有的本土知识体系也是在人、自然、畜群三方面的不断互动中形成的。书中引用了西藏当雄牧区案例，通过对当雄县乌村[①]牧民本土知识体系中包含的两方面内容（草场使用方式和牦牛为主的畜群结构）来探讨对话中的牧民的自我表述和他们的本土知识体系的现实意义。

二　乌村牧民本土知识之一二

（一）乌村草场使用方式与草场分包到户、禁牧理念

乌村的草场面积在统计数据中显示的只有共一万亩多一点[②]。整个草场的分类使用规律主要由两位村长协调和监督执行。据村里老人讲，这样的分类使用草场是原有草场使用传统的延续，村长是继续这个传统的主要负责人。从目前了解到的情况来看，乌村的草场分类使用情况如下：以109国道和青藏铁路为界线，草场被分为路南草场和路北草场；按照草场的地形特征可分别命名为山上草场（分布于路南）和平坦草场（位于路北）。山上的草场中包括政府划定的禁牧区，在使用中一般被分为两个部分：山里的营地[③]和山脚下的营地。

首先，山上草场的使用规律如下：

藏历二月末到三月末是使用山上草场的主要月份，牧民带着帐篷赶着牛群上去，住宿在野外，意味着春季艰苦岁月的开始。藏历三月后牧

---

① “乌村”非实名。乌村是笔者在当雄县所调查的一个自然村，村中共有34户，官方统计中有43/51户。在乌村的田野调查到目前还未结束，间断性地持续了近七个月。

② 根据乌村所属乡政府“2010年终L乡草原生态保护补助奖励机制统计表”得到的数据，但这一个数据应该不包括山里草场地面积。

③ 采用“营地”这一名称主要是根据当地人对路南草场的使用模式，一般带着帐篷住在山里或山脚下放牧。

民会根据天气情况赶牦牛群下山，但是会把体力健壮的公牛都留在山里。藏历四月时，母牛和小牛会被放到路北的平坦草场里。牧人认为，这个时期（藏历二月到藏历四月末）畜群体力较弱，应尽量让牛群在草场上活动，而不是让牛在草场和定居点之间来回走动耗费体力，所以牧人宁愿自己辛苦，搭帐篷住到草场里。这是乌村牧民的春季草场利用的基本规律。

藏历六月开始使用村南山脚下的草场，此时大公牛还在山里。进入夏季后，奶食品变得丰富，乌村牧民会在山脚下搭好帐篷，母牛和小牛分开放牧，白天挤两次牛奶，凌晨两点左右再挤一次。夏季的迁徙情况并不像春季那样每家每户都要一致，而是根据定居的房子离山脚下草场的距离而定。藏历七月后开始使用路北的平坦草场。因此乌村的草场使用从春天主要使用路南草场，夏季开始慢慢转移到路北。

其次，村北的平坦草场的使用规律如下：

这块草场是村里最珍贵的地方，有着严格的使用规则。整个草场分为三大部分：外草场、内草场和冬储草场，其中每一块都有特定的时间表。路北的草场进入利用阶段后，山上的草场就等于“闲置”进入休牧阶段，山里只散养[①]大公牛。

外草场在一年中的围封至少持续四个月，围封期在藏历七月份之前。内草场会在外草场围封期以及冬春交替之际开放。冬末春始的阶段是畜群最体弱、饥饿的季节，此时牧户需要轮流使用内草场，不能由某一户人家每天都放牧到内草场里，但若此时遇大雪，村南的山上实在吃不到草，可以连续几天在内草场里放牧，等雪融化后恢复原来的规律。冬储草场是小块的长期围封的地方，当地畜牧人员将其命名为“保命草场”。一年中公历 10 月 1 日前后的几天是乌村割草节[②]，根据每户的牲畜多少划分割草面积，但是割草的片区需要抽签。冬储草场只有在藏历新年前后开放一段时间，用于放养小牛。

以上主要依据当地牦牛群的放牧规律介绍了村中的草场分类使用方式。乌村有羊群的牧户很少，在羊群的放牧管理上，放牧地点主要在村

---

① 这里散养的意思是相对于母牛和小牛的放牧方式，乌村的牧民把大的公牛送到村南的山中的固定地点，两三天去看一次，不会每天赶回定居点。

② 割草节，10 月 1 日开始割草，但在前一天男人们聚在草场里划分每家割草区域，割草会持续三天左右，也就是到 3 号一般就都结束了。

两侧的小山周围，夏天的时候有时会赶得远一点，山羊也可以放到山里草场上散养。冬天下雪、冬春交替之际山上无草可食时可以放到村北草场里，但也要轮流并需要获得村委会的同意。

据村中的老人回忆，这样的草场使用规律已经持续了多年，并不是因为现在执行的草场划分或禁牧等原因①。内草场和冬储草场是必须要保护的，它是冬春保牲畜生命的草场。对划分草场到户，牧民有草场证，但并没有按户围起来的围栏草场，在草场实际使用过程中体现的是集体的利用方式。采访中牧民知道自己家草场的具体位置，但认为村里这样协作使用草场很合理，觉得把牦牛圈起来在固定的地点放牧不太可能，保持以村为单位的轮牧形式是合理的。

从牧民草场分类、协作使用、轮牧情况来看，草场的使用方式中包含了三项基本理念，即给草场划分区域、草场被视为有机整体、草场不同区域需要合理休牧。国家提倡的草场分包到户和禁牧理念在实施过程中很容易被乌村的牧民接受，因为牧民所积累的草场使用方面的本土知识体系中本身包含“划分”和“休养”的宗旨。也因此，县、乡级的职能部门的人认为此类政策、项目能够执行下去，可以通过与牧民互动达成共识。这里强调“互动达成共识”，主要是相关牧业政策实施规划和村级单位中实施结果之间存在的一些差距。

（二）作为宝贝的牦牛与限牲畜头数的政策

在当雄牧区，对牦牛的统称具有“宝贝”的意思，这个名称反映了牦牛在牧民生活中的意义。牦牛的“宝贝”地位不仅在于它的经济价值，更多是因为牦牛在藏区牧民生活中的象征意义。2014 年出版了《感恩与探索——高原牦牛文化论文集》，此论文集是西藏牦牛博物馆成立之际搜集整理而成的，文集中收录了 30 篇文章，内容包括牦牛在藏区的社会生产上的价值、文化象征意义、考古发现到的医药应用价值等诸多方面。此书的出版并非偶然，它是对藏区生活中牦牛特殊地位的又一次肯定。在牧民的理解中，牦牛意味着生活的美满、财富的来源。

---

① 关于目前保命草场的形成，当地畜牧方面的工作人员认为当地以前（20 世纪 60 年代）并没有保命草场这样的划分，是后来人口增多后针对草场狭小的情况，由畜牧工作人员提倡而形成了这样的“传统”。

乌村的牧业生产过程是以牦牛为中心的，其表现如下：首先，在草场使用方面，牧民主要依据牦牛的习性来安排，总的原则是把最好的草场留给母牛和小牛，大公牛则要赶到固定的山里草场去散养，而羊群除冬春交替的艰难岁月外，其他时间基本都会放到村两侧的小山上放牧。其次，冬春交替之际是当雄牧区气候变化最多的季节，多风、经常下雪，加上经一个冬天的啃食，草场变得光秃秃的，牲畜处于饥肠辘辘的状态，而此时在饲料的使用上，多数乌村牧民会把好的冬储干草留给牦牛，有的家庭每天早晚会给牦牛准备“牦牛面粉”（草料、面粉的混合物）。羊群分到的冬储草则根据各户自己的储草情况而定，给母羊、小羊喂一些和了少量酥油的青稞粗面粉。最后，在接羔时，小牦牛出生的季节一般晚于羊羔出生的时节，实际上天气开始回暖了，但是牧人会很仔细地观察母牛的情况，为了刚出生牛犊的安全，牧人会守着母牛露宿。而对羊，则把将近产羔的母羊圈进有棚顶的羊圈里就可以，不会为接羔而守夜。

在牦牛带来的荣誉感方面，“尕郭”称号的传承能够说明此内容。调查中发现当雄牧区普遍认可“尕郭”称号，它会成为世代沿袭的户名。“尕郭”的称号来源于牧民对所属寺院贡献牦牛的行为，其中“尕”的意思是一百，即对寺院献出了一百头以上牦牛的牧户就可以得到这个称号。乌村也有一户“尕郭仓”，他们家得到这个称号后已经经历了三代人。据说，这样的牧户人家贡献牦牛时除了贡献的一百头牦牛外，自己家中仍然会留下相当数量的牦牛。如今虽然没有为了成为“尕郭”而努力的牧人，但牦牛数量的多少仍然是牧人、牧户的荣耀依据。采访中有很多人表示，看着一天天茁壮成长的牦牛，他们的心情就会变好，并表示如果家中只有少数的几头牛，数量在 20 头以下时，牧人一般都不好意思出去放牛。在村中，会放牦牛的青年很受好评，当然也有因没有放好牦牛而挨父母的骂，成为村中笑柄的人。

牦牛在乌村牧民生活中不仅是财富、荣誉的源泉，牦牛也是牧民基本生活用具的提供者，牧民生产、生活规律的形成取决于其经营的牦牛群。牧民的衣食住行与牦牛密切相关，尤其在食和行方面，因特殊的地理环境，没有酥油、肉类的生活可能很难保证一个人的体能所需。在轮牧迁徙的季节，各个轮牧点之间主要依靠牦牛的驮运。

目前当雄牧区畜群结构仍以牦牛为主，主要的牧业产品是牦牛肉和奶制品。在调查中笔者发现，当地畜群结构的稳定，主要来源于牧民对牦牛的喜爱程度，并非其他牲畜无法在当地经营，如羊。乌村整个牧业生产过程以牦牛为中心，经营牦牛群的经验积累构成了牧民主要的牧业本土知识。采访畜牧局的工作人员时，那位工作人员表示前几年的草场承包制相对好执行，现今的限制牲畜头数的政策很难实施下去，主要原因：一是政策不同模块之间的目标冲突，如减少牲畜头数与牧民增收指标之间的矛盾；二是政策所含理念与牧民传统思维之间的不相容，当雄牧民很难接受牦牛头数的大幅减少，奖补机制所能奖补的与牧民的财富观念相悖，在牧民观念中，他们的宝贝牦牛并不完全等于财富或钱数。

三　对话中的牧民本土知识体系与其自我表述

国家牧区话语中，虽然对牧区生态安全上的功能给予肯定[①]，但因牧区所处的地理位置，生态目标的实现方法并没有建立在对游牧文化的肯定以及对牧民现有牧业经营理念的接纳之上，也就是牧民的本土知识体系在牧业政策中没有得到太多体现。在政策层面，国家所进行的是基于各类草原评估数据之上的围栏草场、禁牧、限牧、草畜平衡等保护生态为主的方案。方案中，牧民和他们的牲畜成为主要被改革的对象，承担起草场退化的实际责任。当雄情况如下：从 2005 年开始改革其草场制度，已执行草场承包到户（2005 年）、退牧还草禁牧围栏（2005—2006 年）、草畜平衡和草原生态保护补助奖励机制（2010—2014 年）等草原资源管理办法。执行此类政策的理论或科学依据在政府出台的相关文件中并不明确，相关文件中的文本描述在大多情况下与以下引述的论证逻辑相似，“落实和完善草场承包经营责任制是解决草畜矛盾，理顺人、草、畜的关系，实现责、权、利的统一，推动畜牧业可持续发展，使畜牧业增效、牧民增收的一项重大措施，是县委、县政府今年的重要的工作之一”[②]。在这样的描述中，（一）没有交代论证草畜矛盾的明确的论证依据，落实政策是关键；（二）完全肯定了责、权、利的统

① 见国发〔2011〕17 号文件《国务院关于促进牧区又好又快发展的若干意见》。

② 见当委〔2005〕20 号文件《关于成立当雄县落实和完善草场承包经营责任制领导小组》。

一就是解决人、草、畜三者关系不和谐的途径，是畜牧业可持续发展的前提；（三）畜牧业增效、牧民增收的途径就是落实这个政策，政府要牵头。国家牧区话语中牧区一般被描述为均质的单位，牧民及他们的畜群结构同样是均质的单位。不过在牧区相关的文件中同时也会提到一句根据“地方特点”实施政策的内容。然而“地方特色”这个并非关键的描述却给地方行政工作人员提供了很大的作为空间，也给牧民本土知识体系的存续提供了渠道，使两者之间有了对话的契机。

乌村的情况既是这种契机的产物。在严格的政策落实的步伐之下，乌村在很大程度上保留了作为“地方特色”的草场使用方式。然而在牲畜头数限制为主的政策实施方面，现正处于对话进行阶段。本土知识体系中显露的诉求是牧民对牦牛数量的渴望超出了国家话语体系中包含的“畜”的数量的概念，但“钱”又无法弥补牦牛数量减少的空缺。此类矛盾的出现和最后的解决方式的实现，是牧民基于本土知识体系表达的自身主体性的实现过程。

在村落社会，国家话语往往不能全面渗入。牧区话语中的“人、草、畜三者关系的不和谐”，在乌村村落体系里，不再是因人的盲目需求而导致的草、畜关系的不平衡，而是以牦牛为主的畜群是个动态的单位，同时草场、草都被视为动态过程，牧民相信通过时空和村集体的协调能够达到人、畜、草的和谐相生。牧民自我观点的表现不依赖文本，就如乌村情况，通过经营草场和畜群的动态过程来表述自我，而这个过程实际上也是牧民本土知识体系的变迁过程。牧民自身的表述同其所处的时空和集体联系在一起，存于非文本、零散、动态形式，很难被观察者完全系统地文本化。观察者所载入的文本形式的牧民本土知识是这一体系中的有限部分，因此为探讨牧民自我表述而观察的牧民本土知识体系的描述也仅能依据所显现出的较为明显的线条去捕捉相关内容。

四 牧民表述自身的主要条件：自然环境和畜群结构

从乌村情况来看，牧民表述自我的特点呈现出了较为粗略的几个线条：（一）牧业社区的非同质倾向大于同质倾向。草场的使用以村落为单位，具有本村的使用原则和规律，这意味着在草场利用方面，不同的社区有着不同的形式，社区内所演变、传承下来的相对稳定的方式才是被牧民认可的最有效和最符合情理的草场使用模式。（二）牧民所表述的自我一直在延续，也就是牧民的自我表述没有停止过，停止的是表达的各种途径或窗口等。随着国家牧区话语体系的逐渐完善与强大，牧民和他们的社区不得不面临针对牧业经营方式的巨大变迁。牧民的自我表述由于非文本和动态性为主的特点，其表述方式融于其所熟知的自然环境与畜群结构决定的本土知识体系之中。（三）面对牧业政策的更新、社会环境的变迁，牧民表现出的并不完全是消极或抵抗，也不是为了保护传统而坚持的一意孤行，而是基于本土知识体系上的一种衡量。现实中牧民衡量更多的是一种新机制、新变化的可行性、持续时间的长短和与现有本土知识体系融合的程度。

所处的自然条件是牧民最为熟悉的部分，牧民在与自然之间的互动中传承着他们的本土知识体系。从当雄牧区情况来看，其所处的海拔高度决定了此区域的相对独特程度（对于青藏高原牧区来讲，当雄的情况反映的不是独特性而是普遍性，当雄县平均海拔为4300米，是典型的藏北高原草场）。从当地访谈内容来看，这里从20世纪50年代开始逐渐实现了定居，现今的自然村落的界线完全是根据当地的约定俗成的部落草场界线来划定的。在以发展牧业为宗旨的政治目标方面，包括当雄在内的藏北草原，在几十年的进程中先后尝试过引水、种草、畜种改良等多个项目，但据当地畜牧业退休干部回忆，各类牧业活动、项目均以不同程度的失败而告终。其中最值得肯定的是在新的牧业科技支持下完成的畜群防疫。政府牵头的连年的积极防疫工作有效减少了畜群的疫病死亡率。也因此在如今的乌村，有牧民半义务性地当兽医，在打预防药的时节，家家户户根据畜牧工作人员安排的时间表圈好牲畜，等待工作人员和兽医的到来。

从历史记载看，当雄的畜群结构一直很稳定，是以牦牛为主的传统畜牧业。目前，这种稳定性在很大程度上取决于海拔高度。高海拔的山地、沼泽草场条件下牧人的生活依赖牦牛，从而形成了以经营牦牛群为主的牧区生活模式。现代科技条件下的畜群改良在这里也很难实现，如牦牛冻精站，现阶段最受欢迎的技术不是改良牦牛种群，而是保持现有种群的繁盛。畜群结构的稳定，反过来又决定了这里的草场使用方式。因此在当雄，高海拔的自然环境和以牦牛为主的畜群结构成为牧民表述自身的基本条件。在两项基本条件的限制下，当雄牧民和国家牧区话语之间形成了具有自身特点的对话途径，从而表现出了牧民本土知识体系的现实意义。

目前国家话语中的牧区发展政策基本上可概括为两方面，一是生态责任的落实，二是牧业发展指标的落实。在现实中两类内容经常结合到一起，成为“禁牧”和“限畜”为主导的国家牧区话语。这样的牧区话语到达当雄之时，因自然环境和畜群结构的不可逾越，与牧民本土知识体系之间的对话不可避免，而产生的结果是牧民基于本土知识体系上与国家牧区话语间的互动和合作。

五　余论

福柯在《知识考古学》中阐述了话语的不连续和断裂，认为“主体的奠基功能”的历史并不存在。话语产生之后所形成的自主体系让话语与现实越来越远，而这并不影响话语体系之形成。[①] 因此国家牧区话语中形成的牧民形象和本土知识体系的继承人之间很容易被混淆或忽略某一个。国家牧区话语中对牧民自我表述的吸纳和借鉴并不理想，使以本土知识体系为基础的非文本的牧民自我表述被置于国家牧区话语体系之外，成为边缘的面临消失的地方性知识。其中主要忽略的是牧民本土知识体系的延续、演变过程以及本土知识体系与牧民本身之间的相关性，也因此，牧区政策实践中逐渐否定了牧民本土知识体系的现实意义。

对国家主导的牧区话语中的自主倾向，若理解为其已形成了没有缺口的体系是不可取的。自中华人民共和国成立以来，“治理牧区”本身既是从牧民到国家治理者所遇到的新的现实。因此，在牧区政策之中经常出现类似于上文中提到的“地方特色”这样的词汇。牧民的自我表述形式有着自身的特点：非文本、动态、零散等，这一系列特点决定了其与以文本为基础的牧区话语之间融合上的难度。在乌村这样的村落社会中，事实上，这个牧业社区已经从某一种更难以描述的形态演变到了今日，如在观察中所感受到的，它有自己的本土知识体系，只要有可能

① ［法］福柯：《知识考古学》，谢强、马月译，生活·读书·新知三联书店2003年版，第20—83页。

就会让它的劳作者们继续完成所掌握的本土知识体系的延续与更新。这样的牧业社区在国内成千上万，在国家牧区话语中很容易被视为同质的社区，即发展程度不同的以经营牧业为主的人群。但事实上这些社区有很大的不同，有着不同的诉求。

人类学观察者的参与对牧民的自我表述可能带来改观，但这仅限于学科研究方式的范围内。威廉·亚当斯在《人类学的哲学之根》总结性的部分提出了自己对人类学的看法，他认为，“总结成一句话就是，人类学是哲学的一个领域，它主要但不是完全地依靠经验证据，主要但不是完全地依靠科学的方法来收集经验证据”①。以参与观察为主要研究方法的人类学学科方法论，在强调主位研究的同时，正在为研究本身做出反思，力求赋予主体言说的能力，为“科学”之外“非经验”的现实寻找表达的途径，这可能也是乌村牧民所需要的。

参考文献

1. 阿拉坦宝力格：《论徘徊在传统与现代之间的游牧》，《中央民族大学学报》（哲学社会科学版）2011年第6期。

2. 白俊瑞：《洁净与污秽——游牧民有关家畜排泄物的本土知识及其应用》，《西北民族研究》2012年第4期。

3. ［法］福柯：《知识考古学》，谢强、马月译，生活·读书·新知三联书店2003年版。

4. 格勒、刘一民、赵建世等：《藏北牧民——西藏那曲地区社会历史调查》，中国藏学出版社2004年版。

5. ［英］卡瓦拉罗：《文化理论关键词》，张卫东等译，江苏人民出版社2005年版。

6. 那顺巴依尔：《内蒙古现代化先驱者视野中的游牧社会：主体性的他者化——以喀喇沁右翼旗贡桑诺尔布为例》，载齐木德道尔吉、徐杰舜主编《游牧文化与农耕文化》，黑龙江人民出版社2013年版。

7. 彭兆荣：《游牧文化的人类学研究评述》，《民族学刊》2010年第1期。

---

① ［美］威廉·亚当斯：《人类学的哲学之根》，黄剑波、李文建译，广西师范大学出版社2006年版，第388页。

8. ［美］斯皮瓦克，陈永国、赖立里、郭英剑主编：《从结构到全球化批判：斯皮瓦克读本》，北京大学出版社 2007 年版。

9. 王晓毅等：《非平衡、共有和地方性：草原管理的新思考》，中国社会科学出版社 2010 年版。

10. ［美］威廉·亚当斯：《人类学的哲学之根》，黄剑波、李文建译，广西师范大学出版社 2006 年版。

11. 杨庭硕：《论地方性知识的生态价值》，《吉首大学学报》（社会科学版）2004 年第 3 期。

作者简介

陈红（1980— ），女，内蒙古大学民族学与社会学学院博士研究生。研究方向：文化人类学。邮箱：hong1869@ 163. com。

现代化背景下的贵州民族文化的保护与发展

段丽娜

一　现代化下对少数民族传统文化保护的界定

“现代化”通常是指人类社会从工业革命以来所经历的一场涉及社会生活诸领域的深刻的变革过程，这一过程以某些既定特征的出现作为完结的标志，表明社会实现了由传统向现代的转变。现代化理论从萌芽至成熟，大致经历了三个阶段：第一个阶段是现代化理论的萌芽阶段，从18世纪至20世纪初。这一阶段以总结和探讨西欧国家自身的资本主义现代化经验和面临问题为主，其中主要的学者有圣西门、孔德、迪尔凯姆和韦伯等。第二个阶段是现代化理论的形成时期。从第二次世界大战后至20世纪六七十年代，以美国为中心，形成了比较完整的理论体系，主要学者有社会学家帕森斯、政治学家亨廷顿等。第三个阶段是从20世纪六七十年代至今，这一时期研究的核心是如何处理非西方的后进国家现代化建设中的传统与现代的关系。整体历史观关注的是历史的横向发展。而现代化史观强调农业文明向工业文明的转化，是历史的纵向发展。

当下在我国，对现代化这个概念的界定学者还存在一定分歧。大多数人对现代化的理解与描绘较模糊，尚未呈现一个清晰的认识。有人认为，少数民族传统文化的现代化可以理解为在现代化进程中少数民族传统文化的变迁。在现代化进程中，少数民族传统文化的变迁，不是用别的文化去代替传统文化，不是让少数民族舍弃传统而另就，而是用传统文化的积极力量推动现代化，通过现代化发扬和传承传统文化。现代化对于少数民族传统文化的发展既是机遇也是挑战。一方面，各少数民族传统文化能够适应新的历史条件，在现代化进程中传承与发展，创造出新的少数民族文化。另一方面，少数民族文化在现代化进程中，不可避免地要和其他文化发生交流和碰撞，在这个基础上，要对传统文化有个界定。传统文化是一个民族历史上创造的文化的总和，包含着有形的物质文化，但更多地体现在精神文化方面。进入现代社会后，传统文化作为历史的积淀仍在各民族中不同程度地传承了下来。传统文化负载着一个民族的价值取向，影响着一个民族的生活方式，拢聚着一个民族自我认同的凝聚力。这部分少数民族的传统文化经过了长时间形成积淀并传承，在现实生活中仍然具有旺盛的生命力。

我国现代化理论家罗荣渠教授认为，现代化不是一个自然的社会演变过程，它是落后国家采取高效率的途径，通过有计划的经济技术改造和学习世界先进，带动广泛的社会改革，以迅速赶上先进工业国和适应现代世界环境的发展过程。从古至今，学者们普遍认为应该保护少数民族的传统文化，并且都积极地为保护少数民族传统文化出谋划策，各抒己见。当前学术界对少数民族传统文化的保护存在较大争议，一些学者认为少数民族传统文化的保护是原封不动地保留，侧重于原生态的保护，原汁原味地保留。这些学者认为，如果保护措施和手段改变了传统文化的原貌，实际上是对文化的变革甚至是异化，就背离了保护的原意。也有学者认为，少数民族传统文化现代化是指在社会现代化进程中，文化与社会发生同质、同向的变迁。但无论如何，保护和传承少数民族文化则是对文化多样性观念的本质把握，否则就失去了任何意义。

古往今来，人类社会在漫长的历史演变中，始终面对着文化差异和社会生活多样的客观现实。但民族文化是一个民族在长期发展过程中沉淀的产物，在一个多民族国家，各民族的和谐相处是减少社会矛盾，构建和谐社会的前提。而保护和传承少数民族传统文化，正是实现少数民族文化之间、少数民族文化与汉文化之间的和谐，最终将建设“精神家园”落到实处，成为共建和谐社会的重要手段。

二　贵州民族文化形成的历史原因、特征及特点

影响文化变迁的主要原因有三个：第一是物质文化的传播，它是文化传播的先导，不受国家民族的限制，直接进入人民的生活，改变人们的生产方式、生活方式和思想观念，例如，有了汽车就不再骑马坐轿，

有了电灯就不再用菜油灯、煤油灯。第二是现代传媒、移动通信、电话普及城市乡村，电视广播进入千家万户，网络覆盖全国，而且“三网融合”使一切都信息化、数字化，不但传统文化受到冲击，就连近代传入的电报、话剧、电影都逐渐消失、衰落。第三是近代教育，改变了整个知识体系，改变了人们的价值观，传统文化日益衰落，在这种情况下，如何对待传统文化的问题被提上了日程。

世界上每个民族都有自己的文化，每种民族文化都是一种独特的创造，一种独特的表达方式 。民族文化时代传承，从婴儿开始，人们就受这种文化的熏陶，日积月累，文化沉淀日益深厚，基调越来越鲜明，并带着某种惯性向前滚动，成为一种传统。民族文化标志着某一民族的存在，集中表现了民族的精神面貌，表现民族的心理状态和气质，并通过文化培养民族性格，塑造民族形象。一个民族兴旺发达，文化就欣欣向荣；反之，民族衰落不堪，文化也随之没落。与此同时，在同一文化的哺育下产生共同的民族心理，却有着对本民族创造的物质和精神文明有一种特殊的爱好和深厚的感情。共同的文化认同感把他们维系起来，彼此视为“同胞”与“同族”。我们可以这么认为，民族文化是民族力量的源泉，是民族精神的体现，是团结各民族的一面旗帜，是民族生命力之所在，是支撑民族生存、发展的脊梁，在这个意义上讲，民族文化乃是民族之魂。正如党的十八大所指出的：“一个民族，没有振奋的民族精神和高尚品格，不可能立于世界民族之林。”要实现中华民族的伟大复兴，必须继承和弘扬中华民族的优秀文化。如何认识贵州民族文化，对其弘扬发展有着积极的重要作用。

贵州省是一个多民族的省份，全国 56 个民族，贵州有 54 个，有 53 个少数民族。从贵州省统计局发布的第六次人口普查系列分析报告显示，全省少数民族人口总量在全国排第四位，比重排第五位。全国 56 个民族中除塔吉克族和乌孜别克族外，其他民族在贵州均有分布。该分析报告指出，2010 年全省常住人口中，各少数民族人口为 1255 万人，占 36. 11% ，同 2000 年第五次人口普查相比，减少 79 万人，比重下降 2. 24% 。目前，全省民族构成仍以汉族为主体。各少数民族常住人口中数量排前五位的依次为苗族、布依族、土家族、侗族和彝族，这 5 个民族人口合计占少数民族人口总量的 82. 09% ，2010 年少数民族人口总量，贵州占全国的 11. 03% 。丰富多彩的民族文化是各民族人民的精神财富，也是民族地区科学发展、后发赶超、共同富裕的重要优势。

贵州的民族文化系统极其复杂，汉族来自全国各地，少数民族分属濮人、百越、氐羌、苗瑶等几大系统，在全国具有典型意义。以季羡林为总顾问的《中华地域文化大系》，①按文化类型分为燕赵、三晋、三秦、齐鲁、中州、荆楚、吴越、巴蜀、安徽、江西、松迈、闽台、岭南、滇云、贵州、塞北、甘宁、西域、青藏19种地域文化，其中就有贵州，与其他地域文化有别。

贵州著名历史学家、民族学家史继忠在《贵州通史》介绍："贵州从历史上来看是一个移民省，汉族和少数民族都是不同时期从不同地区迁来。贵州的汉族来自全国各地，汉代开始移民，明清大盛，近代又有新的移民，可谓'五六杂处'。贵州是南方四大族系交会的地方，少数民族分属濮人、百越、氐羌、苗瑶几大族系，与他们的语言系属有明显对应关系，百越属汉藏语系壮侗语族，氐羌属藏缅语族，苗族属苗瑶语族，濮人初步定为仡基语族。从总体上看，汉族主要从黔北、黔东北、黔东方向移入，氐羌向西而东，苗瑶自东而西，百越名族又南北地推进。在长期的迁徙中，相对对流，互相穿插，形成"大分散，小聚居""又杂居，又聚居"的分布状况。"② 黔北和黔东北汉族移民较多，黔东南是苗族、侗族交错，黔南和黔西南是苗族和布依族分布较多的地区，黔西北是彝族、白族、回族与仡佬、苗族等民族错杂的地区，黔中则是汉族与其他民族共处。据此，贵州各民族由于杂居又聚居的民族分布特点，各种民族文化在贵州"共生共荣"。这是移民文化最大的特点，大家都从外地迁来，文化上有很大的包容性，互不排斥，给每种文化的发展都留下很大的空间，文化之间虽然互有交流，相互吸收、融合，但"和而不同"，都保持各自的文化特征，这种现象，在20世纪80年代还相当明显，如瑶山调查。这与其他地区不同，北方虽然原先也是多元文化，但经过长期融合，基本是汉文化为主，汉文化与越文化融合为吴越、闽台、岭南等文化，青藏文化以藏文化为主，新疆民族虽多，但大抵属"西域文化"，伊斯兰文化居主导地位。

贵州地形复杂，山重水复，客观上使某种民族文化局限在一定区

---

① 史继忠主编：《贵州通史》，当代中国出版社2005年版，第494页。

② 同上书，第495页。

域，形成“十里不同风”的格局。在少数民族聚居区，因为文化传承大于对外文化交流，某种民族文化居于主导地位，在民族杂居地区，文化交流的现象较为明显，但也往往可以看见不同的民族村寨，风俗各异。有些古老的文化现象，在其他地区早已消失，在贵州仍然保存下来，如撮泰吉、傩戏、地戏。多元文化的形成和发展，与贵州历史发展有关。贵州长期实行土流并治，土司地区保存较多少数民族文化。黔西北长期是彝族土司统治地区，彝文化上升为当地主体文化，保存了大量彝文经典和碑刻，其他民族的习俗也多受影响，如仡佬、黔东南苗疆，在清雍正年以前还未纳入行政建置，被视为“化外之地”①，在这里雷山台江剑河的苗文化，黎平从江榕江的侗文化，三都、荔波的水族文化都有较充分的发展。黔西南的贞丰、册亨、望谟及罗甸，原属广西，是两省交界地区，保存布依族许多古老的文化传统。

贵州的宗教信仰也是多元的，除中国本土的道教之外，世界三大宗教——佛教、基督教、伊斯兰教都在贵州传播。“民族与宗教的关系与其他地区有所不同，藏族全民信奉藏传佛教，傣族信奉小乘佛教，新疆的维吾尔族、回族、哈萨克族等信奉伊斯兰教，宗教与民族结合紧密。在贵州只有回族与伊斯兰教合为一体，基督教在苗族、彝族、布依族中均有传播，但仅限于局部地区。”② 值得特别注意的是，在威宁，伊斯兰教在回族中传播，基督教在这里也很盛行，但长期和平共处，各自传教，互不干扰。

在贵州少数民族中，普遍信仰的是“自然宗教”，主要是自然崇拜、图腾崇拜、祖先崇拜和农业祭祀，都发端于原始的信仰，现在统称为“民间宗教”。自然崇拜的对象是各种自然物，包括天、地、日月星辰、风云雷电、山川、土地及动物、植物，无所不包。自然崇拜是在人类对大自然的敬爱与感激的复杂心态中产生的，因为人不能脱离自然而生存，长期延续下来，并把有利于人的称为“神”，有害于人的称为“鬼”，期待神的保佑，驱鬼逐疫，祭山、祭水、祭树、祭傩都是自然崇拜的表现，核心是人与自然和谐。图腾崇拜是自然崇拜的延伸，把某些与本民族、部落关系密切的动物或植物视为神灵，并认为与他们有血

---

① 史继忠主编：《贵州通史》，当代中国出版社 2005 年版，第 413 页。

② 同上书，第 231 页。

缘关系的，特别加以崇拜，如竹王、槃瓠、白虎等。祖先崇拜起源于氏族社会，盛行于父系氏族，供奉祖先，实际上是重视人类的生息繁衍。进入农业社会以后，农业祭祀上升到重要地位，如祭土地、谷神、牛王、马王等。各种崇拜的主要活动是祭祀，使用许多巫术，充满神秘感。然而，在神秘之中，却隐含着尊重自然、爱护环境、重视生命等人类不可或缺的思想意识。

由这些崇拜构成的巫文化，反映了人类在农耕时代的精神生活，孕育了古代的文明，使民族文化丰富多彩。彝文、水书源于巫师，神话传说，苗族古歌、摩公书，彝文经典皆出自巫文化。“自然历法”实际上是人们长期观察的气候、物候的结果，民族医药多是“巫医不分，神药两解”。侗族大歌是“山与水”的和声，傩戏、地戏寄托了人们的美好愿望与追求。许多民族节日都与祭祀活动有关，保护自然创造了优美的生态环境，载歌载舞使生活快乐、社会和谐。诸如此类，不胜枚举。

三 现代化下贵州民族文化面临的挑战与窘境

贵州是少数民族聚居最多的省份之一。各民族的现代化发展呈现出各自的特点，使得现代化发展呈现出很多特殊的、复杂的问题。贵州民族文化的保护与传承就显得异常复杂和艰难。现代化的推进必然引起贵州民族文化的变迁，少数民族传统文化受到了极大的冲击，传承面临着更大的困难。加上外来文化的冲击以及国家行政的干预，机遇与挑战并存，形成诸多急剧复杂的变异。而最为典型和极具代表性的无疑就是黔东南州府凯里。“凯里”系苗语音译，意为“木佬人的田”，它不但是黔中经济区五大主要城市中心，更被誉为“中国百节之乡”。尽管政府强调要打好黔东南州“传统村落”和“非物质文化遗产”两张牌，但是仍旧遭遇现代经济社会发展与传统文化传承间的冲突。如凯里经济开发区自2000年挂牌建区以来，辖区内清新村等1.6万余农村人口失去了土地和房屋，户口转为城市居民户口。按照当地民风民俗，每年的农历正月春节，这八个自然寨轮流举行形式多样、内容丰富的吹芦笙、跳芦笙、斗鸡、散跑和斗鸟等活动，而如今，这些活动已面目全非。又如2015年为提前欢庆沪昆高铁凯里南站即将正式投入使用所举办的凯里高铁南站商业广场“5·16”万民狂欢夜活动，出现了热辣歌舞、内衣秀、机械舞、摇滚嘶吼、气球表演等节目，即便是在约定俗成的节日活动比赛中，也增加了广场舞、走秀等项目，而参与跳芦笙、吹芦笙等节目的人数却逐年减少。在经济建设背景下，开发区老百姓生活质量没有得到质的改变，更有甚者对通过出售土地和房屋得到的钱财不能合理地进行利用，学会打麻将和赌博，更不要说对子女在教育上进行投资。出现新的返贫户，情况不容乐观。

目前，贵州少数民族传统文化已面临危机：一些民族歌谣、曲艺、传说等开始失传；一些精湛的民族工艺和建筑开始衰微；一些灵验有效的民族医药失去了市场；一些有利于培养人类美德的传统礼仪和习俗被逐渐废弃；一些民族歌师一个个离世。非物质文化“人死艺绝”“人死歌亡”的状况有增无减。当手机、电脑、微信等进入他们的生活之后，要去深入农村收集民俗文化及口头文学和当地各民族传统文化尤其是隐文化，已经相当困难。从笔者在近30年深入民族地区的直接感受来看，传统民族文化色彩在大多数地区都已很不明显。笔者已连续10年过年到黎平、从江、榕江，发现民族节日、风俗都不同程度地消失，且正受着现代文化的冲击和威胁。

城镇化的石头寨在现代化进程中遭遇的问题便是典型一例。石头寨隶属于贵州省会城市贵阳市乌当区东风镇，是一个位于市郊的苗族村寨，距市中心15公里，现今207户，617人，95%为苗族，苗寨多为刘姓，其次是王姓，还有少数其他姓。就是一个离贵阳市极近的地方，当地的苗民至今仍保留着自身的习俗和语言交流方式——“四月八”吃乌米饭、独特的苗族刺绣手法、苗族服饰、苗族乐器、婚嫁丧葬仪式、苗王传承制、“跳花场”等，其中“跳花场”是这支苗族最富特色的文化表现形式。2007年11月，石头寨“跳花场”被列为乌当区第二批区级非物质文化遗产保护名录；2009年，被列入贵阳市第二批市级非物质文化遗产名录；2015年，被列入省级非物质文化遗产保护名录。石头寨由于地缘区位，在黔中经济圈大发展的战略性带动下，建筑文化和传统村落布局形态被城市化的浪潮吞没、蚕食，苗寨人赖以生存的自然环境被破坏殆尽。过去，石头寨由关口、中寨、河坎三个部分组成，由于2011年沪昆高铁以及后来贵阳轻轨的修建，很多古传统民居被迫拆除，保存下来的仅2栋，选址重建起来的都是现代化的楼房，寨子也因此被分割成五个部分。如今，农田没人再耕种，年轻人大都选择外出务工。经过现代化城市生活的洗礼，传统的民族服装平日里没人再愿意穿，只有过节时才会穿戴；苗家人的饮食习惯也伴随着环境的改变而改变。近年来，石头寨面临的最主要问题是拆迁后群众的安置以及传统文化特别是“跳花场”的保护与传承。“跳花场”最关键的是场地问题，经边村民的正当诉求，政府已于2014年给石头寨建成了新的跳场地，但和过去相比，原始的村落已不复存在，围绕跳场的只是高架桥。当下，村民面临拆迁，村民组基于现实需要与可行度，全村600多人联名向政府提出申请，希望能将群众回迁至“跳场”场地的周边，依山而建，保证每户人家至少有80平方米的住房面积。为充分说明这个问题，笔者将该村村民写给政府的报告附之于下：

关于贵州省贵阳市乌当区东风镇云锦村石头寨村民回迁至苗族跳场场地附近的申请

尊敬的领导：

我们是贵阳市乌当区东风镇云锦村石头寨的苗族村民，现政府为了提高本寨村民乃至整个乌当区人民的人均生活水平，急需对本寨进行开发改造和招商引资，欲规划本寨部分地块和村民的房屋及田地来进行投资建厂，因此会搬迁大部分村民到其他村寨或相对较远安置房，这样不仅不利于我们苗族文化的历代传承；而且更使石头寨这个作为苗族同胞聚居的少数民族自然村寨名存实亡。我们作为石头寨的苗族，世世代代居住在此，苗语是我们的母语，世代都以苗语沟通，至今也是如此；而我们的苗语没有文字，无法以书面的形式传承，只能以口头传诵的方式进行传承，如果将我们本寨大部分人搬离这个村寨到其他不是以苗语进行沟通的村寨，这样不仅会造成本寨的大部分苗族同胞无法适应和融入新的生活和语言环境，而且也会直接导致苗语的失传，试想一个民族如果失去了自己的语言，那么这个民族就会失去自己的文化，一个没有自己文化的民族，它也就失去了自我、失去了灵魂，同时也与我国中央政府对民族文化的保护宗旨和《非物质文化保护遗产法》的立法宗旨背道而驰。无论是依据历史还是依据法律，政府部门都应该依法保护我们苗族传统文化的完整性。

1. 历史依据

本寨位于贵阳市以东14公里，是云锦村所辖的五个村民组之一，是一个苗族同胞聚居的少数民族自然村寨。寨子由关口寨、中寨和河坎寨三个小寨子组成，共有207户人家，人口总数为617人，95%的人为苗族。石头寨世世代代传承着“苗王”“鬼师”“跳场”等历史文化，至今仍保存着苗族刺绣、苗族银饰、苗族服饰、芦笙、唢呐、大号、萧筒、织布机等苗族传统工艺。特别是“跳场”这一历史文化，在石头寨人的生活中占有很重要的位置。关于“跳场”的由来，清政府推行“蛮悉改流、苗亦归化”的残酷政策镇压苗族同胞，被清军所俘的苗族首领及同胞在石头寨黑土坡英勇就义，而逃离到荆棘丛中被石头所救的老“苗王”及其后人，为了祭奠英烈，告慰英魂，便在黑土坡兴起了“跳场”。石头寨的“跳场”在以前是三年跳一次，2012年，在寨里人的诉求和政府的重视之下，改为一年举行一次。“跳场”的核心内容是“旗杆祭祖”和民族风情展示，是青年男女交际的一个平台，兼具祭祀性、交际性和娱乐性。2007年11月，石头寨苗族“跳场”被公布为乌当区第二批区级非物质文化遗产保护名录；2009年，被公布为贵阳市第二批市级非物质文化遗产保护名录。

近年来，随着全国铁路交通枢纽建设的步伐加快，长昆和环城高铁从石头寨中穿越而过，周边工业园区正在开发，多数土地已被征占，群众的生活、民居、民族习俗等受到了很大程度的影响，特别是延续了八百余年的“跳场”，场地也被铁路公路建设占用。

石头寨的“跳场”场地总共经历了两次搬迁，均是在城镇化的带动下配合国家转型和政府建设的需要。最开始的场地是在种猪场(即贵州省畜禽良种场)，有六七十亩的面积，种猪场是省里面的一个良种科研基地，当时是区政府出面给寨上代表做思想工作，才让出这一片土地，而后搬迁至第二个场坝。第二个场坝面积48亩，由于修建铁路和公路，被政府征占，马白线从中穿过，不得不再次搬迁。2014年搬迁至如今的新场坝，扩建好的面积已有47亩，将继续传承着石头寨世世代代遗留下来的苗族“跳场”节。

2. 法律依据

《中华人民共和国非物质文化遗产法》(以下简称《非遗法》)，

于2011年6月1日起正式施行。《非遗法》的颁布实施，不仅在工作层面上为非遗的保护、保存提供了强大的法律保障，而且从政治层面来理解，保护非物质文化遗产“有利于增强中华民族的文化认同，有利于维护国家统一和民族团结，有利于促进社会和谐和可持续发展”，因此具有非常重大而深远的政治意义。我国《非遗法》也十分强调对文化整体的保护，如第二十六条规定：“对非物质文化遗产代表性项目集中、特色鲜明、形式和内涵保持完整的特定区域，当地文化主管部门可以制定专项保护规划，报经本级人民政府批准后，实行区域性整体保护。”《非遗法》第四条规定：“保护非物质文化遗产，应当注重其真实性、整体性和传承性，有利于增强中华民族的文化认同，有利于维护国家统一和民族团结，有利于促进社会和谐和可持续发展。”第六条特别规定：“县级以上人民政府应当将非物质文化遗产保护、保存工作纳入本级国民经济和社会发展规划，并将保护、保存经费列入本级财政预算。”由此，各级政府及有关部门应当积极采取有效措施，落实这一条款，进一步推动少数民族非遗保护工作取得新的进展，为加强民族团结提供有力保障。

综上所述，我们石头寨全体村民作为苗族文化的传承人联名特向各级政府提出申请，要求政府部门在拆迁本寨村民的房屋后，将所有被拆迁的本寨村民回迁至苗族跳场场地的周围，依法保护苗族文化，这样才能有助于我们对苗族文化的保护和传承，有利于我们苗族同胞的交流，有利于整个村寨的和谐发展和整个民族的团结。望各级政府给予支持和批准，谢谢！

石头寨全体村民（盖手印）

2015. 3. 5

报告字里行间可见村民对丧失家园的执着守望之情，贵州省民族民间文化保护促进会接到村民来信后，会长谢彬如率促进会有关专家学者数次到该村实地考察调研，并将调研情况反映至贵州省政府参事室，省政府参事室组织部分参事到该村与村民代表进行座谈，同时参加座谈的有贵阳市乌当区政府有关方面的领导。但时至今日，该村的文化保护与村民反映的情况杳无音讯。迫于当前拆迁压力，目前该村村民有一半被迫已经搬迁，部分仍然期待家园回归。诸如此类现象，不一一列举。

四　充分认识挖掘地域少数民族文化的重要性及迫切性

“现代化”在通常的意义又指传统社会向工业社会的进化。现代化在很大程度上是以工业文明为标志，工业文明的特征则是以牺牲传统伦理道德、生态环境和自然资源等为代价的技术物质至上主义。而全球化的特征是以强势取代弱势，以同一化取代多样性，它们都存在着吞噬、排斥和否定传统文化及文化多样性的可能性和危险性。

大量事例说明，在全球化的巨大影响之下，在追求现代化的过程中，人们往往自觉或不自觉地以牺牲地域和传统文化以及文化的多样性为代价，结果便难以避免社会发展的不和谐和不可持续，这是面对全球化和现代化所必须给予足够重视的问题。在这样的背景下，积极践行“文化保护与传承”意义重大。

（一）经济、文化、生态环境形成有机结合的整体

关于地域和民族文化的保护与传承，并不是贵州的一个新问题。随着贵州进入后发赶超时期，民族文化又面临巨大的冲击和新的挑战。地域和民族文化在以往被丑化、消化、同化、涵化的基础之上，又被严重地异化、伪化、商化和造化，显然，民族文化的保护传承与重建，已是刻不容缓，作为从事文化遗产保护和地域文化、民族文化研究的学者，对此当然责无旁贷。当下，各级政府强调现代化建设要以经济发展为中心，然而仅有经济的发展是远远不够的。因为，社会、经济、文化、生态环境是一个有机结合的整体，不可割裂和偏废，只有齐头并进、和谐共生，才可能持续发展。贵州省传统村落数量位居全国第二，全省共有426个村落被列入中国传统村落名录，占全国的16.7%。由于投入不足、管理不到位等诸多原因，一些传统村落日渐消亡，加强保护发展迫在眉睫。为此，贵州省2015年出台《关于加强传统村落保护发展的指导意见》（以下简称《意见》），根据《意见》，贵州将对这些古村落实施文化遗产保护、生态环境建设保护以及基础设施建设、农村消防改

造、特色产业培育等工程，注重传统村落空间、文化、价值的完整性，防止人为分割肢解村落整体、盲目塑造特定时期风貌、片面追求经济价值，让传统村落美起来、强起来、富起来，并从2016年至2020年每年安排1.5亿元以上资金支持传统村落保护发展项目。此外，扶贫开发、扶贫生态移民、“三农”、地质灾害综合治理行动计划等项目资金，要向传统村落倾斜，并用3—5年时间，通过设立发展扶持资金等多项举措建立传统村落发展保护管理机制，使传统村落文化遗产得到基本保护，村民生产生活条件得到有效改善，遏制住传统村落消亡的势头。

在人类学中，“文化生态”是一个广为使用的概念，而且它代表着一个重要的文化理论流派——“文化生态学”（Cultural Ecology）。这个学说的倡导者是美国著名的人类学家朱理安·斯图尔德（Julian Steward）。文化生态学吸取了生态学的理论，认为人类与生态环境的关系，仍然是适应的关系，但是人类对于生态环境的适应却不完全属于生物适应的范畴，除了生理的遗传适应之外，还具有更高级、更复杂的适应手段，那就是文化的适应。例如农耕民族，他们获取食物的方式并不是简单直接地向大自然索取，而是包括以生产技术为基础、以土地制度为保障、以宗教礼仪为调适手段的复杂的“文化适应”方式。将文化视为人类适应生态环境的生存手段，把社会发展、文化变迁视为文化与环境适应互动的过程，这就是文化生态学的“文化生态”概念内涵。人类千百年来创造积累的经验和智慧具有特殊的维护和调适生态环境的功能，它们形成于不同的地区和不同的民族，具有特殊性和多样性，所以被称为“地方性知识”或“传统知识”，也可以叫作“生态文化”。它们也是文化与环境在长期互动的过程中，文化对环境不断适应的结晶。迄今为止，已有大量的人类学田野资料证明，许多地区之所以能够长期保持良好的生态环境，在很大程度上便是仰赖了当地人的“地方性知识”或“传统知识”的调适和维护功能。民族文化生态村建设致力保护的民族文化，就包含各民族适应生态环境的这部分文化；而民族文化生态村建设所宣传和进行的生态环境保护，着眼点也主要在于传统知识，即把发掘、整理、利用、发展传统知识和实现文化与生态环境的良性互动作为生态环境保护的主要目标。党的十八大提出了构建和谐社会的伟大战略方针，只有深刻理解，才能自觉地执行并落实在具体工作中。贵州乡村以少数民族村寨居多，普遍存在的深度贫困的状况，既是文化退化、衰落的重要原因，也是生态环境遭到破坏和人居环境恶劣的根源。在文化破坏、环境恶化、严重贫困的基础上，又突然被施以强势的市场经济的金钱价值观，不仅会形成强大的文化和环境保护的抗拒力，而且很可能导致新的更为严重的对文化和环境的破坏。在民族村寨，文化并不是孤立的事物，事实上它与社会经济生态是一个不可分割的整体，正如尹绍亭所言，建设民族文化生态村应该努力实现6个基本的目标：一是具有突出的、典型的、独特而鲜明的民族文化和地域文化的特色；二是具有朴素、纯美的民俗民风；三是具有优美良好的生态环境和人居环境；四是摆脱贫困，步入小康；五是形成社会、经济、文化、生态相互和谐和可持续的发展模式；六是能够发挥示范作用。在这6个基本目标之下，还要制定由若干层次的目标组成的目标体系。包括村民热爱本地区、本民族的文化，具有较高的文化自觉性；建立由村民管理、利用的文化活动中心；依靠村民发掘、整理其传统知识，并建立传统知识保存、展示和传承的资料馆或展示室；建立行之有效的可持续的文化保护传承制度；主要依靠村民的力量，改善村寨的基础设施和人居环境；改善传统生计，优化经济结构；有一批适应现代化建设、有较高文化自觉性、有开拓和奉献精神、能力强的带头人；有比较健全的、权威的、和谐的世俗和行政的组织保障；有良好的、可持续的管理运行的机制；等等。从目前贵州大多数乡村的情况来看，实现上述目标任重道远。

（二）建设民族文化生态村

结合世界发达国家和我国实际，贵州建设民族文化生态村，应是历史发展的必然。民族文化生态村建设作为囊括了社会、经济、文化、环境、脱贫、发展等诸多要素的综合性的系统工程，仅靠学者的力量和努力，显然是远远不够和不可能实现的。它需要社会共建，尤其需要村民的主动参与和政府强有力的领导与支持。民族文化生态村建设的宗旨是保护地域和民族文化，重在提高村民的文化自觉和能力，重在文化的保护与传承，它的实质是要有村寨要有人，而不是仅仅是外在的躯壳。只有把文化看作是民族的“根”和“魂”，才能真正成为人们精神的寄托和价值追求。不可否认，民族文化可以利用于旅游业，可以作为发展旅游业的“资源”，但旅游绝不是也远远不是文化存在的理由和全部价值之所在。但是在现实社会中，几乎所有的民俗旅游村都主张把文化当作发展旅游的“资源”，当作谋取金钱的“手段”，更有甚者，为了迎合和满足游客的欲望，任意地复制甚而不顾一切地篡改和伪造文化。在某些民俗旅游村里，资源的所有权和经营的主导权掌握在政府下属的企业或私人企业及商家的手中，村民参与的权利非常有限或者完全被排斥于权利之外，这是非常不合理的现象，很可能会酿成矛盾和冲突。

（三）培养扶持册亨本地艺人

纵观2013年第五届贵州省少数民族文艺会演的10台节目，各地、州、市都在对优秀文化遗产实施有效的保护、整理和提高。如进入国家非物质文化遗产的布依戏的有效传承，正以培养扶持册亨本地艺人文化馆工作人员的形式推出。应该说，《布依神袍》的意义不仅是推出了一台现代布依戏，更重要的是让所有的编导演人员感受对本土文化坚守的责任和使命。被誉为继中国少数民族的三大英雄史诗《格萨尔》《江格尔》和《玛纳斯》之后的贵州苗族英雄史诗《亚鲁王》，是有史以来第一部苗族长篇英雄史诗，其主角苗人首领亚鲁王是被苗族世代颂扬的民族英雄。它一般在苗族送灵仪式上唱诵，仅靠口头流传，没有文字记录。传唱的是西部苗人创世与迁徙征战的历史。《亚鲁王》于2009年成为中国民间文化遗产抢救工程的重点项目，并被文化部列为2009年中国文化的重大发现之一，随后被纳入中国非物质文化遗产名录。苗族英雄史诗《亚鲁王》2012年2月由中华书局出版。2012年2月21日，由中国民间文艺家协会主办的《亚鲁王》出版成果发布会在北京人民大会堂举行。此项工作一直受到政府的高度重视，贵州省著名专家、贵州省民族民间文化保护促进会副会长余未人和苗族青年学者杨正江等为此付出了艰苦的努力。此剧搬上第五届少数民族文艺会演舞台让观众眼球为之一亮，也捧得剧目金奖。但作为贵州民族文化精品打造，专家学者更期待在舞台上真实再现亚鲁王时期的天下大同文化同源的最高境界和民族精神气概。

（四）提倡文化的“就地保护”

我们可以这样认为，变异是传统文化在新形势下得以保留和发展的重要途径。如果说由于发展的局限，贵州省相当一部分少数民族地区至今还相当封闭，生产力水平和生活水平还很低，保持传统文化的完整性还有着适宜条件的话，那么随着改革开放的深入和经济重心的西移，这种状况将迅速改变，但这也意味着传统文化的生存环境将面临更严重的威胁。由此，我们所说的民族文化保护，不是一般的提法和一般的做法。它既不像博物馆和图书馆那样，把物质文化集中到城市中进行收藏、展示和研究；也不像艺术家那样，去民间收集绘画、音乐、舞蹈、影像等各种艺术素材，利用其进行艺术的再创造；也不像研究者们通常所做的那样，通过田野调查，研究解释各种事象的文化意义，而是提倡文化的"就地保护"，即主张文化不脱离其产生、培育、积累、发展的环境，不脱离其创造者和拥有者，使文化在其植根的生态环境中，主要由当地人而非外来者来进行利用、保护、传承和发展。从另一层面来说，文化需要保护，文化所赖以生存的生态环境更应该保护。世界上因为生态环境的恶化导致文化的破坏和文明消亡的事例不胜枚举，无数事实证明，一个地方的生态环境之所以保护得好，其实便是依靠了该地方的文化保护。所以，"文化"和"生态"虽然是两个概念，但是两者之间却有紧密的联系，只有使文化和生态和谐共生，才能达到有效保护的目的。

（五）认真对待民族文化中的"精华"与"糟粕"

事实上，人们对于民族文化的保护，有不同的认识。有人认为民族文化原始落后，不适应现代社会，应彻底抛弃；有人认为只有民族的才是好的，只有民族的才是世界的，所以应该全盘保护。有人认为民族文化中具有生命力的自然会延续，没有生命力的当然会被淘汰，所以没有必要人为地进行保护，也不可能保护；有人认为民族文化不仅应该保护、能够保护，而且要"原汁原味""原生态"地进行保护。以上诸种观点和看法，都有失偏颇，显得极端。笔者认为，民族文化保护应具备以下几个理念：第一，任何一种文化，都有精华和糟粕之分。其糟粕当然不应该保护，其精华则应该予以保护和继承，而不能随意破坏和抛弃。但对"精华"与"糟粕"之分，必须慎之又慎。第二，文化的精华又可以分为两类，一类是物质文化的精华，另一类是非物质文化的精华。物质文化的精华也可称为物质文化遗产，历史文物和现代文化艺术精品即属于此类，它们具有宝贵的历史、文化、科学、艺术等价值，而且具有不可再生性。非物质文化的精华也叫非物质文化遗产，归根结底，文化的保护要有利于传统文化的保护与传承。积极的文化发展和创造，应该是基于传统文化根基的发展和创造，是传统文化的延伸、扩展和丰富，而不应该是脱离传统文化的文化取代，更不应该是粗制滥造，破坏、污染、亵渎传统文化的“文化垃圾”。因为，文化是一个具有精神、社会、人文、市场等多元价值的综合体，在积极开发文化资源的同时，不仅不能忽视文化的精神、社会和人文等价值，而且还应该把文化的非市场价值置于文化的主体地位予以维护和尊重，只有充分认识和崇尚主体文化的神圣性，才能避免人类伦理道德的沦丧和社会的混乱、倒退。基于上述理由，几乎所有国家都实行双轨制的文化发展战略：一是大力发展公益性的文化事业；二是积极发展面向市场的文化商业和文化产业。从国家整体利益上说，文化资源的开发利用，应以可持续发展为基本前提。对于不可再生的文化资源，应实行保护第一的方针。然而，现实的情况往往不是这样，当社会效益和经济效益发生矛盾和冲突的时候，人们总是急功近利，以牺牲社会效益换取经济效益，从而导致文化资源被破坏。这种状况如果不能有效地杜绝，必将造成新的文化危机。

文化的生命在于传承，文化的繁荣在于发展，传承的过程本身就包含了发展，而发展的过程本身就体现了传承。今天，必须从树立文化自信的高度认识民族文化的传承与保护。如果没有结合当代实际的传承，少数民族传统文化最终将因为落后于社会发展进程而被遗弃。只有更好地保护和传承少数民族文化，对贵州来说，在现代化发展的民族文化保护发展过程中，如何将当地各民族文化工作者和民间艺人组织起来，使其成为一种具体的“接地气”的保护形式，才能以文化的传承促进少数民族经济社会的发展，真正加快现代化进程的步伐，促进贵州各民族传统文化的共同繁荣。

五　结语

事实证明，没有和谐和可持续发展的理念，没有民族文化和地域文化的支撑，就没有真正的、纯美的民俗和文化存留，也就没有良好的生态环境。我国社会主义的民族政策是促进民族繁荣的政策。这种繁荣既包括政治、经济、科技教育和思想道德水平及人口规模和素质等方面的全面提高，也包括各民族优秀文化的充分发展。因此，党和国家历来重视民族文化的保护、继承和弘扬，改革开放以来尤其如此。

多姿多彩的贵州民族文化，成为多彩贵州的品牌底蕴。笔者近三十年来关注贵州文化，从贵州文化的发展轨迹中可以清醒看到贵州民族文化的走势。迄今已成功举办了五届的少数民族文艺会演加大力度打造艺术形式多样化，让观众耳目一新，同时为贵州省少数民族和民族地区经济社会的发展加速，成为展示贵州民族文化成果的重要窗口，成为全省各民族文化交流的重要平台，成为展示社会主义民族关系的重要载体，成为创新民族文艺品牌的重要途径。

随着现代化的强烈冲击以及国家和社会对少数民族传统文化着力弘扬的双重作用，随着现代化进程的推进，这种状况将持续存在并加剧或扩展。习近平总书记指出："博大精深的中华优秀传统文化是我们在世界文化激荡中站稳脚跟的根基。"我们应站在国家安全的高度来认真看待民族文化的保护，以科学精神和人文关怀为支撑，对民族文化进行持续有效的保护。

参考文献

1. 史继忠主编：《贵州通史》，当代中国出版社 2005 年版。

2. 谢彬如：《民族民间文化艺术资源保护的理论与实践：以贵州为例的研究》，贵州民族出版社 2010 年版。

3. 段丽娜：《当代传播下的贵州文化》，中国社会科学出版社 2012 年版。

4.《探索全球化现代化背景下的民族文化保护之路——尹绍亭谈民族文化生态村建设（上）》，中国民族宗教网，http：//www. mzb. com. cn/html/report/92855 – 1. htm。

5. 童星：《世纪末的挑战——当代中国社会问题研究》，南京大学出版社 1995 年版。

6. 滕星、苏红：《多元文化社会与多元一体化教育》，《民族教育研究》1997 年第 1 期。

7. 冯骥才：《文化遗产日的意义》，《新华文摘》2007 年第 7 期。

8. 杨福泉主编：《策划丽江——旅游与文化篇》，民族出版社 2005 年版。

9. 谢名家：《文化经济：历史嬗变与民族复兴的契机》，《思想战线》2006 年第 1 期。

10. 郭家骥：《云南民族文化发展报告》，《贵州民族研究》2004 年第 3 期。

11. 和少英：《从民族学/人类学的视角看文化建设》，《云南民族大学学报》2008 年第 1 期。

作者简介

段丽娜（1955— ），女，贵州财经大学教授，贵州省民族民间文化保护促进会常务副会长兼秘书长。研究方向：新闻与文化传播。邮箱：646082585@ qq. com。

从“人”到“族”:“归族”后克木人的认同与发展研究

李　闯

克木人是生活在中南半岛的土著居民，学界认为其属于孟高棉语诸民族之一，人口约50万，主要分布在老挝、越南等东南亚国家。我国克木人集中居住在云南省西双版纳傣族自治州中老、中缅边境线上的19个自然村（当地人习惯称为“寨子”）中，人口总计3200人左右。其中勐腊县12个寨子2300人，是历史上本地土著“克木泐”（3个寨子）、老挝移民“克木老”（7个寨子），以及有着同源共祖记忆但彼此语言不同的“卡米人”（2个寨子）；景洪市7个寨子900人是来自越南的移民“克木交”（7个寨子）。除卡米人操布兴语外，其余17个寨子的克木人均使用克木语（或因与傣族的长期交往而改说傣语），但内部存在方言性质的差别。①

学者们普遍认为克木人是古代濮人的后裔，与布朗族、佤族和德昂族同属孟高棉语民族。② 尽管当代分布格局已经发生变化，各民族（族群）间彼此已变得陌生，但为了落实国家扶贫政策的需要，克木人因“被认为”符合“四个共同”的民族界定标准，而在政策语境中被赋予了“布朗”的族属身份。

一　克木人的自我认同

有关克木人的族群认同，如果从体质、语言、习俗、服饰等“客

① 和少英等:《云南跨境民族文化初探》，中国社会科学出版社2011年版。

② 高立士等:《克木人的历史传说与习俗》，载《布朗族社会历史调查（三）》，云南人民出版社1986年版。

观”角度出发，可以归纳出大量所谓“典型”的民族特征。而这些“被认为”的文化特征在当地人的主位视角中却并不十分重要——笔者对某寨进行了抽样调查，被访谈的70个访谈对象在对于“克木人有什么特色”的回答上，普遍认为自己没什么特色，经提醒后会说语言不同，或者节日不同。只有3人提到“肤色深、嘴唇厚”；2人认为“性格淳朴”——可见，克木人“被认为”属于布朗族的文化标签在“自认为”的维度中并没有想象中那样明显。其族群边界的划分更多地来自于“被认异”的历史与“历史”。

在见诸史籍的记载看来，克木人属于古代高棉人或濮人的一支，其发展沿革可以放在我国西南民族迁徙史乃至东南亚地区民族发展史中探讨。但由于克木人没有文字，所以我们也应该注意到这些“典范观点”中难免掺杂了汉文、傣文记录者的“他者”眼光。因此，如果想深入了解克木人主位意义上的族群认同，就要对口述材料和传说故事中的主位解释进行分析。这并非传统意义上的史料真实，而是人类学上的“事件”（event）真实，即其之所以称其为历史事件的文化界定，是“其在实践过程中导致原来分类系统的转变”①。

在官方典籍中，克木人是当地土著居民，其在当地建立统治的时候，傣族（金齿百夷）与汉族都尚未在此落足。然而神话中的克木人起源却发端于和傣族共生的兄弟关系中。在克木人中广泛流传的洪水神话中，洪水过后兄妹结婚而生下葫芦，之后“僾尼族”（现归属哈尼族）、克木人和傣族、汉族从中依次钻出。各族群因钻出的时间和方式不同，导致有的族群肤色黑并选择了刀耕火种的生计方式（如克木人、佤族）；有的族群肤色白且会使用犁等工具（如傣族、汉族）。这一方面说明了历史上各族群产生迁徙和彼此间的互动关系，以及当代所处的社会地位，同时，处于被统治地位的族群与处于统治地位的族群间的二元关系为区别异己提供了依据（在泰国的版本中，则成了先出来的克木人哥哥与随后出来的老挝人弟弟之间的对立②——但都可以概括为克木人与周围“大民族”在历史某一时期中对立的族群关系）；同样的二元

---

① 黄应贵：《返景入深林——人类学的关照、理论与实践》，商务印书馆2010年版，第319页。

② ［越］汶穗·西沙瓦：《泰国的克木人》，李英才译，《民族译丛》1985年第3期。

关系还出现在“为何克木人没有文字”的故事里，克木人认为：在一同领受了文字之后，傣族写在了贝叶上并得以保存，而克木人写在了牛皮上却因饥饿而把牛皮烤熟吃掉，导致文字失传。在此，族群边界的划分并非简单地依据有无文字的现状，而是体现出了克木人构建族群历史的“历史心性”①。这一系列文本的制作为解释现实差异提供了依据，并在记录与遗忘中再生产着某一类型的历史记忆。文本中记录的二元结构带来了类别性的边界，而并非特指某两个具体族群的文化性区别。这种二元划分所反映的是克木人在我与他之间划定的边界，因此被认同的其他族群（哈尼、僾尼、佤、布朗等）却集体失语。造成这一现象的原因或许可以归结为：克木族群主观上的自我封闭以及在近代发展过程中与哈尼、布朗等分布区域不同、彼此间交往不多（例如，现存与克木社会中的传说故事中几乎没有与其他族群直接相关的内容，而仅有关于拉瓦是兄弟以及解释作为“兄弟”的卡米人的分家传说。而在克木语言中甚至不存在“布朗”的称谓，仅仅是近一个世纪以来才借用了汉语词汇②）。

而划分“非我”另一个主要原因是来自于傣族（以及汉族）的认异。在彼此称谓上，克木人自称“克木”，意为“人”，对傣族和汉族的称呼亦只表示族群区别而不含贬义。有学者指出，自称族名，“经常在该语言中也代表‘人类’的意思”③，可见自称为“人”并非其族群所特有，而值得关注的是克木人获得的不对称的“他称”——存在于中年以上村民印象中被傣族蔑称为“kha”的记忆。

> 傣族都是叫我们克木，有些还看不起我们还叫卡木，还叫卡，卡就是代表一个意思，以前我们这些克木他们说是卡呢，这些就是我们这些老祖宗就是专门杀人呢。那个傣族傣语说卡呢就是杀呢意思，但是有没有我们也不知道这些。

---

① 王明珂：《族群历史之文本与情境——兼论历史心性、文类与范式化情节》，《陕西师范大学学报》（哲学社会科学版）2005 年第 6 期。

② 有学者表示克木人与佤族在语言和风俗上更加相似，老挝国内佤族和克木人至今仍毗邻而居、彼此交往但却缺乏历史上布朗族和克木人交往的记载。这一说法有待考证。

③ 王明珂：《华夏边缘——历史记忆与族群认同》，社会科学文献出版社 2006 年版，第 41 页。

随着农场的建立，年青一代遭遇了汉族对其的侮辱性称呼——"岔满"。

额还有那个岔满族。也是我们太不行了，他们说那些岔满，说我们是太差啦。也是他们想我们太差了，看不起我们。我们就不喜欢他们那些叫了嘛。

不平等的族群互称形成对比。而这也反映了族群间的彼此定位，并为族群边界的划分提供了依据。

换言之，上述族群边界的主要作用并非划定"我是谁"，而是在于划定"我不是谁"；划定原则并非依据"我认同谁"，而是依据"谁不认同我"。在（国营农场设立之前）汉族尚未大规模进入的时候，"非我"主要指的是傣族——正是傣族，使得克木人从统治者经历数次征战而沦为被统治者。历史上西双版纳地区各族群长期处于大杂居、小聚居的格局中，族群间在多个层面进行互动交往。由于在经济发展上长期落后于、并在一定程度上依附于傣族的事实，使得傣族不会被处于较低社会地位上的克木人认同为"我"。而这种被认异的处境则强化了克木人的自我认同。在这样一个"自我认同—地位转换—社会认异—族群认同强化"的过程中，克木人不得不以大量与傣族相关的（被杀戮、奴役等）负面记忆来区分你我，同时也确定了自己在历史序列中的位置，并反过来作为维持族群边界的重要依据。

另外，与主体民族（如傣族）的认异，在某些时刻是高于同等社会地位的不同属性族群认异之上的社会规则，这是一种类似于努尔人"裂变组织"的社会认同原则。例如，克木人在解释卡米人与自己的文化相似性时，认为曾经作为哥哥的克木人怀疑作为弟弟的卡米人与其分猎物不均，因此造成二者分家。此后，弟弟仍然能听懂哥哥的克木语，但因为环境影响导致弟弟的语言发生变化，因此如今克木人均听不懂卡米话（布兴语）。与此类似的还有对老挝克木人、傣化的克木人情境化的"求同存异"态度。我们或许可以认为，造成这种态度的原因不仅仅是文化上的相似性，同时，处于人数和社会地位劣势的各个族群对克木人较少的认异（或者说较为主动的认同）促成了"克木族群"内在的包容性。如同卡米人主动承办节日庆典会被克木人看作是"表现一下"

并欣然接受一样，共同的祖源记忆和文化上的相似性被放大成为彼此认同的依据，而至于语言与文化上的差异则被暂时遗忘。

克木人的自我认同，亦可以从其对傣族的态度中管窥一斑：当被其他民族误认为是傣族时，“有些嘛认得出来，有些嘛认不出来，（把我）当成傣族，还是高兴我们，没关系”。解释了自己真正身份的同时，大多不会有负面情绪，甚至还会因被误认而“没有（不高兴）啊。因为我也会听那个傣话嘛。（同学问）你（以前）不是说你不是傣族吗？我就说，我就是傣族啊。就是开玩笑那种”。

除此之外，还有什么人可以得到克木人的认同呢？笔者在访谈中列举了上门女婿、在村寨中长期生活的、懂语言文化的以及笔者自己等几种类型。受访者提出了一个很重要的划分依据：户口本上写的是克木人，映射出国家户籍制度对当地人思维的影响。如果说傣族的认异在一定程度上强化了克木族群的历史记忆，那么国家话语在政策语境中传达的民族概念则对当代克木族群的自我认同产生了影响。调查中的一个细节可以为之佐证：在问到如今的民族身份以及何时归族的时候，部分访谈对象表示需要看一下身份证或户口本。尽管户口本和身份证上仅有的户口迁入迁出、登记注销的记录，而并没有关于民族身份改变的记录。但依据户口本、身份证这些国家法定身份证件和户籍材料来寻找自己的“民族”身份这一举动也耐人寻味。

或许我们可以推测，曾经克木人的自我认同只是一个来自于外力的、朦胧“自觉”而未及“反思”的惯性心理，而其在日常生活中并不是一个“问题”——只有在被冠以侮辱性称呼“卡克木”或“岔满族”的时候才会引发一定的类似某种民族主义倾向的反抗情绪。然而，在“发展”的名义下，模糊的族群身份已经成为了历史。随着社会资源分配的不断深入，尤其是国家权力的介入，曾经的族群关系格局被打破并重新建构。族群归属与自我认同的问题成了克木族群不得不面对的时代性困境。

二　政策语境下的布朗族身份

克木人成为布朗族的过程耐人寻味：政府的民宗部门说为了扶贫发展、在广泛征集村民意见的基础上经过专家调查并最终确定克木人的布朗族身份；但参与相关论证过程的专家学者却大多表示，并不应该将克木人归入布朗族。而来自政策面向的主体，村寨中的克木人说政府来进行了有强制性的宣传，“如果不归到布朗族就是汉族，以后什么（优惠）政策也没有”（某村民语）。

学界认为，对克木人的研究产生于新中国成立以后。据1946年云南省民政厅公布的《云南全省边民分布册》中显示，民国时期尚未发现彼时被称为“插满”的族群。而“1954年进行民族调查研究时，发现了在西双版纳被他称为‘插满’（或‘岔满’）的民族群体。……（又）在红河州金平县发现了‘岔满’，并且将金平和西双版纳的‘岔满’视为同一个民族”[①]。“岔满”是当地汉族对克木人的蔑称。因此可知，对克木人的了解起源于20世纪50年代新中国对少数民族地区的社会历史调查，分别于1956年、1960年公布了傣、哈尼、布朗、基诺族等，但克木人由于“情况不明”，所以被暂时搁置下来了。60年代初开始的“四清”运动与随后的“文化大革命”致使民族识别工作中断，克木人的族别识别就此搁置。[②] 1979—1980年间，国家民委、云南省民委以及西双版纳州人民政府曾组织民族识别调查组，综合了族源、语言、他称和体质及民族心理素质等因素综合分析大量的第一手资料证明：应该考虑将克木人识别为单一民族。1980年由勐腊县委、县政府召开“岔满”人识别座谈会；翌年向国务院递交关于对“岔满”人民族的研究报告，认为根据“民族政策和‘名从主人’的原则，应该承认‘岔满’人为单一民族，族名定为‘克木族’。……八十年代国务院有关部门内部已确定克木人为单一民族。但从全局考虑适当机会公布实施”[③]。费孝通先生在《关于我国民族的识别问题》中提到，“现在已经提出要求识别的有：……以及还有这一代不大为外边人知道的……岔满……等人”[④]，以及林耀华先生在《中国西南地区的民族识别》中提到“尚有极少数族称单位，还有待进行识别工作。例如……和云南西双版纳南部的克木人，人口都不多，识别工作已在进行”，从一个侧面反

---

① 尤伟琼：《云南民族识别研究》，博士学位论文，云南大学，2012年。

② 李年生等：《克木人民族识别初探》，未刊稿。

③ 黄光学、施联珠主编：《中国的民族识别——56个民族的来历》，民族出版社2005年版，第228页。

④ 费孝通：《关于我国民族的识别问题》，《中国社会科学》1980年第1期。

映了这一时期对克木人的识别工作。[①]“1987年8月8日，云南省社会科学院在昆明召开学术讨论会，探讨克木人的民族识别问题。……与会同志一致认为，确认克木人为单一民族是恰当的。”[②] 然而在有关部门内部“却认为克木人应归并布朗族为宜。于是关于克木人的族属问题又一次被放了下来”[③]。对克木人的兴趣也从族群归属研究转为对“民族”文化的介绍。

随着“西部大开发”和“兴边富民”工程的不断深入，边境地区少数民族百姓的经济发展成为备受关注的热点问题。而此时，克木人模糊的族称成为社会发展过程中的阻碍。“由于我国56个民族中没有克木人这个民族，在办理二代身份证时，电脑无法进行识别。有些基层派出所为图省事，就随意把克木人归为布朗族、哈尼族、傣族等办理二代身份证，造成了克木人民族身份的混乱，引起了群众的不满，有的拒绝办理身份证，甚至有部分群众准备集体上访。身份证无法办理，给群众的出行、读书、外出打工、就业等带来了严重影响，也给公安部门的户籍管理带来了麻烦。”[④] 因此，出于我国符合户籍制度及落实民族政策的考虑，克木人的族群归属问题又被提上了日程。

2007年，勐腊县人民政府提交了《勐腊县人民政府关于克木人经济社会发展现状的情况报告》，报告中提出由于种种原因，目前勐腊县还有克木人尚未确定为哪种民族，属于民族识别遗留问题。克木社会基础设施薄弱、公众卫生落后、劳动者文化素质低、民族文化遗失严重、部分群众生活困难、一些群众思想保守等问题，提出了扶贫开发、民族识别以及身份证更换等一揽子方案。[⑤]

2008年1月26日，时任中共中央总书记的胡锦涛在中央办公厅秘书局《每日汇报》中刊登的《云南莽人和克木人目前生存、发展中面临的问题》上作出了重要批示：“请云南省委、省政府研究提出扶助措施，帮助其尽快摆脱贫困。”同日，时任国务院总理的温家宝也在国务

---

① 林耀华：《中国西南地区的民族识别》，《云南社会科学》1984年第2期。

② 《云南省社会科学院召开克木人民族识别学术讨论会》，《云南社会科学》1987年第5期。

③ 尤伟琼：《云南民族识别研究》，博士学位论文，云南大学，2012年。

④ 景洪市民委：《景洪市克木人经济社会发展问题报告》，2007年9月26日。

⑤ 勐腊县人民政府：《勐腊县人民政府关于克木人经济社会发展现状的情况报告》，2007年10月。

院办公厅秘书一局《专刊信息》（第 109 期）“国家民委反映云南莽人、克木人生产生活较为困难”上作重要批示：“请扶贫办商同云南省政府和有关部门提出政策措施，下决心解决莽人、克木人的生产生活问题。”[①] 同年 4 月，勐腊县人民政府向西双版纳州提交《勐腊县人民政府关于将克木人归属布朗族的请示》，文中提到“全县 12 个自然村 498 户克木人都签字认可统一归属为布朗族。为解决克木人的民族认定，申请将克木人归属布朗族（克木人）”，并附各村村民签名表。[②] 省人民政府于翌年批复，“同意将克木人归属布朗族”[③]。尽管有关各方也注意到了“勐腊县克木人认为，克木人不属于傣族，也不属于其他的民族，希望党和政府能够确定为一个单一民族，即克木族”[④]，但是“中国 56 个民族是一个整体，现阶段不准备确定新的民族”[⑤]。所以，在此基础上，2009 年 2 月，克木人最终被识别为布朗族。其依据是：“克木人自古就有自己的居住地域、语言、经济生活以及表现于共同文化上的共同心理素质……语言与傣族差别较大，与我国的佤族、布朗族比较接近，从体质人类学角度来看，克木人古铜色皮肤，眼眶略下陷而眼眉骨及额骨突起，浓眉大眼，宽鼻厚唇，背挂包、背背篓不用肩而是用头部，这些特征与我国孟高棉语族各民族如佤族、布朗族、德昂族相似。从语言学上比较，勐腊县克木语与我国的佤语、布朗语、德昂语以及缅甸的孟语和柬埔寨的高棉语关系密切，同属于奥斯特罗亚细亚语系（简称南亚语系）孟高棉语族……按照斯大林的民族定义……结合勐腊县克木人的实际，并在广泛征求社会各方面意见的基础上，勐腊县建议将克木人确定为布朗族—克木人。”[⑥] 然后在进行新的户籍登记时，克木人最终从户口簿上消失，仅剩“布朗族”。

整个识别、归族工作的实施者——云南省民委，对事情前因后果的

---

① 转引自中共勐腊县委、勐腊县人民政府《蜕变——雨林中的克木人：勐腊县扶持克木人发展项目影像志》，第 2 页，勐腊县宣传部，2011 年。

② 勐腊县人民政府：《勐腊县人民政府关于将克木人归属布朗族的请示》，2008 年 4 月。

③ 云南省人民政府：《云南省人民政府关于同意将克木人归属为布朗族的批复》，2009 年 3 月。

④ 勐腊县人民政府：《勐腊县人民政府关于克木人经济社会发展现状的情况报告》，2007 年 10 月。

⑤ 同上。

⑥ 同上。

解释为：克木人的识别有利于边境稳定、扶贫政策覆盖和解决日常生活（如身份证办理）问题。“如果不识别，他们就不是国家承认的公民。”

那么，为什么要识别为布朗族，而不是傣族或成立新的民族呢？云南省民委的答复是，“他们本人不认可，同时周边民族也不认可。当时广泛征集了意见，他们认为和布朗族比较像，语言大部分能听得懂，互相能通话、历史传说是一回事。由民族代表们提议希望加入布朗族”。

然而，对于政策所针对的群体——克木人，如何理解这场自上而下的识别工作呢？例如，克木人怎样理解这种民族国家语境下的“归族”工作？

> 克木人的话感觉是人数比较少，他达不到那个族数嘛，他那个克木族是像老挝一带泰国一带他那个人数就达到了，人数特别多就达到了克木族了。①

> 就是说克木人嘛，没有算在56种民族内了嘛，他不算族了嘛，然后就说，政府为了扶贫这块，那就是说并布朗族了嘛，布朗族扶贫高嘛，就往布朗族里面给我们分过来一点。比较有好处。
>
> 有很多人尚未形成认识，仅仅是感到困惑，与民委相关工作人员所述的“民族代表提议希望加入布朗”和官方文件中的“都签字认可统一归属”② 形成对比。
>
> 是呀，我也这么想，我也不知道这一点。“为什么自己的民族不会成个民族，会加入别人，我也不知道。”或者“说我们是布朗族，又不会讲布朗话。怎么是布朗族？”
>
> 名不正言不顺。你说，并布朗也不会说布朗话。我觉得也没什么意思。克木人就克木人嘛，有什么大不了？

或许我们可以认为，日常生活中克木人的身份意识逻辑为：我们就是克木人，我们不是岔满人；在向外人解释“为何克木人成了布朗族”

---

① 访谈中笔者询问了克木人心目中怎样就可以成为民族，回答基本上围绕着人口标准，但认为可以成为民族的人口数量从2000人至10万人不等。

② 勐腊县人民政府：《勐腊县人民政府关于将克木人归属布朗族的请示》，2008年4月。

这一事件，克木人只能使用政府所宣传的政策作为解释：人口的限制、维持现有56个民族的格局以及落实扶贫政策的需要，等等。然而这种官方的说法并不能解决他们心中的疑惑。从“多少人就能成为一个民族”的多元回答中可以看出，访谈对象理解的人口数量从五千至十万不等①。笔者认为这个现象说明，尽管国家权力在政策语境中得到了自上而下的落实，但在进入族群内部时难免会产生一定的地方性解释。换言之，这种地方性解释的多元性是否也从一个方面反映了村民对国家话语的接受程度并没有政府相关部门想象中的高。

三　扶贫发展与民族意识

> 克木人是西双版纳边境最早的土著居民之一，目前已被归属为布朗族。在党中央、国务院和省委省政府的亲切关怀下，西双版纳州各级党委政府通过三年帮扶，彻底改善克木人村寨基础设施，实现克木人村寨的跨越式发展。目前修道路、建新房、买彩电、学科技，已成为克木人村寨的主旋律。②

这短短的百余字，实则是一个宏大的国家叙述的缩影。自从2008年2月国务院调研组进入云南省展开调研开始，与“三年帮扶”相关的新闻报道中便时常可见“飞跃”“翻天覆地”“彻底改善”等形容当地变化的词汇。而这些变化无疑是为了暗示出克木人归属布朗族的重要性与必要性。换句话说，正是因为有了民族身份，才享受到这一系列的优惠政策。那么，政府的大力投入在地方百姓眼中是什么样子的呢？当地的生产生活发生了怎样的变化?

笔者通过对职业、性别、年龄三者与评价之间的相关性进行分析，发现认为有“很大改变”的大多是正在学校读书的学生及平时较少参加劳动的人，而对于每天从事农业生产的村民，反倒说不出有什么具体变化。

---

① 村民猜测的范围实际上比这个还要大，在日常闲谈中甚至有认为3000人就可以的，而克木人只有1000人，所以不能成为民族。

② 来自2012年勐海县布朗族桑衎节晚会主持人的串场词。

> 没有变化现在。我们归于布朗族，然后是布朗族呢这些享受国家政策这些扶持还是什么样，我们都认不得（不知道）啊，但是我们（和）布朗族也不挨在一起。现在我们呢一点好处还不得见。现在总算是没有呢嘛。几乎都是一样的。苦得（赚得钱）就好点，就多得，苦不得（赚不得钱）就用点，少吃点。

具体来说，首先，在“整村推进”的安居工程中，政策规定：各村可以接受32万元安居补助，但前提是先建起来几户作为样板，证明实力，这样才有资格申请补贴款。于是村干部带头贷款，盖出了上级要求的式样以便将32万元钱款领回来，而给低保户修房、给村里盖公用房以及将余款均分给各家以后，迟迟还不起的贷款却成了自己的心病。同时，不同户数的克木村寨却领到了相同数额的补助款，以及瓦片质量不过关等问题也造成一些村民的疑惑。

其次，在扶助农业生产方面，国家免费发放了农药肥料，但因其质量问题导致效力往往不及应有的四分之一，使得村民对其颇为不满。而对于那些没有土地（出租或转让）的人家来说，成袋的肥料反而没什么用处，于是就转手卖掉。最后辛勤劳动的人们就会觉得不公平。

与此类似的还有低保金的发放。笔者全程参与了2012年低保户的考察以及2013年低保金的申请工作，发现略显僵化的评定模式导致不劳动、没收入的可以享受低保；劳动的，尤其是投入一定资本创业的人们因其“有钱”而不能享受低保。同时，在贷款、技术学习等方面没有得到政策扶持和保障，这无疑加重了创业者所承担的经济和社会风险。

还有，在农田改造和水渠修建中，笔者几乎每天都能听到村干部的抱怨。他们说自己要亲自去监督才能保证工程质量，还要经常协调施工方和村民间的关系。随后，刚刚挖好的水渠一进入雨季就出现垮塌。“他们用的水泥‘标号’不够，所以不结实。偷工减料。还有像我们建造的篮球场，做得也不如别的村好。”一位村民这样说。村寨的供水系统也频频出现问题：新寨在选址上未考虑地形因素，水位落差大，导致水管和阀门多次爆裂。后来村干部专门到县城买了更结实的阀门，但仍旧不见起色。直到镇政府出面改造了管线，情况才略有好转。而缺乏专业的维护保养仍是个潜在的隐患。在此过程中，人们每天一边在热带气候中到处找水洗衣服、洗澡，一边怀念起老寨用水不愁的日子。

除此之外，政府补贴每家1000元配备太阳能热水器，解决村民的日常洗澡问题。但笔者却很少听到村民任何关于太阳能热水器的赞誉之辞，甚至在特意问到国家扶持政策的时候，也少有人提到这一项惠民措施。同样受到“冷落”的还有门前的公路——交通顺畅带来的便利促使一些家庭开始购买小型卡车和家用轿车，而频发的交通事故又成了村民日常生活中的一大安全隐患。

上文中我们已经提到，“归族”是以扶贫发展的名义进行的。既然扶贫工作的成果并不能尽如人意，那么在此基础上的民族意识又会发生什么变化呢？寨子里唯一的大专毕业生的观点颇有代表性。

> 生活还是有（变化），（但）自从就是没变成布朗族之前也是，然后不是国家不是在建设那什么新农村现象么，从那时候开始建设，就像这样，搬过来好像是，01、02年的时候吧，02年时候开始，不是因为归到布朗族。
>
> 同时，值得注意的是，克木村民对归族（三年前）和带来的变化记忆模糊，而对于从老寨搬迁至此（十二年前）却记忆犹新。
>
> 不知道，这些我也不知道，我也不是当官专门开会，我也不知道。就是我儿子，他克搞身份证，我不知道他是布朗族，归到布朗族。（笔者：你们从老寨搬过来是什么时候？）2001年，十多年了。

这两段话基本代表了大多数村民的“民族”意识。接受国家赋予的布朗族身份并从“人”到“族”是族群发展中具有里程碑意义的大事件——至少从各级政府的工作汇报和相关新闻报道中如是，理应有着相对清楚的记忆。但在实地调查中，笔者发现访谈对象的回答并不统一，有人认为是20世纪90年代，有人认为七八年前或三四年前，而更多的是只知道是前几年，具体时间不详。有些老人甚至还不知道自己已经成为了布朗族。①

---

① 在访谈中，访谈对象认为归属布朗族的时间从1997年至2007年，大多数人都认为是近几年的事情，但包括村干部在内，很少有人能说清具体时间。反倒是村里的汉族、彝族和哈尼族居民对此时间记得很清楚。

> 什么时候我也不记得，我去读书的时候，他们就老师就让我们带户口本，做什么做什么呢嘛，所以就带了去，我就（奇怪），哎？不是克木人嘛怎么变成布朗族？

> 哪一年……我去看我的那个身份证，我都不知道是哪一年了。

上文中的“人口数量”和此处的“归族时间”在解释“克木人如何能成为民族”这个问题上，体现出了一种“国家标准”与“地方性认识”之间二元对立的结构关系。在我国的民族政策中，人口数量当然不是成为民族的充要条件，但却是最能为村民所理解和接受的。接受的原因就在于国家权力自上而下地介入克木族群，以及族群内部自下而上的服从意识和自卑心理。通过“人口达不到”这一说法，克木人和政策执行者都找到了进入我国民族格局的契合点。克木人之所以能够接受新的民族身份主要来自于对政府的信任——实际上他们也没有其他的选择。对上述访谈对象所说的“需要看身份证才能确定身份”这一细节即在一定程度上证明了这一点。众所周知，户口本和身份证上仅有户口迁入迁出、登记注销的记录，而并没有关于民族身份改变的记录。但依据户口本、身份证这些国家法定身份证件和户籍材料来寻找自己的“民族”身份，体现了克木百姓认为在国家语境中与“身份”相联系的是户籍制度以及背后隐含的“优惠”；而生活中的认同还是需要从地方性语境——即来自于自我认同和周边民族（族群）的社会定义——中界定。这同样是一组二元的结构模式。二者互相交叉，在不同场景中进行着工具性和情感性的实践。

所以也许我们可以照此推测，随着户口本上的民族成分由布朗族取代了克木人，是否以后克木人就会有新的自我认同呢？笔者认为这种乐观的估计至少在现阶段是不太容易实现的。因为，在体会“帮扶”的过程中，克木人的族群意识并未因此而转变为认同布朗族。如上文所述，国家在扶持克木人地区发展的过程中投入了可观的财力、物力和人力，对当地的基础设施建设和科教文卫事业推动起到了积极而深远的影响。但是由于基层村民自下而上的期待与自上而下的帮扶不是完全对应，以及执行者在操作过程中存在的问题影响了政策落实的效力，导致克木人在生活改变的同时，对身份更加感到困惑，甚至可能会在一段时期内强化“克木”的族群意识。这也体现在访谈中克木村民对一些具体问题的回答上。

例如，“以后我们都被称为布朗族，而再没有克木人的身份了。这样好不好?”很多人认为“好嘛，为什么呢，我们才有利益啊，我们克木人才有利益啊这种。才变得一个民族，才开始了嘛从出来掉了嘛。要不然就不行了嘛”。

认为“无所谓”的回答中也隐含着对克木身份的认同。

> 我们寨子都是叫自己是克木人啦，去外面叫都是叫布朗了嘛。可以答应了嘛。答应人家，反正身份证什么都是布朗嘛，人家一看嘛你们是布朗族嘛。反正又不是搬去景洪勐海，随便什么民族。

那么假设可以成立克木族好不好?几乎所有访谈对象都表示很好，因为得到了国家的认可和尊重，证明自己的“民族”终于成了国家的“民族”。

> 肯定嘛，自己有一个民族还是好呢。(如果变成布朗)那我会不高兴那种。再说我们布朗族话都不会听嘛噶，语言都不懂，还归人家那种。

最后，对某一族群的大力帮扶会在区域内产生什么影响呢?在县民宗局，相关人员告诉笔者，由于政府对克木村寨的帮扶，使得一些经济发展较慢的山地民族产生了消极的情绪，例如，为什么克木人可以得到这么好的政策待遇，而自己的民族却依旧贫穷。而笔者在村寨生活期间，也经常会听到附近茶场、农场的汉族、哈尼族居民和熟识的克木人朋友开玩笑，说“你们那里是宝啊，国宝嘛，熊猫，比熊猫还少。你们就是好啊，什么都有那个国家给。其他民族羡慕他们”。这些善意的玩笑虽然不会直接导致族群间的冲突，但由此产生的区分意识却有可能加剧克木人当下和今后一段时间的认同困境。

四 归族后的身份表达困境

成为了布朗族的克木人，在归族后会如何表达自己的身份呢？在调查中笔者曾询问调查对象，认为自己民族有什么特色，其中一些人提到了节日。这里的“节日”特指已经被符号化了的“玛格乐”节——当然，一般他们向其他民族介绍的时候，都会用汉语说叫作“丰收节”，虽然这个节日本身的内涵并非庆祝丰收这么简单。

克木人的传统节日包括公历3月的“拉不拉”节、公历7月的“秧魂”节、公历10月的“波公节”[①] 和公历12月的“玛格乐”节。前两个由于只有男人才可以参加，故又都被称作“男人节”，分别为划定界限驱除鬼怪和献祭水田祈求丰收之意。

“波公节”曾与“玛格乐”节同时，为村寨祭祀鬼神、祖先并庆祝丰收之意。其中，“波”为“医治”，“公”为“寨子”，波公节是人们“献鬼”以祈求村寨远离瘟疫，并感谢村寨祭司为百姓治病的节日。庆祝活动中要关寨门驱鬼，人员三天内不得出入。“文革”期间节庆活动曾被迫停止，在得到恢复以后，“关门”的时间被缩短为一天。时至今日，仅仅是象征性地在下午16:00左右关门到午夜24:00。因此全村所有居民必须在16:00之前进寨，晚归者还要被罚酒。“波公节”也因随后的“开门”环节而又被称为“开门节”。调查中笔者听到大家并不十分区分究竟是开门，还是关门。这种混淆被延伸到对傣族相类似节日的谈论中——几天后傣族过的是开门节还是关门节也众说不一。[②]

由于“波公”节恰逢稻谷收获的农忙时节、不能尽情庆祝，且天不黑就关门的习俗导致前来做客的外村人进不来或者出不去，极其不便。于是大家决定保留“波公”节中的祭祀部分，而将欢庆丰收的活动放在“玛格乐”节中。使得原本只有一两家庆祝的“玛格乐”节变成了克木族群的新年。

“玛格乐”在克木语中有吃（mah）挖来的红薯、芋头的含义，游

① 除“玛格乐”节之外，其他都按傣历计算。此处使用的是傣历对照的公历时间。

② 当地人解释说，节日的名称不知道怎么翻译成汉话，于是就按照节日特色以及周边汉族的定义，将其称为开门节或者关门节。

耕时代的人们在每年农忙结束时通过采集和狩猎，从山里带回野味和野菜以及新收获的稻谷进行聚会和祭祀。按照勐腊地区“克木老”的风俗习惯，并非每家每户都拥有祭祀祖先，也就是举办“玛格乐”节的资格。一般“只有世袭的长子才供奉祖先，才能主祭”①，分为大、小两种祭祀，“小祭两年一次，节期一天；大祭三年一次，节期三天”②。但现在已经变成了以村为单位轮流举办庆典的集体活动。从2001年至今已有9个寨子轮流举行过庆典。之前人们在傣历12月过节，后来因为庆祝规模扩大，时间上与“波公节”相隔不久，较为不便，所以保留了“12月”这个时间，只不过用公历代替了傣历。直到笔者所在村寨2005年12月12日举办了庆祝活动之后，各村寨约定了节庆日期为每年的12月前后，并且分为了两个层面的庆祝：自家设宴请客和某个村寨集体承办一场县内全体克木人的节庆活动。

与各家各户在每年的固定时间请客不同的是，县内所有克木村寨的统一庆祝活动时间往往不固定。有的村干部向笔者提到了一般是在12月，具体时间根据“实际情况”——看政府部门什么时候不忙。大家一般尽量会把日期定在周五。村干部解释说，因为这个时候政府里面的领导要过周末了，可以邀请他们过来坐一下，有比较充裕的时间聊天，也便于宣传本民族文化、争取今后政府的补助。但笔者认为更直接的“补助”还是每位嘉宾带来的礼金。由于没有资金赞助，所以赴宴者带来的几百元礼金多少可以贴补一些支出。2012年的庆典被安排在了12月28日，因为12月25日各级政府要召开换届会议，确定新一届领导班子。因此克木人村寨要在此后才能确定邀请嘉宾的名单。

村干部还告诉笔者，今年举办庆典的是与克木人同宗异支的卡米人村寨A。由于归到了“克木”进而成为了“布朗”，A寨享受到国家的扶贫照顾，故主动申请承办活动，希望借此机会“表现”一下。而事实上，“玛格乐”节并不是他们的节日。同属卡米人的另一个卡米村寨B也想举办庆祝。于是10个克木村寨觉得他们应该遵守一年一个村寨的规则，2013年再承办活动。但由于种种原因，卡米村寨B还是将日期定在了2012年12月29日，即A村庆典的第二天。由于距离较远，

① 岩罕囡、晓飞：《克木人的秋收节》，《山茶》，1993年3月。

② 杨德鋆：《流动在克木人秋收节中的古老文化旋律》，《民族艺术》，1991年12月。

且包车的开销超出了预算，因此很多人决定不去“捧场”。

在节庆活动之前，一般在11月某日众多克木人村寨的村干部会召开了关于本年“玛格乐”节的筹办事宜协商会。回村后，村干部要开始忙着筹钱。根据当地的经济管理制度，村寨内的现金资产需要交由“农经站”保管，待需要的时候再申请取出。村寨资产并不富裕，只能指望着过年过节的时候上级领导来参加庆祝的挂礼，或者索性到处“拉赞助”。这让笔者想到，在距离节日还有一段时间的9月某日，村组长曾希望笔者可以代写一份申请。他打算向上级申请资金，以作为每年12月份庆祝“玛格乐”节的活动经费。他说尽管之前克木人一直和傣族一起过泼水节，但2001年开始经过各个寨子干部座谈和征求老人意见，觉得应该保留并扩大本民族传统的“玛格乐”节，并希望可以通过举行节日庆典，来宣传本民族文化。在这个过程中，主办方需要提供餐饮，开销为3万~5万元；参与者需要购买服饰彩排节目，并包车前往主办村寨，需要3000元左右。至今9个村寨承办了活动，均邀请了各级相关领导参加，目的是争取补助（历年来都是各个寨子自筹资金，负担较大）。今年各个寨子座谈决定，由般玳村组长出面申请政府补助：“既然我们都归了布朗了，傣族寨子过泼水节都有（补助），我们也应该有一些，因为是‘民族’了嘛。”

筹办活动需要各村寨派民兵到主办方进行帮忙。各个村寨的民兵们有的因口音不同，只好用汉语西双版纳方言进行交流。共同劳动的时候，大家追述着口传历史中有关“两兄弟分家”的传说，并在彼此间进行着介绍。而后，来自景洪克木人观礼团也加入到席间。这个时候彼此间进行区分的凭据是不同寨子：他是哪个寨子的，而我是哪个寨子的。在民兵们负责维持秩序之际，各村的妇女文艺队也换上“克木服装”，站在道路两旁迎接领导。随后开始文艺演出——而这些所谓的民族服装在日常生活中会因为“不好看”“太热”等原因被束之高阁，少人问津。取而代之的是年轻人的牛仔裤、T恤衫和中老年人的傣族筒裙。

笔者注意到节目单上显示共28个节目，但仅有开场的《丰收舞》是反映克木人传统耕种的节目，由主办方村中的老年妇女进行表演；第二个节目是克木语的歌曲《迎宾曲》，并伴以克木族舞蹈“叨叨舞”。其他舞蹈分别为泰国、印度、韩国、傣族、哈尼族（僾尼人）、拉祜族和各种现代舞蹈。这也引起了一些观众的抱怨：为什么都是别的民族的舞蹈，怎么不跳我们克木人的？还有人说，那些领导来了，就是为了看克木人舞蹈的。她们（指演出队）跳些其他民族的舞蹈，领导不爱看的。

对比克木人一年中较为重要的几个节日，笔者发现对于的“秧魂”节和对于“波公节”等与农耕密切相关的传统节日来说，村民普遍认为以后是否要传承取决于村长和村里老人们的意见。有些村干部提到，本来都不想做了，但是老人们认为传统留下来的，还是应该搞一下；对于傣族的泼水节，乃至汉族的中秋节和国家法定假日三八妇女节，村里人也都要各自带上自家的烤酒、啤酒和菜肴到河边聚餐。例如在“三八节”的时候，村里的妇女向村干部们要求过节庆祝。

与上述其他节庆不同的是，“玛格乐”节则更多地表现为一种民族身份和文化的表达，即一种用于展示的符号。这让笔者想到在4月中旬参加的本地傣族泼水节以及后来赴勐海参加布朗族桑衎节的情景。曾经布朗族、克木人等都是跟着傣族过泼水节的。但后来布朗族发掘传统文化，过起了属于自己的“桑衎节”，虽然其在时间上与傣族泼水节几乎同时，但布朗族对于自己桑衎节的态度或许也可以用来解释克木人“玛格乐”节的文化心理：我们以前过泼水节，因为傣族是大民族，我们是小民族。但是现在我们有自己的节日了。说明我们没有跟着傣族走，我们是一个单一的民族。是一个单一的民族又怎样呢？笔者认为强调文化的同时，争取更多的国家政策扶持也是强调民族身份的重要原因之一。

五 “民族”的隐喻与“人”的未来

在某次访谈中，当笔者问起“中国人、布朗族、克木人三种身份，你首先认为自己是什么”的时候，访谈对象说克木人。笔者追问：“那么中国人呢?”访谈对象仿佛恍然大悟似的，说：“噢，中国人啊！我以为你说的是汉族，当然首先是中国人了。”与此类似的情况是，在此项调查过程中，笔者曾多次“遭遇”了“民族”这个名词，比如，“我们有个民族好一些”，或“我不是民族，我是汉族”。民族与少数民族、汉族与中国人的概念的内涵因使用者的不同而各有侧重，而在具体语境中的“民族”，已经不仅是文化认同的表述，同时也是一种政治身份和发展程度的隐喻。

对于克木人来说，认同层面的“民族”表达了建立在结构性记忆/失忆基础上的族群边界。此边界的产生和维持来自于自我认同和社会定义之间的互动，其具体表现是被认异的历史记忆和资源分配中的现实地位。这条族群边界划分开的主要群体是克木人和傣族，因为后者与克木人有着从古至今多领域多层面的互动关系却又与其认异。这也就是为什么克木人会对布朗族身份难以认同的主要原因——彼此隔绝的地理分布和陌生的语言文化，如果不是国家话语的介入，克木人对布朗族的了解恐怕尚不如毗邻而居的苗、瑶民族。

但也正是国家政策的影响，“民族”的概念从文化层面转向了一种不可回避的政治身份，其“隐喻”着发展、先进和一定的公民地位。身份证上的“民族”越发难以在日常生活中被回避：户籍登记、就医、求学、贷款的时候每个人都不可避免地使用这一新的族属身份。换言之，“民族”与“好处”相连。随着经济上自给自足模式被打破，克木人早已被卷入全球化的浪潮当中，橡胶茶叶价格的小小波动都会引发当地社会的轩然大波。因此，越来越依附于国家力量的边民陷入生存与认同的双重危机当中。“发展”成为了一个制造悖论的过程：游耕年代的人们温饱不能得到保证，更不敢奢谈医疗和养老；但随着生计方式的转变，割胶采茶带来生活品质提高的同时，在汽油、车辆维修乃至日用饮食上的开支也随之增长。虽然曾经没钱的日子看似已经远去，但如今看上去风光的住房背后却背负着银行数万元的贷款未还清。更糟糕的是，克木人也不可能再有任何退路——水田和山地大多租给了外地老板或改种了橡胶树和茶树。一场霜冻不仅会造成收入上的损失，而且，没钱的同时就代表没粮食。这是在调查过程中老人们表示出的忧虑。所以，无论是主动选择还是被动接受，克木人都不得不与“民族”产生交集，而族群的传统文化也在此交集中被慢慢淡化。

或许我们尚可以为这一现象找到某种借口，例如，归因于建构现代民族国家进程中的必经阶段之类，但却难以回避具体操作过程中将克木人归属到布朗族所带来的关于发展的悖论：新的族属身份在带来经济“富裕”的同时，也加重了克木人文化上的自卑心理——国家说我们人太少，太落后，不够成为“民族”的资格；所以只有成了“民族”，发展起来了，我们克木人才能树立起自信心。但为了发展，却要先加入别的民族！这种矛盾的心理转化为另一种“智慧”，直接体现在民族身份表达诉求与国家话语博弈的实践中：为了弘扬克木人文化，以布朗族的名义向政府申请过克木人“玛格乐”节的补贴；如果申请下来经费，就能证明我们克木人有一定社会影响——当然，如果申请不下来，则证明归属布朗族也没什么好处。

民族身份的选择或许体现了“工具论”（instrumentalist）学者们认为的“民族是争取生存资源手段”观点。而笔者认为，对其他民族族属身份的“赋予”本身也是维护“主体民族”既得利益的手段：赋予“他者”以明确的民族身份并在政策语境中强制其接受，背后隐含的是一种建构并强化资源分配原则的意图。通过对克木人与布朗族之间文化相似性的界定，某一种推动力量赋予了克木人与布朗族同源共祖的历史记忆，并在以语言为代表的文化诸领域进行验证，通过一系列符号性标签而“确定”了克木人的“归属”，并借此维持了区域内民族关系格局的稳定。而处于“弱势”的族群接受身份的过程，也是“强势”民族确立权威的过程。在此过程中掌握着资源分配和话语权力的群体巩固了自身的统治地位和既得利益，维护了与之相关的权利分配格局。

但是，随着网络技术的发展和各民族、各地域间人们交往的增加，总有一天克木人会知道自己不是我国人口最少的族群。之后，他们是否会对我国的相关政策产生疑问？而曾经建立在国家公信力基础上的国家认同，是否会导致他们回过头对国家话语产生质疑：为什么我们的民族有历史，却没有未来；为什么国家只能有针对“民族”的政策，却没有针对“人”的政策？

民族的政策与人的未来本应当是同一个问题的两个方面，却在一些具体情境中彼此对立。政策性地割裂了族群历史与未来是否会造成今后某个时期内公民与国家的对立？我们民族政策的执行者在以国家话语为背景的政策叙述中——正如访谈某政府部门工作人员时得到的答复那样——认为，民族就代表差异，在稳定大局的时代要求下，只有取消差异才能得到长足的发展，因此民族越少越好——而实际上学界则早已经开始注意到中华民族的多元一体格局对维护整个亚欧大陆稳定和文化多元所发挥的不可替代的作用。[①] 即便我们将目光拉回到我国境内就事论事地分析，以牺牲在人数和经济上处于劣势的少数族群群体为代价构建起来的民族国家，是否可以成为我们所宣称的那种公民社会？如果发展的前提和保证是作为“民族”的（而非作为“公民”的）人，那么我们将会再次陷入到某种困境当中。除此之外，族群与民族间的对立统一关系如何处理也是一个不容忽视的问题。随着社会转型的不断深化，族群或许将在家庭与社区、国家之间扮演更加重要的人群组成单位（这在近当代的民族主义运动中已经得到了体现），而族群的文化性与民族的政治性之间应当在多大程度上彼此对立，或者如何理解这种对立，以及这种对立是否会导致某族与中华民族之间的张力，将是我国民族工作中需要讨论的重要议题。

参考文献

1. 戴庆厦：《勐腊县克木语及其使用现状》，商务印书馆 2012 年版。

2. 费孝通：《关于我国民族的识别问题》，《中国社会科学》1980 年第 1 期。

3. 高立士：《克木人的社会历史初探》，《云南社会科学》1996 年第 5 期。

4. 和少英等：《云南跨境民族文化初探》，中国社会科学出版社 2011 年版。

5. 黄光学、施联珠编：《中国的民族识别——56 个民族的来历》，民族出版社 2005 年版。

6. 黄应贵：《返景入深林——人类学的关照、理论与实践》，商务印书馆 2010 年版。

7. 高立士等：《克木人的历史传说与习俗》，《布朗族社会历史调查（三）》，云南人民出版社 1986 年版。

8. ［越］汶穗·西沙瓦：《泰国的克木人》，李英才译，《民族译丛》，1985 年 6 月。

① 李亦园：《自序》，载王明珂《羌在汉藏之间——川西羌族的历史人类学研究》，中华书局 2008 年版。

9. 李成武:《克木人——中国西南边境一个跨境族群》，中央民族大学出版社 2006 年版。

10. 李年生等:《克木人民族识别初探》，未刊稿，2003 年 2、4、5 月。

11. 李亦园:《自序》，载王明珂《羌在汉藏之间——川西羌族的历史人类学研究》，中华书局 2008 年版。

12. 林耀华:《中国西南地区的民族识别》，《云南社会科学》1984 年第 2 期。

13. 景洪市民委:《景洪市克木人经济社会发展问题报告》，2007 年 9 月 26 日。

14. 勐腊县人民政府:《勐腊县克木人经济社会发展问题调研报告》，2007 年 9 月。

15. 勐腊县人民政府:《勐腊县人民政府关于克木人经济社会发展现状的情况报告》，2007 年 10 月。

16. 勐腊县人民政府:《勐腊县人民政府关于将克木人归属布朗族的请示》，2008 年 4 月。

17. 王明珂:《族群历史之文本与情境——兼论历史心性、文类与范式化情节》，《陕西师范大学学报》（哲学社会科学版）2005 年第 6 期。

18. 王明珂:《华夏边缘——历史记忆与族群认同》，社会科学文献出版社 2006 年版。

19. 王明珂:《羌在汉藏之间——川西羌族的历史人类学研究》，中华书局 2008 年版。

20. 岩罕囡、晓飞:《克木人的秋收节》，《山茶》，1993 年 3 月。

21. 杨德鋆:《流动在克木人秋收节中的古老文化旋律》，《民族艺术》，1991 年 12 月。

22. 尤伟琼:《云南民族识别研究》，博士学位论文，云南大学，2012 年。

23. 云南社会科学院:《云南省社会科学院召开克木人民族识别学术讨论会》，1987 年 10 月。

24. 云南省人民政府:《云南省人民政府关于同意将克木人归属为布朗族的批复》，2009 年 3 月。

25.《莽人克木人过上幸福生活》，《云南日报》，2010 年 7 月 4 日 001 版。

26. 中共勐腊县委、勐腊县人民政府：《蜕变——雨林中的克木人：勐腊县扶持克木人发展项目影像志》，勐腊县宣传部，2011 年。

作者简介

李闯（1986—　），男，社会科学文献出版社编辑。研究方向：族群认同。邮箱：lichuang@ ssap. cn。

第二编

文化转型之隐喻

连续与断裂：我国传统文化遗续的两极现象[①]

彭兆荣

连续与破裂[②]：一个文明比较的对立

许多学者对于中华文明的历史运行模式给予了充分的关注，尽管学者们对这样的大历史的分析结论见仁见智，甚至大相径庭，却不妨碍独立见解的启发性。美国学者韩森（Valerie Hansen）近期的著作《开放的帝国：1600 年前的中国历史》在总结中国历代王朝循环模式时认为：

以王朝循环模式看待中国历史往往会有这样的套路：开国皇帝总是强有力的。开国之君总能获得充分支持来进行税制改革，因而有足够的军饷支持一支强大的军队去征服广袤的疆域。继任的皇帝则难免缺乏开国之君的魄力，于是权力渐渐落到宦官、大臣、将领以及外戚手中。到了王朝晚期，末代皇帝们就理所应当被推翻。按照这个王朝循环模式，末代皇帝通常昏庸无能，对丢掉本朝江山负主要责任，而下一朝新君登基后总是马上命令其官员撰写前朝昏君的历史。这一僵化简单的模式具有一些吸引力，最重要的一点就是它总是为统治王朝的统治者进行辩护。王朝循环模式有很多不足之处，其最甚者是盲目接受一个朝代的自我界定。[③]

这样的评说大抵符合历史事实。张光直先生在比较中国与西方文

---

① 项目来源：国家社科基金重大项目“中国非物质文化遗产体系探索研究”（11&ZD123）。

② “破裂”在此系由英文 Rupture 翻译而来，可指“断裂”“破裂”“断绝”等意思。在此相对“连续”（Continuity）而言。本文作者使用时将“断裂”视为与“连续”对立的两种性质和现象，即“连续”指没有中断，“断裂”指中断后重新建设和建构。

③ ［美］韩森：《开放的帝国：1600 年前的中国历史》，梁侃等译，凤凰出版传媒集团、江苏人民出版社 2009 年版，第 3 页。

化时，更加具体地使用了“连续”“破裂”的概念，即将中国的形态叫做“连续性”形态，而将西方的叫作“破裂性”形态。[1] 所谓“连续性”，指中国古代文明一个最为令人注目的特征——在一个整体性的宇宙形成框架创造出来的。杜维明以“存在的连续”（Continuity of being）概括之：“呈示三个基本的主题：连续性、整体性和动力性。存在的所有形式从一个石子到天，都是一个连续体的组成部分……既然在这连续体之外一无所有，存在的链子便从不破断。”[2] 这同时是“中国哲学的基调之一，是把无生物、植物、动物、人类和灵魂统统视为在宇宙巨流中息息相关乃至相互交融的实体。这种可以用奔流不息的长江大河来譬喻的‘存在连续’的本体观，和以‘上帝创造万物’的信仰，把‘存在界’割裂为神凡二分的形而上学截然不同。”[3] 这种宇宙观的表述，试图把中国古代社会存在的特殊性和重要性建立在一个对“文明”性质的确认的基础上，即认为中国古代文明是一个连续性的文明。

相比较而言，西方社会的比照提醒我们另一种类型文明的形成，这种类型的特征不是连续性而是破裂性——宇宙形成的整体性破裂。走这条路的文明是用由生产技术革命与以贸易形式输入这些新的资源方式积蓄起来的财富为基础而建造起来的。破裂性的外在表现，主要以利益和利润为根本的原则，即利益各方都在同一追求原则之下引起不同程度的冲突，虽然冲突也可是一种平衡的手段，但越往现代，冲突的代价远远比换取平衡大得多。虽然“冲突”也被认为是社会矛盾的“分解”性平衡方式和手段[4]，但在现代社会里，其代价可能超出人们的预估。

如果“连续”与“断裂”的认定可以在两种文明形态中获得足够

---

① K. C. Chang, *Continuity and Rupture: Ancient China and the Rise of Civilizations*, Manuscript being prepared for publication.

② W. M. Tu, “The Continuity of Being: Chinese Versions of Nature” in his. Confucian Thought, Albany: State University of New York Press, 1985, p. 38.

③ 杜维明：《中国哲学史研究》1981 年第 1 期，第 19—20 页。另见张光直《考古专题六讲》，文物出版社 1986 年版，第 13 页。

④ Thomas Barfield (ed.) *The Dictionary of Anthropology*. “Conflict Resolution” Malden MA: Blackwell Publishing Ltd. 1997, pp. 83 - 84.

支持的力量，即中西方的两种最主要的方式（根据“亚细亚生产方式”[①]）所呈现的差异和特质，表述为：[②]

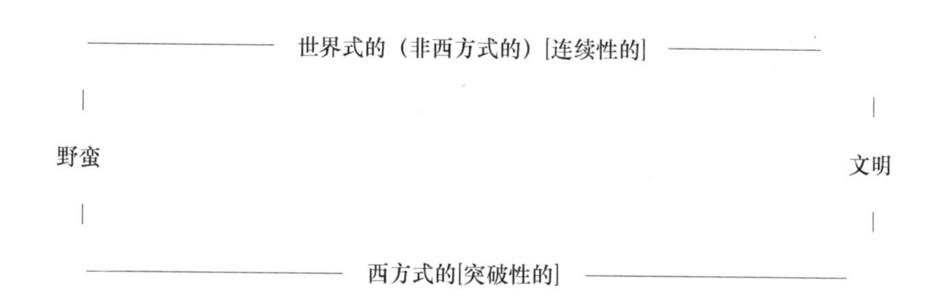

前者的代表即为中国，其重要特征是连续性的，就是从野蛮社会到文明社会[③]许多文化、社会成分延续下来，其中主要延续下来的内容就是人与世界的关系、人与自然的关系。而后者即西方式的是一个突破式的，就是在人与自然环境的关系上，经过技术、贸易等新因素的产生而造成一种对自然生态系统束缚的突破。[④] 概言之，“根据中国上古史，我们可以清楚、有力地揭示人类新的法则。这种法则很可能代表全世界大部分地区文化连续体的变化法则。因此，在建立全世界都适用的法则时，我们不但要使用西方的历史经验，也尤其要使用中国的历史经验”[⑤]。

---

① 亚细亚生产方式由马克思在1859年《政治—经济学批判》中提出。马克思认为人类社会已经依次更替地经历了亚细亚的、古代的、封建的、资本主义的四种社会形态。有人认为中国自进入阶级社会后属于亚细亚生产方式。恩格斯归纳为“东方的家庭奴隶制”，主要特点是：存在着专制君主和对奴隶的财产占有制社会。

② 张光直：《考古学专题六讲》，文物出版社1986年版，第16—17页。

③ “我认为‘野蛮’和‘文明’这两个词是不合适的，蒙昧（Savagery）、野蛮（Barbarism）和文明（Civilization）是摩尔根在《古代社会》里所用的名词。在英文中，Savagery和Barbarism两个词的意思相近，都是不文明的意思。但在实际上，原始人的行为、人与人之间的关系以及对动物的态度等，比所谓文明人要文明得多。我们也知道，战争、人和人之间的暴力关系只是到了文明时代才愈演愈烈的。从这个意义上说，倒是把野蛮时代和文明时代的顺序颠倒过来才算合适。因此我觉得，这些词无论是翻译还是原文都有问题。这些名词给我们一种先入为主的偏见，容易造成我们对自己祖先的成见——原注。张光直：《考古学专题六讲》，文物出版社1986年版，第18页。

④ 张光直：《考古学专题六讲》，文物出版社1986年版，第18页。

⑤ 同上书，第24页。

笔者以为，“连续”和“断裂”特质最突出的呈现是在重要的历史转型时期；但这些特质首先要从“人”自身说起，因为无论是“从猿到人”的历史演化，或是演进中的差异所产生的排斥性和对立性，还是“连续/破裂”与“文明/野蛮”的对峙性，都绕不过“人”自身在历史中的裂变。换言之，历史社会化的“人”（包括生产方式）的连续与破裂一直没有分开过。维柯（Giovanni Battista Vico）在《新科学》里对“人”有一个经典的知识考古：

跟着这种神的时代来的是一种英雄的时代，由于“英雄的”和“人的”这两种几乎相反的本性的区别也复归了。所以在封建制的术语里，乡村中的佃户们就叫作 homines（men，人们），这曾引起霍特曼（Hotman）的惊讶。“人们”这个词一定是 hominium 和 homagium 这两个带有封建意义的词的来源。Hominium 是代表 hominis dominium 即地主对他的“人”或“佃户”的所有权。据库雅斯（Cujas）说，赫尔慕狄乌斯（Helmodius）认为 homines（人们）这个词比起第二个词 homagium 较文雅，这第二个词代表 hominis agium 即地主有权带领他的佃户随便到哪里去。封建法方面的渊博学者们把这后一个野蛮词译成典雅的拉丁词 obsequium，实际上还是一个准确的同义词，因为它的本义就是人（佃户）随时准备好由英雄（地主）领到哪里就到哪里去耕地主的土地。这个拉丁词着重佃户对地主所承担的效忠，所以拉丁人用 obsequium 这个词时就立即指佃户在受封时要发誓对地主所承担的效忠义务。[①]

维柯的这一段对“人”的知识考古，引入了一个关键词，即财产；而财产又涉及三个基本的元素：地主、佃户和土地。同时，财产也确定了明确的权利和义务。这样，人的定义永远伴随着历史的演化和语境产生矛盾和裂变：在人与人的关系中，地主与佃户、奴隶主与奴隶等，都可以在这一范畴内延伸和伸展出“连续”和“断裂”的语义场。财产政治学从一开始便羼入了“人”的历史范畴，从而把人的本义带入了一种简单的关系：对财产占有的权力和财产的被处置。古希腊的民主政治和国体同时策动了对“人”的两极分化趋势，它们是连续的，也是断裂的。

① ［意］维科：《新科学》，朱光潜译，人民文学出版社 1987 年版，第 542 页。

转型中的“污名化”的遗产

如果说，社会的转型建立在“人的转型”基础上，那么，对人的社会性“区隔—排斥”也就成为不同社会价值在转型中的界定。旧朝的“英雄”可能成为新朝的“罪人”，而“污名化暴力”是重要的惩罚手段。福科（Michel Foucault）是同类议题最重要的“主题发言人”。在《规训与惩罚》中认为：“在旧体制下，犯人的肉体变成国王的财产。君王在上面留下自己的印记和自己权力的效果。”[①] 人这一基本的关系维度也很自然地扩张到了对特定人的惩罚等政治论题。“肉体也直接卷入某种政治领域；权力关系直接控制它，干预它，给它打上记号，训练它，折磨它，强迫它完成某种任务、表现某些仪式和给出某种信号，这种对肉体的政治干预，按照一种复杂的交互关系，与对肉体的经济使用紧密相联。”[②] 为了调节社会化平衡和降低人们在心理上对身体到惩罚所产生的同情感，社会的暴力性惩罚需要为此找到一个社会所能够接受的“理由”，即受惩罚者破坏或违背了“公共契约”。这样，刽子手、受惩罚者和旁观者共同获得了一个藐视可接受的理由。同时，惩罚技术也因此成为政治学中的有机组成部分。[③]

惩罚需借助暴力，这是“区隔—排斥”的基本方式，这是人类惯于的伎俩——从人类区隔自己为“特殊动物性”时就已经开始，即开始刻意于“人类”（man－kind）这一特殊的物种与其他物种的分类和区隔。人类由原生形态——人类学家通常所说的“原始思维”阶段，人与所有生物形成了一个平等的“生命的社会，人在这个社会中并没有被赋予突出的地位。他是这个社会的一部分，但他在任何方面都不比任何其他成员更高”[④]。然而，当人类从“动物”中独立出来，而成为“符号动物”时，人类就开始“从一种形式到另一种形式的转化——从单纯实践态度

① ［法］米歇尔·福柯：《规训与惩罚》，刘北成、杨远婴译，生活·读书·新知三联书店1999年版，第123页。

② 同上书，第27页。

③ 同上书，第102页。

④ ［德］恩斯特·卡西尔：《人论》，甘阳译，上海译文出版社1985年版，第106页。

到符号化态度的转化，也是十分明显的”[①]。伴随着人类的历史转型，使用暴力便从自然状态转变到了人类有目的、有预谋、有计划的社会行为，以维护和维持“宇宙的精华，万物的灵长”的权威。“权力话语”宣告产生。因此，暴力从来就是一份难以言说的人类文化遗产。

暴力的难以言说一方面是定义上的困难；另一方面包含着某种令人不悦的、不愿回忆的伤疤和伤痛，常与武力、杀戮等行为和词汇联系在一起。威廉姆斯（Raymond Williams）在《关键词》中对“暴力”的解释颇费踌躇，是由于它与强制和强迫等具有“威胁”“胁迫”（assault）的意义、行为联系在一起。但如果从“暴力”的文化史考述来看，其原义的基本特征为“不受拘束”“不守规矩”（unruly）——对所有既定、习惯、权威性的社会和价值系统的反叛行为。[②] 有学者将暴力定义为“一种暂时脆弱的表现”[③]。它常以一种强迫的手段对对象施以刑罚。虽然对绝大多数人们而言，人们不喜欢、不愿意使用暴力，但人们也都认可，暴力作为一种力量是社会秩序的平衡和控制手段。斯塔纳吉（Stanage. S）认为，暴力行为和感受是理解社会文化秩序的一个基本因素，我们可以将它视为一种概念——对超越世俗的、既定的和日常规范的必然过程；即从既定秩序出发，到非秩序，消解秩序，从而再建新秩序。[④] 因此，暴力并非“单一事情本身”，属于意识形态的、充满连贯性和连续性的社会行为，是特定条件下的行为分类和规范。由此，暴力的复杂性需要将其置于社会文化互动的特定语境中来定义和理解。[⑤]

“人的转型”之具有鲜明特点者，即以暴力用于惩罚——在既定的社会人权体系中被视为一种惩戒，比如对罪犯处决的方式可能比罪犯的犯罪行为还要残暴，“使刽子手变得像罪犯，使法官变得像谋杀犯，从而在最后一刻调换了各自的角色……公开处决此时已被视为一个再次煽

---

① ［德］恩斯特·卡西尔：《人论》，甘阳译，上海译文出版社1985年版，第41—42页。

② William, R. *Key Words*. New York: Oxford University Press, 1983, [1976], pp. 329 - 331.

③ ［法］乔治·索雷尔：《论暴力》，乐启良译，上海世纪出版集团、上海人民出版社2005年版，第14页。

④ Stanage, S. “Violatives, Modes and Themes of Violence”. In Stanage, S. (ed.) Reason and Violence, Totowa, NJ: Littlefield/ Adam, 1974, p. 229.

⑤ Rappaport, N. & Overing, J, Social and Cultural Anthropology: The Key Concepts, London and New York: Routledge, 2000, p. 382.

动暴力火焰的壁炉”①。烙印就是一种有代表性的惩治手段。社会学家欧文·戈夫曼(Erving Goffman)在《污名——受损身份管理札记》一书这样开场白:

希腊人显然擅长使用视觉教具,他们发明了“stigma”(污名)一词指代身体记号,而做这些记号是为了暴露携带人的道德地位有点不寻常和不光彩。这些讯号刺入或烙进体内,向人通告携带者是奴隶、罪犯或叛徒;换言之,此人有污点,仪式上受到玷污,应避免与之接触,尤其是在公共场合。后来,在基督教时代,此词又被添加了两层隐喻:首先指神圣恩典的身体记号,表现为皮肤上发出来的疵疹;其次是医学上对这种宗教典故的称呼,指由生理紊乱引起的身体记号。② 今天,这个词被广泛使用的含义有点接近最初的字面意思,但更适用于耻辱本身,而非象征耻辱的身体证据。此外,令人关注的耻辱和种类也发生了变化。③

“污名化”作为一种社会性惩罚行为和方式,从一开始就带有政治性意味,被认为是一种“身份的政治学”:“社会学有时宣称,我们所有人都按照群体的观点说话。蒙受污名者的特殊处境在于社会告诉他,他是更大群体的成员。这意味着他是正常人,但他又在一定程度上‘不同’,而否认这种不同将是愚蠢的。这种不同本身当然来自社会,因为一般而言,一种不同必须被作为一个整体的社会加以集体概念化,才能变得很重要。”④ 换言之,历史社会(比如朝代更替)的连续性必须同时保证以使用暴力的方式强制性地改变某些人、某些集团的“社会化污名”。

在中国,以“烙印”的方式对特定的人(罪犯、侵略者等)、家庭、家族、群体进行惩罚也是一种传统。烙,篆文即火、烧,加上即

① [法]米歇尔·福科:《规训与惩罚》,刘北成、杨远婴译,生活·读书·新知三联书店1999年版,第9页。

② 关于古希腊罗马世界的污名,参见C. P. Jones,“Stigma: Tattooing and Branding in Graeco = Roman Antiquity,” *Journal of Roma Studies.* LXXVII(1987),139-155。在基督教传统中,保罗曾宣称自己身上带着“耶稣的印记”(ta stigma tou Iêsou,参见《加拉太书》6:17);后来的传统认为这种印记通常出现在虔信者双手双脚或靠近心脏的部位,象征分担了耶稣被钉在十字架上的伤疤之痛——原译注。

③ [美]欧文·戈夫曼:《污名——受损身份管理札记》,宋立宏译,商务印书馆2009年版,第1页。

④ 同上书,第168—169页。

各、入侵，本义为侵略者用烧红的铁器在俘虏皮肉上烫印记号。《说文解字》释："烙，灼也。从火各声。"印，甲骨文像一只手（爪）抓住一个跪着的人的头部，本义为古代官府强制性在发配边疆的罪犯额上烙戳发配记号。金文、篆文承续甲骨文字形。引申义为摁压图章或字模以留下图案或字迹，即公信。《说文解字》释："印，执政者所持的信物即公章。"烙印的意义主要有：1. 烙、烫在人、动物或器物上的火印，用作标志。2. 一种特有方式使对象遗留永久性的"污名化"符号，我国古代的"罪犯"常被烙印。3. 一种暴力社会化的惩罚方式。也可以理解为"局部性断裂"。

"负遗产"：一份反思性遗产

事实上，在"社会转型"和"文化转型"并置的历史演化中，"连续性"和"断裂性"时常并不同轨、同迹，有时甚至相违、相悖；表现得极其明显的是政治制度和文化遗续传承之间的关系。具体而言，在保持和保证政治"大一统"的连续性的历史过程中，新朝通常会以"破旧"的方式损毁前朝的文化遗产，以"断裂"文化遗产的方式换取"连续"的政治性大一统。损毁前朝"文物"除了表明和表示"新时代"以外，通常会以前朝因"失德"而遭"天谴""天灭"为理由，将所存之物质遗产破坏、毁灭，这也是为什么我国在地上所遗留下来的文物遗产不多的原因之一。

1976 年 12 月 15 日，在宝鸡市扶风县发现了一个西周时期的青铜器窖藏，其中最珍贵的文物为墙盘。墙盘铸于西周，是西周微氏家族中一位名叫墙的人为纪念其先祖而做。墙盘内底部铸刻有 18 行铭文，共计 284 字。铭文追述了列王的事迹，历数周代文武、成康、昭穆各王，叙述当世天子的文功武德。铭文还叙述祖先的功德，从高祖甲微、烈祖、乙祖、亚祖祖辛、文考乙公到史墙。同时祈求先祖庇佑，为典型的追孝式铭文。[①] 是为考古史上之大事，众所周知，此不赘述。

西周何尊、墙盘等考古文物上所刻铭文对后人至少有以几点启示：

① 参见"国立"故宫博物院编《赫赫宗周：西周文化特展》，（台北）"国立"故宫博物院 2012 年版，第 24 页。

1. 三代，尤其是周，一直以“受命于天”（天命）、“以德配天”（崇德）为主旨，为后世楷模。难怪孔子曰：“周监于二代，郁郁乎文哉！吾从周。”（《论语・八佾》）2. 周替代商最重要的“理由”即“商失德”。3. 政治传统的根据以宗氏传承为脉络，这是中国宗法社会的根本，也是中国文化遗产之要者。4. 代际交替（包括朝代更替）以求“一统”，未必要以摒弃、损毁和破坏前历代、历朝所创造、遗留历史文物为价值。是一种道理仿佛今日之“全球化”不必定要毁灭文化的“多样性”。5. 如果以西周所传承的政治、宗氏和遗产为典范的话，秦朝的统一伴以“焚书坑儒”，开创了一个朝代更替的“连续性”，却以损毁文化遗产“断裂性”为价值。这种“负遗产”传承惯习一直延续至20世纪的“文革”。6. 我们为中华民族五千年文明的“连续性”而骄傲时，也为我们的地上“文物”几无所剩而叹惋。“幸而”先祖们不仅为我们留下“死事与生事”的墓葬传统，更为我们留存了许多珍贵的文物。概而言之，我国的历史上的“家—国”（君王的宗氏）传承和断裂与文化遗产的传承和断裂常不一致。

我国历史上的这种“连续—断裂”同构的历史和文化现象也成为我们值得反思和反省的遗产。世界著名的汉学家李克曼对我国代表“过去”的“文物”有以下的评述：

就总体而言，我们说中国在很大程度上忽视了对于物质文化遗产的保护……古文物研究的确在中国发展过，但受到两点限制：第一，古文物很晚才在中国历史文化当中出现；第二，就物件的种类来说，中国的古文物研究实质上仍然十分狭窄……在中国的历史上，皇室总是搜集了大量的优秀作品，有的时候甚至导致了对于古文物的垄断……中国文物遭受如此巨大的损失主要因为朝代都获取并集中大量的艺术珍品，同时几乎每一个朝代的灭亡都伴随着皇宫的抢掠和焚烧。而每次只此一举便将之前的几个世纪里最美好的艺术成就化为灰烬。这些反复的、令人惊叹的文物破坏在历史记载里都被详细地记录了下来……秦始皇臭名昭著的焚书坑儒正标志了这场除旧运动的高潮……

作者还以王羲之《兰亭序》的书法和文字的历史遭际为例，做出这样的猜测性判断：

中国传统在3500年的过程中所展现的惊人力量、创造力，还有无限的蜕变和适应能力，极有可能正是来自于这种敢于打破固有的形式和静态的传统，才得以避免作茧自缚并最终陷入瘫痪、死亡的危险。[①]

而对于历史文献的保护和留存问题，有学者根据马王堆所提供的文献线索进行统计提出这样的观点："在公元前后朝廷图书馆目录上所列的677种图书中，只有23%流传至今，而很多图书已经失传。"[②] 无论这样依据现代统计的方式得出来的数据是否有说服力，有一点是肯定的，这就是中国的王朝史有这样的规律性，即新朝对旧朝的取代符合王朝演进的历史逻辑，否则任何"新政"也就失去了存在和言说的基础。就此而言，我们说中国的王朝具有"连续性"。然而，新朝通常需要"新政"支撑，新政包括以下几个主要内容：1. 确认新朝的神圣性和合法性（祭祀是一种通用方式）；2. 进行财政改革（比如税制改革），保证国家军事开支；3. 实行"一统性"的意识形态政策。前两个特点是保证"国之大事，在祀与戎"（《左传》）的政务。这是在青铜时代就已经奠定的基础。[③] 而学者们常常忽略的一点是：新朝毁损旧朝的文化遗产。

人们很难就无语境的"连续"和"断裂"进行评说。就政治变革而言，如果"连续"成为一种负担和累赘，"断裂"就可能成为创新的动力；变革后的政治制度可以如是说。就文化遗产而言，"连续"有其自在和自为的逻辑，"断裂"可能意味毁灭和破坏。"一张白纸容易绘制最新最美的图画"（这句话是"文革"期间用于"破旧立新"时的解语）。当这样"断裂"的决绝用于文化遗产时，则必定是戕祸世代。18世纪的法国大革命时期，也有激进的"左派"对贵族遗留下的文化遗产持同样的主张，而被以法国公共知识分子梅里美（Prosper Merimee）和雨果（Victor Hugo）为代表的法国文化遗产保护的先驱所力阻。[④] 他们上书新政府当局，新的共和国制度需要创造新的政府和政治，而法兰

---

① 李克曼的这篇文章曾于1986年在德伦特大学第四十七次 Morrison Lecture 中的演讲稿，后于1989年在 *Paper on Far Eastern History* 中发表。参见［澳］李克曼（Pierre Ryckmans）《中国文化对于"过去"的态度》，Jacqueline Wann 译，载《东方历史评论》，2014年8月12日，引用时在不影响原意的情况下对文字略作处理。

② Michael Loewe, "Wood and Administrative Documents of Han Period", In Edward L. Shaughnessy (ed.) New Sources of Early Chinese History. Berkeley, 1997, p. 162, 见［美］韩森《开放的帝国：1600年前的中国历史》，梁侃等译，凤凰出版传媒集团、江苏人民出版社2009年版，第111页。

③ 张光直：《考古学专题六讲》，文物出版社1986年版，第12页。

④ 彭兆荣主编：《文化遗产学十讲》（第一讲），云南出版集团、云南教育出版社2012年版。

西的文化遗产不能因此而断裂、破坏，否则你们将成为法兰西的历史罪人。换言之，朝代政治可以“断裂”，文化遗产必须“连续”。

我国政治历史的“连续性”造成文化遗产的“断裂性”似乎已成规律。秦帝之后，这种文化遗产的“断裂”几成传统。考古上“鲁壁书”与“汲冢书”的两个例子诉说了两项“发现”后的“悲情”：

汉武帝时，封于鲁西南一带的鲁恭王为了扩建他的宫室，拆毁了孔子的部分故宅。在毁屋拆墙过程中，发现被拆毁的墙壁内藏有绝世宝物，即孔子后人为躲避秦始皇焚书之祸而秘藏的古籍，有《礼记》《尚书》《春秋》《论语》《孝经》等数十篇。当时全国的文字经秦始皇施行同文法令后，先秦文字早已不流行。鲁壁书中的文字是极为稀罕的古文——“蝌蚪文”，因而鲁壁书成了当时探索文字字源、明其意义的重要资料。文人们将这些古文视如至宝，纷纷转抄研读。一个古文字学在汉代悄然兴起，直至东汉诞生了一位影响深远的古文字学家——许慎。他根据鲁壁书的文字，研读地下出土的先秦铜器的铭文，最终形成了古文字学研究巨著《说文解字》，为后世释读古文奠定了基础。

汲冢竹书的发现过程与鲁壁书不同，它是因盗墓出土扬名。早在战国时期，社会上就有一批鸡鸣狗盗之徒，以盗掘古墓为生，战乱时期则更为猖獗。晋代建兴元年，政府曾收缴被盗掘的汉霸、杜二陵及薄太后陵的金玉珍宝等，以实内府。汲郡（今河南汲县一带）人不准在汲郡的战国魏王墓地一带盗掘了一座大墓，在墓中意外地获得了大量竹简，载之有 10 车，但许多已是残简断札，文字残缺。后经著名学者荀勖、和峤、卫恒、束皙等人的整理，保存下来的竹书还有 16 种 75 篇 10 余万字，尽是先秦古籍，有些还是失传的孤本，有《纪年》《穆天子传》《易经》《国语》等。这些竹书的内容，记录了许多已不为人所知的西周时期的重大历史事件，成为研究先秦的重要史料。[1]

这两个典型的断裂性“负遗产”揭示出中国文化遗产的另外一面的特质：1. 帝王史若以非“家国式”（即同姓氏族内部的代传）改朝换代，或者以统一的方式结束王国、诸侯分治的格局，通常会摧毁前朝前代的遗留，宣布、宣示本朝之治开始（元年）。历史上无以记数的文化遗产难逃灭绝的厄运。秦始皇统一“中国”时施行“书同文，车同

① 朱乃诚：《考古学史话》，社会科学文献出版社 2011 年版，第 6—8 页。

辙”，焚书坑儒。2. 国家统一的意识形态治理选择一个官方确认、确定的思想、学说、教派、流派、宗教甚至方术、业术等，进而罢黜其他思想学说，抵制、抑制、限制其他，汉代的“罢黜百家，独尊儒术”便为典型。作为传统的农业伦理制度中生成的专制统治，这样的历史事件具有历史逻辑。一方面，我们很难指责一个国家、朝代的政治治理能够没有一个“书同文”的制度，容忍各种“异端邪说”的横行泛滥。另一方面，我们也很难不指责曾经“百花齐放、百家争鸣”的文化景观被一种声音替代的专横，以及各种文化遗产受到摧残的历史事实。这也是一种“文化遗产”，只不过，是负面的。

中国在面对这样的“文化传统”时，宗族力量、墓葬形制成为两种难以言说的文化遗产保留方式。前者通过宗族这一特殊群体力量留存下了大量相关的文化遗产，包括诸如宗祠、祖产和族谱。在我国传统的宗法制乡土社会里，所涉的文化遗产得以通过宗族的传承遗留。从某种意义上说，皇室对文物的收藏也带有宗族的性质。后者则完全由于中国对死亡的特殊的观念而造就出了对财产的“保藏”。诚如杰西卡（Jessica Rawson）所说：

中国人似乎并没有前往天国或是把天国作为遥远目标的观念，他们只想待在他们原有的地方。从新石器时代到现代社会，中国人的墓葬大多设计成死者的居所，以真正的器物或复制品随葬。因为这些墓葬重现了墓主人的生活，它们不仅显示出墓主如何理解死亡与冥世，还反映出他们如何看待社会各个方面。这种情况的直接结果是，死者永远是社会的成员，而且就在人们身边。①

自古至今，帝王对自己的陵墓一向格外重视，不仅投入大量人力、物力、财力修建陵墓，而且陪葬制度非常奇特。德国学者雷德侯在他的著作《万物》中对此有过描述：比如汉代，据说将国家财政收入的1/3用于修建皇帝的陵墓。这已然成为中国传统文化的重要组成部分。也是解释文物的一个视角。商代人建造巨大的陵墓，是相信死者灵魂不灭，所以让几十人和马匹一同殉葬。周朝延续了这一习俗，而且陪葬的马匹和奴隶的数目与时俱进，在位于齐国都城（今山东省）约公元前6世纪

---

① ［英］杰西卡·罗森：《祖先与永恒：杰西卡·罗森中国考古艺术文集》，邓菲等译，生活·读书·新知三联书店2011年版，第179页。

的一座王墓中，发现一长215米的陪葬马坑，里面埋有约600具马的骨骼，现已经挖出228具。秦国早期的君主，如同其他的诸侯一样，醉心于修建巨大的陵墓……[①]这些埋藏于地下的文化遗产幸免于地上之难而得以保存，从而形成了另一种“连续”的情状。

文化遗产的“断裂”有时并非全然由王朝更替所造成，有些是特定的环境、生态、行业、技术，特别是养护制度所造成。美国学者韩森在《开放的帝国》中这样记载：“唐代长安留传至今的建筑寥寥无几——仅有其城南面的两座佛塔：小雁塔和大雁塔，这是因为长安的居民没有建造恒久的纪念物。当时的建筑多是建在夯土基础上的木建筑，建造的速度很快，当初只被计划维持一代人或者最长两代人的时间。643年仅用5个月就建了一座楼。唐代中国森林茂密，木材便宜，随处可得。人们在日本奈良还可以见到以榫铆结构为特点的独具特色的唐朝建筑，这是因为这些建筑被精心保护，而在中国同类建筑却失传已久。”[②] 我们或许会为这样的批评感到不舒服，却又无力找到更好的回答理由。这或许也是文化遗产的另一种“连续—断裂”的实景。

“连续”与“断裂”是社会转型中必然遇到的遗产，如何继承和反省也是历史交给我们这一代人的使命。

参考文献

1. 杜维明：《试谈中国哲学中的三个基调》，载《中国哲学史研究》，1981年第1期。

2. ［德］恩斯特·卡西尔：《人论》，甘阳译，上海译文出版社1985年版。

3. ［美］韩森：《开放的帝国：1600年前的中国历史》，梁侃等译，凤凰出版传媒集团、江苏人民出版社2009年版。

4. ［德］雷德侯：《万物：中国艺术中的模件化和规模化生产》，张总等译，生活·读书·新知三联书店2005年版。

5. ［英］杰西卡·罗森：《祖先与永恒：杰西卡·罗森中国考古艺

---

① ［德］雷德侯：《万物：中国艺术中的模件化和规模化生产》，张总等译，生活·读书·新知三联书店2005年版，第93—94页。

② ［美］韩森：《开放的帝国：1600年前的中国历史》，梁侃等译，凤凰出版传媒集团、江苏人民出版社2009年版，第190页。

术文集》，邓菲等译，生活·读书·新知三联书店2011年版。

6. ［澳］李克曼（Pierre Ryckmans），《中国文化对于“过去”的态度》，Jacqueline Wann译，载《东方历史评论》，2014年8月12日。

7. ［法］米歇尔·福柯：《规训与惩罚》，刘北成、杨远婴译，生活·读书·新知三联书店1999年版。

8. ［美］欧文·戈夫曼：《污名——受损身份管理札记》，宋立宏译，商务印书馆2009年版。

9. 彭兆荣主编：《文化遗产学十讲》（第一讲），云南出版集团、云南教育出版社2012年版。

10. ［法］乔治·索雷尔：《论暴力》，乐启良译，上海世纪出版集团、上海人民出版社2005年版。

11. ［意］维科：《新科学》，朱光潜译，人民文学出版社1987年版。

12. 朱乃诚：《考古学史话》，社会科学文献出版社2011年版。

13. 张光直：《考古学专题六讲》，文物出版社1986年版。

14. K. C. Chang, *Continuity and Rupture*: *Ancient China and the Rise of Civilizations*, Manuscript being prepared for publication.

15. Michael Loewe, “Wood and Administrative Documents of Han Period.” In Edward L. Shaughnessy (ed.) *New Sources of Early Chinese History*. Berkeley 1997. 见［美］韩森《开放的帝国：1600年前的中国历史》，梁侃等译，凤凰出版传媒集团、江苏人民出版社2009年版，第111页。

16. Rappaport, N. & Overing, J, *Social and Cultural Anthropology*: *The Key Concepts*, London and New York: Routledge, 2000.

17. Stanage, S. *Violatives*, *Modes and Themes of Violence*. In Stanage, S. (ed.) Reason and Violence, Totowa, NJ: Littlefield/ Adam, 1974.

18. Thomas Barfield (ed.) *The Dictionary of Anthropology*. “Conflict Resolution” Malden MA: Blackwell Publishing Ltd, 1997.

19. W. M. Tu, “The Continuity of Being: Chinese Versions of Nature” in his. *Confucian Thought*, Albany: State University of New York Press, 1985.

20. William, R. *Key Words*. New York: Oxford University Press, 1983, [1976].

作者简介

彭兆荣（1956— ），男，厦门大学人类学研究所所长，教授，博士，博士生导师。国家重大课题“中国非物质文化遗产体系探索研究”首席专家。邮箱：zrpeng@ xmu. edu. cn。

都市化中的文化转型

周大鸣

一　文化转型——都市化的微观解读

国家统计局2012年1月17日公布的数据显示，2011年末，城镇人口69079万人，比上年末增加2100万人；乡村人口65656万人，减少1456万人；城镇人口占总人口比重达到51.27%，首次超过农村人口。[①]这组数据标志着中国已经逐渐脱离着“农业大国”的称号，都市化已经成为中国社会最不容忽视的现象。经济的快速发展、对于现代性的追求、国家的政策导控等使中国的乡村社会纷纷地走向了都市化的道路，而都市化过程中的社会变迁、现代化、中国传统的走向等多方面的社会现象和问题都引发了诸多学者的讨论。

对于乡村都市化的有关研究，已有研究成果的大多数，都将乡村都市化置于社会转型的场域中进行考察，这类作品针对社会转型的理解上的不同可以分为两种：第一种研究中，采取一种“宏大叙事”的手段，主要以我国的政治体制的变迁为转型线索把社会转型扩大到整个20世纪[②]，为中国乡村社会的整体发展提供一种整体式的全局视野；第二种关于社会转型的研究从不同的几个方面进行，主要包含社会形态的变迁、经济体制转型、发展模式转型三个大的主线[③]，从利益调整、体制

① 新浪财经：《统计局：城镇人口数量首次超过农村人口》（http://finance.sina.com.cn/china/20120117/123511222217.shtml）。

② 周大鸣、杨小柳：《社会转型与中国乡村权力结构研究》，《思想战线》2004年第1期。

③ 郑佳明：《中国社会转型与价值变迁》，《清华大学学报》（哲学社会科学版）2010年第1期。

机制转轨和社会结构转换等方面去看待乡村都市化的问题。

上述两种以社会转型为场域的乡村都市化研究，都提供了一种从宏观视野上把握中国都市化进程的方法，使我们能够清晰地看到中国乡村社会近百年来所经历的改变。然而，关于社会转型的研究中，却始终缺乏“人”的存在，尽管在第二类研究中也常常会出现关于社会转型时期人们的思维方式、行为方式、价值体系等方面的研究，但还是一种宏观的、整体论的模式的叙述。笔者认为，乡村都市化的历程，固然不可争辩的是一种社会转型的过程，却也是一个文化转型的过程，相对于社会转型的快速和显而易见，文化转型隐蔽而缓慢，对于中国社会来说，都市化的历程也是自汉代以来影响中国社会至深的农业文明开始向都市文明转型的过程，而这一转型的过程，受到多方面因素的影响，传统文化、民族文化的根深蒂固，现代性文明秩序的需求，西方文明的冲击等，使得乡村社会正经历着的文化转型成为了一个复杂的、长期而又隐蔽的过程。在这样的一个过程中，乡村社会的传统文化与都市文明之间既冲突又融合，因此，乡村社会在走向都市的过程中，出现了种种不适应现象。

费孝通先生早在20世纪90年代就已经注意到了中国社会的文化转型问题，在费先生的思想里，文化转型是当代人类共同的问题，这个问题包含两个方面：第一，工业文明已经接近末期，人类面临资源枯竭、气候异常、生态破坏、环境污染的严峻局面，人类对自己创造的文化应当进行反思[①]，促进由工业文明的黑色发展转向生态文明的绿色发展；第二，在当代的背景下，文化转型势必受到全球化的影响，来自西方国家、强势文明的冲击必不可少，在这样的境况中，各文化主体要怎样加强对文化转型的自主能力，取得决定适应新环境、新时代对文化选择的自主地位，在当今多元文化的世界里确立自己的位置，这也就是费先生所说的“文化自觉”问题。在费先生之后的讨论中，学者们多跟随费先生的脚步，着眼于人类文化与生态环境之间的关系，全球化与国内民族文化之间的冲突与共融，探讨中国传统文化与现代化之间契合的可能性，以及国内少数民族文化的保护和留存问题等，鲜少有人注意到都市化这一以逐渐席卷大部分中国地区的现象中的文化转型，作出具体细致

---

① 费孝通：《论人类学与文化自觉》，华夏出版社2004年版。

的探讨。

乡村社会在迈向都市社会中所产生的种种不适应，实际上是农业文明向都市文明转型过渡期的产物，同样也是中国传统文明与现代性文明相冲突的一种表现，相较于从宏观层面上去论述这种冲突，文化转型直接地影响到人们的日常生活，与每一个“个体”紧密相关，文化转型的研究是一种从微观角度解读中国都市化现象的必要手段。

因此，在叙述的过程中，笔者将从与个体生命最相关的家庭开始，叙述在都市化过程中家庭关系、性别角色和伦理等方面产生的变化，向外扩展到人们在开放都市环境中，面对复杂的人际关系，在看待自我与他者的关系上出现了怎样的问题和不适应，最后论述由个体组成的社会，由乡村到都市的过程中，社会、文化两方面整合方式的转变又会带来怎样的问题，以逐级扩大的方式论述都市化过程中的文化转型。总而言之，笔者将文化内化到人的日常生活中，具体到每一个社区，每一个家庭，每一个人身上，去讨论都市化中的文化转型，以期能够在反映当今中国社会的一些现实问题的基础上，探讨应该如何去看待这些“不适应”的现象，寻求某种程度上的解决方法。

二　家庭、性别与伦理

人类学习惯通过描绘家庭来展示一个社会，在中国的传统文化中，家对于社会来说，是组成社会结构的基础，也是个人与国家的联结纽带，一个家族往往是地方社会的政治中心和经济中心；而对于中国人来说，家是最基本的生活单位，是社会关系和社会网络的聚合点，作为一种象征符号，家则代表着归属感、安全感和稳定感，还代表着严格的代际关系和文化伦理。因此，在中国，家庭的变迁与整个社会的变迁最为紧密地相连着。在乡村走向都市，传统转向现代的过程中，家所产生的变化是与个人最为密切相关的，也因而，家庭在文化转型中出现的不适应现象，直接影响着这个社会的基础链条，应当予以首要的关注。

中国的传统家庭有以下几个特点：首先，其建立在父权制的基础之上，父与子的承继关系是家庭延续的基础，而代际关系是构成家庭的纵向阶续的链条；其次，在家庭分工方面，男主外，女主内，社会对于女性的价值判断取决于其是否处理好家庭内部的事务，是否“贤良淑德”；最后，在以自我为中心向外扩展的社会关系网络中，家人永远是最靠近核心的人，是最亲密、最应当真诚以待的人。而在走向都市化的文化转型中，这些文化伦理多多少少都发生了变化，这些变化有其好的一方面，但也带来了诸多不适应的地方，从而导致了一些社会问题的存在。

首先，中间链条的缺失。指的是代际关系中，家庭中坚力量，也就是“中间一代”在家庭关系中的淡化，这一现象出现在许多正在走向都市化的乡村社会当中，可耕种土地的减少、对于更高经济利益的诉求，使得青壮年劳动力纷纷走上外出务工的道路，家庭和家乡都不得不被甩在身后，如此就造成了诸多的“空巢老人”“留守儿童”现象，在家庭的代际关系中，就缺少了中间的链条，父母对于孩子来说，极容易成为经济来源的象征符号，而非有血有肉承担教养责任的长辈，而祖父母，既要承担家庭的运转，又要担任孙辈的教养，这样的负担又会超出老人的负荷，这在一定程度上，也可说是“老无所依、幼无所养”。

其次，女性主义的“危机”。生产方式的转变将女性从家庭中“解放”了出来，女性能够像男性一样外出工作，负担家庭经济，这一举动使得父权制衰落的同时提高了女性的地位，表面看上去，似乎是改变了传统文化中的“陋习”，达到了现代文化中的“性别平等”，然而，深层次的问题也应当被予以关注，那就是，这种“解放”实际上并没有改变中国社会对于女性的价值判断，甚至在一定程度上，这种价值判断变得更为苛刻。现代社会的女性，一方面需要工作，负责家庭的一部分经济收入，另一方面却依旧承担着传统文化中对于女性的价值判断，事业是否成功、工作好坏并不是一个女人价值判断的核心，人们习惯性地要衡量她在家庭中的表现，婚姻是否成功，是否照顾好了丈夫、教育好了子女，是否有伺候供养公婆，才是一个女人成功与否的判断标准，而现代都市中普遍存在的“剩女”现象也是这一价值判断下的产物。女性在一定程度上压力过大，在家庭中也会表现为夫妻关系不合、代际关系不协调等现象，对于女性价值判断的守旧也是一种文化转型中的不适应现象。

最后，伦理的弱化。相较于中国传统文化中对于家庭的重视，与家庭相关的一系列的伦理观念在都市化的过程中有逐渐弱化的现象，曾经的长幼有序、孝道当先等观念在今天已不再流行，正如前所述，在以自我为中心向外扩展的社会关系网络中，家人永远是最靠近核心的人，是最亲密、最应当真诚以待的人，这一点在今天也发生了改变，其中最为极端的例子就是传销，这一诞生在现代都市社会的古怪事物，使得人们首先对家人下手，发展传销链条，其根本是社会关系网络的一种逆序，不少传销组织采用的反而是所谓的“家庭化管理”，强化人们对于组织的归属感而淡化其对真正家庭的情感，这种做法违反中国最基本的伦理，传销也因此成为家庭破碎的杀手。

在都市化过程中的文化转型，使中国的家庭也经历着种种的考验，或许这些文化上的不适应现象是一个转型时期的必经过程，毕竟，即使在今天，提起家这个词，还是给人强烈的归属感和安全感。而对于整个社会来说，家庭依然是最基本的社会结构组成部分。

三　自我与他者

费孝通先生在论述家与中国社会的关系中曾经提出“差序格局”的概念，以强调家的横式结构，中国乡土社会采取差序格局，利用亲属伦常去组合社群，经营各种事业，费先生认为乡土社会的特点就是“乡村里的人口似乎是附着在土地上的，一代一代的下去，不太有变动”[①]。家庭以自身为中心，周围画出一个圈子来确定亲疏远近，同样地，在中国的传统乡村社会中，每一个人也以自身为圆心，以差序的方式构建着自己与他者的关系。对于差序格局下的个人，他者的构成非常简单，传统的乡村社会，相对简单和封闭，差序格局的构建展示着一个熟人社会，对于个人来说，不同民族、种族、地域的人鲜少需要被纳入自身与他者关系的建设体系中来。然而，在乡村都市化进程如此之快的今天，差序格局在一定程度上被扰乱，这就产生了个人在文化转型时期遭遇到的看待自我与他者关系上的不适应现象。

首先，熟人社会不再“熟人”，传统乡村社会结构中，乡邻关系是差序格局中的重要一环，每一家以自己为圈心，周围画出一个名为“乡邻”的圈子，然而曾经常见的开放院落已经日渐被集中的公寓式楼房取代，鸡犬之声相闻的邻里互动景象被厚重的铁门隔绝，中国大部分乡村

---

① 费孝通：《乡土中国生育制度》，北京大学出版社1998年版。

在都市化的过程中，经历了村改居、拆迁重建等历程，居民社区中的邻里关系失却了曾有的亲密互动。除了邻里关系的改变之外，现代都市生活更为复杂和开放，人与人之间的关系也不再能简单地以亲疏远近而划分，家人、同事、同学、某种运动的共同爱好者，宗教组织的团体，个人与他者的关系被划分成许多个不同的圈子，熟人社会被打破，人际交往的复杂性是乡村都市化中文化转型的一个重要表现。

其次，“圈外”的人近在眼前，如前所述，对于传统的乡村社会来说，自我与他者的关系通过差序格局来建立，地域上遥远的人群、不同民族、不同信仰群体的人鲜少出现在个人的生活环境中，也无须纳入到以自己为圆心的社会关系圈中。然而，都市化进程加快的今天，处于一个时空压缩的全球化时代，不同民族、种族、信仰群体的人们以各种方式出现在个人的身边，曾经以为在自身交际圈子之外的人出现在社交网络之中，习惯以差序格局构建自身社交体系的中国人，应当怎样去看待这些与自己大不相同复杂的、象征着多元文化载体的他者？

最后，流动的“圈子”，相较于传统固定的乡土社会，现代都市中人口的流动性大大的增强，人口的流动带来资源、信息、文化的流动之外，也带动着人际交往圈子的流动，因此，相对于传统固定的社交网络，如今的社交网络灵活性更强，流动性更大，变化也更多更快。原有以差序格局为构建的熟人社会所带来的安全感也在这样的事实中逐渐削减，而人与人之间情感趋于淡漠，不信任感趋于增强，而处于文化转型中的人们，对这种现象的不适应感也将越来越突出。

四 社会整合方式

中国传统乡村社会的社会整合模式，一直是中国研究的重点领域之一，许多国内外的人类学家都对此做出过解释，无论是弗里德曼的宗族模式，施坚雅的区系理论，还是杜赞奇提出的国家权力与区域——地方权力网络杂糅的解释模式，萧凤霞提出的乡村代理人——社区国家化模式，都体现出汉人乡村社会多重而复杂的权力关系，可以说国家—地方—宗族权力的相互碰撞和协调是中国传统社会整合的方式。

除了政治力量引发的社会整合之外，民间还有着一套自下而上的文化整合的方式，这种文化整合常常具体地表现在节庆活动、庙会以及其他民间信仰相关的大型仪式场合，这类场合往往是民间文化、民俗特色的集中展示，同时也是乡村社会民众力量的显现，而更值得注意的是，在许多大型的庙会、民间信仰仪式，如社火、游神等，常常包含有一种狂欢精神，在这种活动中，人们没有了日常生活中的等级秩序，放下了平常的矜持态度和得体的举止，社会统一的规范被狂欢的价值观打破，这种打破是温和而无害的，却又在一定程度上释放了人们对于世俗控制的压力感，使人们获得一种宣泄和快感。而在这反规范的过程中，又进一步地增强了乡民的凝聚力和共同的心理认同感。总的来说，这类的文化整合，具有原始性、全民性、反规范性的社会特征，有着心理调节器、社会控制安全阀以及维系社会组织、增进群体凝聚力的良性功能①。

在乡村社会都市化的文化转型过程中，其社会整合的方式也发生了改变，在这种改变过程中，乡村社会表现出社会和文化上的不适应，可针对于上述两种整合方式进行说明。

首先，从政治力量引发的整合来说，相较于传统乡村社会国家—地方—宗族权力的相互碰撞和协调来说，如今已渐渐走向都市的乡村社会在政治权力的表达上显得更为单一，随着现代化和国家政权建设的推进，国家权力开始渗透进入乡村社会，试图实现对乡村社会的直接治理，破坏了传统的权力文化网络。虽然说这种渗透是乡村社会都市化的一个必需过程，但是，过快的国家权力渗透使得地方社会的调适过程显得异常艰难，以大学生村官这一事项为例，直接将大学毕业生放置在村一级的基层管理体系中，固然能够促进这一管理体系的规范化和系统化，但外来的大学生对于当地社会具体情况缺乏了解，也造成了基层政府与民众之间的隔阂和疏离，国家政权与地方社会的对接缺少了中间环节的渗透，使得地方社会适应新的社会整合方式的速度远远慢于国家权力的快速下行。

而进一步来说，乡村都市化的过程也是一个自下而上形式的文化整合不断削减的过程，在都市生活中，并不存在此种类型的文化整合活动。原有的庙会、民间信仰等仪式，要么随着都市化的进程而消失，要么转化成一种单纯的文化展演，逐渐地失去了原有的文化整合功能。自下而上的文化整合的消失，伴随着民间信仰的变迁带来的庙宇经营化、

① 赵世瑜：《中国传统庙会中的狂欢精神》，《中国社会科学》1996 年第 1 期。

功利化取向，民间信仰原有的对于乡村社会的整合、调节作用消失。在这样一个社会变迁、文化转型的过程中，乡村社会民众熟悉的文化整合方式的消失，象征着村民集体的一种消散，同时也造就乡村都市化过程中的一个不适应现象，村民们在没有完全的形成都市居民的意识之前，缺乏了对于地方社会的心理上的认同感，凝聚力减弱，取而代之的是以个人为中心的现代都市生活，这个过程对民众来说，是一个寻找新的集体归属的过程，这个集体归属将可能在都市里族群的、宗教的身份认同中出现，而这过程中所将遭遇到的种种改变而带来的文化上的不适应，也只能随着时间去慢慢调整。

五　回应都市化:作为变迁力量的文化转型

事物双方的影响常常是相互的，都市化在造成文化转型的同时，文化转型同时也形塑着都市化。作为一种社会变迁，中国的乡村都市化无疑决定着其进程中发生的文化转型，本文将文化内化成个体的日常生活进行论述，更是清晰明了地表现出文化与社会现实之间密不可分的关系，文化本就是社会的一部分，建构什么样的文化是由社会现实来抉择的，正如前文中所提到的种种文化转型中不适应现象的产生，其实正是都市化在变迁过程中的一个抉择过程，事实上也是文化在适应这种社会变迁过程中的一个历史阶段，文化转型是文化逐渐向都市化这一社会现实不断贴近和融合的过程。

然而，文化转型不是一个单方面的被决定的过程，其同时也作为一种变迁力量回应着都市化。本文以个体的日常生活表述文化，实际上还是在费孝通先生所讨论的文化转型的概念中探讨日常生活的变迁，费老提出的“文化自觉”概念在内涵上是文化能动性，也是人的自主选择文化的一个表述，费老认为，个体在从传统乡村社会走向都市化的过程中，应当对自己的文化、地方性知识要有一定的“自知之明”，这种“自知之明”是用来加强个体自身对于文化转型的自主能力，取得决定适应新环境、新时代对于文化选择的自主地位，这种对于文化转型的“自主能力”就是文化对于社会的反馈力量。对于中国的乡村都市化来说，其内部发生的文化转型所带来的种种不适应现象将促使人们“文化自觉”意识的觉醒，作为有着强大能动性的个体，将自主地选择于自身有利的文化元素去塑造个体的日常生活，无论是家庭伦理，还是人际关系，抑或是社会整合的模式，都将最终通过人自身的选择与都市化达到和谐融洽的状态，这一过程中将产生的社会生活变革，以及之后可能引发的政治形态、意识形态、组织方式、生活方式的转换，不仅是文化对于社会单纯的适应过程，还包含着文化转型对于都市化在上述方面的影响，文化转型以自己的方式影响都市化这一社会变迁历程，成为变迁力量的来源之一。

这其中并不是完全没有问题的，上述境况的发生有赖于人们对于“文化自觉”能力的掌握，就现阶段而言，笔者认为，文化自觉本身对于个体的要求较高，其首先要求个体对本文化形成的历史、所具有的特色和发展趋势相当了解，同时还要求个体要了解他文化，而在这全球化的时代，中国都市化中的文化转型受到多重他文化的影响，个体需要理解这些文化，才能在正在形成中的多元文化的世界里确立自己的位置。也正因为文化转型和文化自觉都有着概念上的笼统性，我们才更应该将文化转型细化到每一个事项上来看待，从每一件小的不适应去探求个体应当具有的“文化自觉”，解决出现的这些问题。

文化转型作为一种变迁力量影响都市化，应在以后的学术研究中给予不断的关注和研究。

参考文献

1. 费孝通：《乡土中国生育制度》，北京大学出版社 1998 年版。

2. 费孝通：《论人类学与文化自觉》，华夏出版社 2004 年版。

3. 新浪财经：《统计局：城镇人口数量首次超过农村人口》（http：//finance. sina. com. cn/china/20120117/123511222217. shtml）。

4. 郑大华、邵华：《20 世纪 90 年代以来近代中国的社会变迁与文化转型研究述评》，《教学与研究》2007 年第 12 期。

5. 郑佳明：《中国社会转型与价值变迁》，《清华大学学报》（哲学社会科学版）2010 年第 1 期。

6. 赵世瑜：《中国传统庙会中的狂欢精神》，《中国社会科学》1996 年第 1 期。

7. 周大鸣、杨小柳：《社会转型与中国乡村权力结构研究》，《思想战线》2004 年第 1 期。

作者简介

周大鸣（1958— ），男，中山大学社会学与人类学学院教授，博士生导师，中山大学移民与族群研究中心主任，教育部“长江学者”特聘教授。研究方向：移民与城市化研究以及应用人类学研究。邮箱：hsszdm@ mail. sysu. edu. cn。

文学人类学需要“文学营销”

王革培

一　文学人类学遗忘了营销功能

文学人类学发端于20世纪初的神话研究，直到1978年才获正式命名，20世纪90年代以加拿大人诺斯洛普·弗莱为领军人物的神话—原型批评，令文学人类学再上巅峰。在我国，以叶舒宪、方克强为代表的文学人类学研究更是风生水起，远远居于国际文学人类学领先地位。①

但是在我国飞速发展近三十年来的文学人类学，可能是受“文不经商、士不理财”的传统观念影响，众多的理论论述中没有“营销”概念，更别说“文学营销”概念。以在我国文学人类学领域具有着权威代表性文章为例，如叶舒宪的《文学与人类学》、代云红的《中国文学人类学基本问题研究》、权雅宁的《文学观念流变与文学人类学的兴起》等，文学人类学理论只注重了对治疗、仪式、禳灾功能的考据，而遗忘了文学的营销功能。

二　文学的功能是降低交易成本

为什么文学人类学遗忘了文学的营销功能呢？文学人类学作为文学批评的工具，仅注意到了文学的审美作用，忽略了文学的经济作用，降低“交易成本”才是文学之所以存在于人类社会的第一功能。

所谓“交易成本”就是在一定的社会关系中，人们自愿交往、彼此合作达成交易所支付的成本，也即人—人关系成本。它与一般的生产成

---

① 王大桥：《文学人类学的中国进路与问题研究》，中国社会科学出版社2014年版。

本（人—自然界关系成本）是对应概念。从本质上说，有人类交往互换活动，就会有交易成本，它是人类社会生活中一个不可分割的组成部分。①

人类有史以来就在为降低交易成本奋斗。马林诺夫斯基在《文化论》中认为：人类有机的需要形成基本的“文化迫力”，宗教或巫术、法律或知识及神话的体系等，亦是出于某种深刻的需要或文化的迫力。②

那什么是马氏反复强调的“深刻的需要”或“文化的迫力”呢？马氏没有说。本文指出“文化迫力”就是指“交易成本”。

20 世纪 70 年代，香港还未回归。香港规定入境的洋酒上税 300%，入境的大陆土酒上税 33%。

有一批大陆的葡萄酒入境香港时，税务人员坚持按洋酒上税，他认为葡萄酒属于洋酒。当时大陆的业务员文学素质还挺好，脱口而出：“葡萄美酒夜光杯”，中国一千多年前就有葡萄酒了，怎么能算是洋酒？税务人员只好按土酒上税。

一句诗就降低了交易成本。

雅各布森曾说文学性就像烹调时用的食油。③ 烹调油也可以说是社会润滑剂，《左传》说“言之无文，行而不远”大抵也是这样的意思，文学不仅在商业上有这样的作用，在政治上、外交上、军事上也起着降低交易成本的作用。

三　关于文学的技术性

无论是降低生产成本，还是降低交易成本，都需要一定的技术实现，这是不证自明的，我们以此推理文学理应具有技术性，虽然这一观点受到以感性热爱文学人士的强烈反对，“许多现代人都不会认为文学也是一种技术”④。但若说文学是技巧，反对的人一定不会太多，这只

---

① 交易成本理论是由诺贝尔经济学奖得主科斯所提出的。该理论认为：交易成本的存在，使经济过程产生摩擦。交易成本的大小是影响经济绩效的关键因素。如果交易成本为“0”，这就达到了最佳资源配置，这就是经济学界著名的科斯定律。

② ［英］马林诺夫斯基：《文化论》，华夏出版社 2002 年版，第 26—27 页。

③ 李卫华：《以语言学转向为视域》，河北人民出版社 2007 年版，第 112 页。

④ ［美］迈克尔·伍兹、玛丽·B. 伍兹：《古代传播技术》，蔡林翰译，上海科学技术文献出版社 2013 年版，第 35 页。

能说明目前我们对文学是一门技术的认识水平，停留在一个较低阶段。

其实最早提出文学技术性的是北宋文学家欧阳修，他在《西湖念语》中称词为“聊佐清欢”的“薄技”。[①]欧阳修拟是文学史上提出文学是一门技术的第一人。在现代呢？提出文学具有技术性的是老舍先生，他评论《文赋》：发于心灵，终于技术。

还有一个外国人也发觉文学是一门技术，他就是美国工程师萨姆埃尔·钱德勒·伊尔，美国“技术传播”学科的创始人。

技术传播学科的产生来源于文学。“在美国毛利尔法案颁布前，工程师不是大学教育系统培养出来的，一些教育者提出应该修改课程体系，加入更多的文化元素。1893 年，美工程教育促进协会领导了课程体系改革，加入的必修课程中的写作类课程是：作文，一个传统的句型、修辞和练习的大杂烩，这样的课程还不能像文学那样解决文化程度和社会地位的问题，因此大量的工程专业学生还自修一门文学课程。”[②]

由于历史的局限，前辈们对文学技术的认识还嫌有粗糙。文学技术不像古典百工技在自身，不像大机器协同各把一环，文学技术是社会自组织中意见领袖的一种“深奥的手艺”，英国作家亨利·格林（1905—1973）说到小说人物写作技巧时：“奇特的神话和仪式常常将一小群体捆绑在一起。”[③] 文学也把一大群听众捆绑在了一起。

美国经济学家布莱恩·阿瑟，对技术做了多年深入的探讨，他在《技术的本质》一书中说：技术是一个技术体，是由下一级技术支持着上一层技术组合而成，而最初始的，技术的技术是一种“现象—装置”。[④]

装置是用来捕捉现象的，如蒸汽机捕捉水蒸气，电视机捕捉电磁信号。文学技术也符合“现象—装置”这个模式，文学无时不刻地捕捉着社会的现象，可它的装置并不是通常认为的文学书籍、戏剧舞台，这些都是次一级的装置。它的初始装置对于今天的我们来说还是一个黑箱，这个黑箱就是大脑，我们不能像拆钟表一样拆开大脑，拆开也没有用，这不单是说现在的生物技术达不到，而是说这个装置不单独存在于

---

① 郭兴良、周建忠：《中国古代文学》（下册），高等教育出版社 2000 年版，第 21 页。

② 徐奇智：《美国技术传播学的发展及其对中国的启示》，硕士学位论文，中国科技大学，2006 年。

③ 常耀信：《英国文学通史》，南开大学出版社 2010 年版，第 295 页。

④ ［美］布莱恩·阿瑟：《技术的本质》，浙江人民出版社 2014 年版，第 28 页。

个别作家的大脑中，而是存在于一个种群共同的大脑里，是这个种群中作家与读者的共谋，某种信念的共有文化，如《白蛇传》《梁山伯与祝英台》的流变。

我们从电视台《口述》节目中获知，中国结是中国的非物质文化遗产，中国结的编法千变万化，让人眼花缭乱，但发现中国结是由复合结、变化结、基本结构成，同样体现了下一级技术支持上一级技术的归递性特征，而它最初始的基本结也就是11种反观文学的初始技术装置，它的基本结是由范畴法则、人性法则、背景法则、频度法则、诗化传播这五个（可能还要多一点）规则构成的。范畴法则负责认同感，人性法则负责敏感度，背景法则负责权威性，频度法则负责互文性，诗化传播负责时间性，我们把它比喻成左手定律，见图1。

图1　文学技术的左手定律

就是这个文学之手的“深奥的手艺”引得我们手舞足蹈、悲痛欲绝，让我们明知是假宁信为真。文学之手的五指并不是各行其事地做无规则动作，最终运动方向是一致的，就是图1中大拇指的指向——合法性，合法才是降低交易成本的最有效手段。这里需要说明的是弗莱所说的神话原型，不过是这只文学之手映到幕布上变化多端的手影戏，颇类似于建筑设计界的手法主义。①

文学降低交易成本，是通过传播神话、故事、谣言、借代、口号等

① 手法主义这个词可以追溯到瓦萨利（Vasari），他首先用了“手法”（manner）一词，用以区别15世纪到16世纪以自然为题材的画家和16世纪晚期专门表现和追求新鲜手法的画家。他认为后者从各种新鲜手法中发展出一个现成的公式，就按这个公式行事，而不必取材于大自然了，这就是手法主义。参见［美］菲利普·德里欧《手法主义与现代派建筑》，《世界建筑》1981年第3期，第67页。

形式，达到获得所欲之物，“求人爱而已”（袁枚语）的目的。如商代的神鸟崇拜，商人一直声称自己部落是由神鸟下的蛋演化而来，“天命神鸟，降而生商”以此用来证明新掌握政权的政治合法性。又如唐时的干谒诗，在唐代要想获得官员的推荐，必须要给官员行诗贿，李白也不能免俗，一句“生不用封万户侯，但愿一识韩荆州”就是要降低进入长安的交易成本。儒家一派本是最看不起小说这类题材，但依然编造“颊谷之会”齐国返还侵占鲁国领地的传说，用来说明孔子的睿智。本文使用编造一词，是因为这一故事在先秦时代完全没有记载，但到了汉以后就开始散见于各个典籍中①。

有意思的是，20 世纪 80 年代，我国人类学也曾借用“社会学”之名降低交易成本。因为在当时观念认为：在腐朽反动的资产阶级学术里，人类学是最资产阶级的学科。1978 年改革开放解禁后，还是怕社会上一些人不能接受，所以在开这门课的初期，费孝通先生把这门课叫作《社会学》，社会学和社会主义很接近，巧妙地消除了一部分人的抵触情绪。②

可是文学技术很难掌握，父传子的作家都是罕见，连“技术传播”这个因文学而立的学科也一度远离文学，笔者在参加北京大学第二届技术传播年会时，160 人参加，唯笔者一人讲文学，这又是为什么呢？因为庞杂的文学作品由于立场角度的不同，其中有大量的非法通感存在③，成为了碎片化知识，即与时间关联的动态性、互斥性、无序性，使普通技术人员莫衷一是、无所适从，见图 2。

四　文学营销的产品概念

蚕丝可以用来织丝制品，但蚕茧必须经过缫丝工序找到头绪，才能抽出纤维，庞杂的文学体系就像蚕茧一样，难以直接利用。文学确实具有技术性，但内部抵消不少，莫衷一是、无所适从的结构，是许多人放弃文学的原因。而文学营销理论，因借鉴了市场营销中抽象的产品概念

---

① 高桥稔：《中国说话文学之诞生》，商务印书馆 2013 年版，第 42 页。

② 与中央民族大学张鸣教授核实确有此事。

③ 王革培：《技术传播与文学营销》，《中国科技产业》2014 年第 7 期。

和市场公式，针对文学产品进行了重新建构，抛弃文学的其他属性，集中研究技术，使得文学的技术性凸显出来。

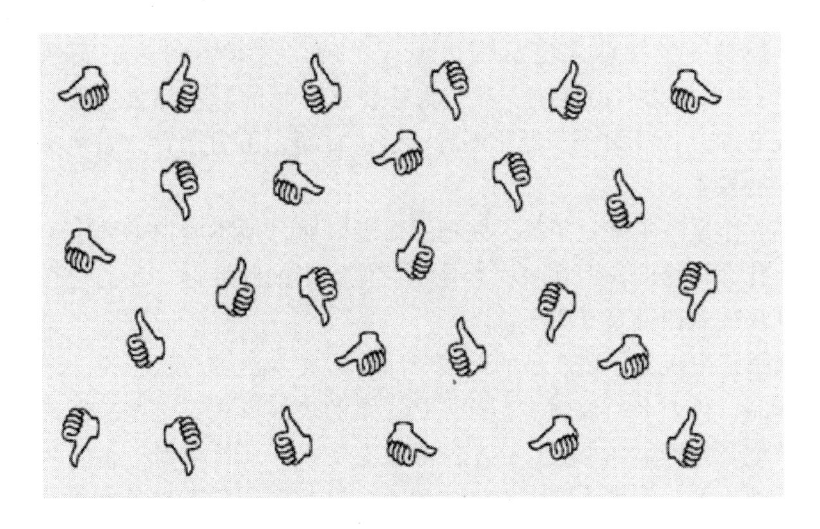

图2 文学知识的碎片化

本文简要介绍两个部分：一个是文学营销产品概念；另一个是文学营销市场公式。

现在先说说文学营销产品概念：

文学营销将一个整体产品分为三个层次：核心产品、形式产品和附属产品，见图3。

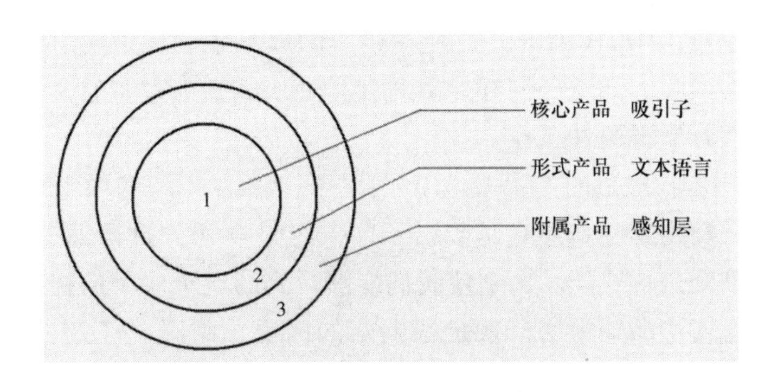

图3 文学营销产品图

文学营销理论认为一切产品的核心产品都为吸引子。什么是吸引子?“吸引子是一个数学概念，就是在一定范围内，不管从哪个路径进入，都回归到一点上（初始点），这个点就是吸引子。”用一个形象的比喻，就是一个钢球无论从哪边掉入小碗，它都会到达碗底（姜璐语）。它和吸引力有所区别，吸引力往往是一时的，一部成功的文学作品首先必须具备吸引子，经年不忘，常读常新，引力永存，是纯文学魅力的核心要素。

苏联作家高尔基童年时，曾把书对着灯照，他不明白书的字里行间是否有什么神秘的东西在吸引着他，使他对书如此痴迷，我们现在知道这个神秘的东西就是吸引子。

文学营销认为一切产品的形式产品均为文本语言。从小说、诗歌到美术作品，再到产品说明书，首先是文本的表现形式，文本是语言叙述现象的记录装置，如果假设一个产品没有文本，那就相当于我们在电视上看不到信号，作家头脑中有许多故事，没写出来，吸引子也就无从谈起，文本是吸引子的载体，我们强调一切产品的形式产品都是文本，法国哲学家、作家德理达也这么说:“一切皆文本。”

形式产品的外围是附属产品，我们也叫它感知层。附属产品的界限和我们平时看到的物质产品的界限不太一样，它的界限一直划到购买产品人的心理感受，比如电影的附属产品是观众的心理感受，餐饮的附属产品是吃客的心理感受，所以叫知觉层。现在类脑智能产品尚未过关，就是这个知觉层不令人满意。

知觉层有着颠覆性，所谓颠覆性在心理学称为价值反转，“水可载舟，亦可覆舟”。古代寓言“亡斧疑邻”的故事生动地说明了知觉层前后颠覆性的变化，知觉层同样导致对自身性质认知的颠覆，文学恰恰利用这一特性开展颠覆性工作。

我们把文学营销的产品概念比作屋子，核心产品就像空荡荡的房间，它不是实物是空，但它是吸引子，人总是要千方百计地进到里边。封闭的墙壁则是形式产品，它使我们能够看到的这个屋子的样式，这就是文本。附属产品知觉层，就是墙上开的门窗、牌匾、灯光、装饰品，房客心情的好坏全指望它们了。

我们初步地介绍了文学营销的产品概念，特别是知觉层的颠覆性概念将在下边文化转型一节中用到。

五　分析文学在文化转型中如何作用

我们介绍了文学营销理论的产品概念，文学营销的产品概念适用于多种领域，从酒肆文化到神秘爱情，几近可以当作万能工具，本文把文化转型这类复杂的社会形态也抽象地视为一个整体产品。

若视文化转型为一个整体产品，我们同样分为三个层次：文化转型的核心产品吸引子、形式产品文本语言和附属产品感知层。

文化如此复杂，能够称得上核心产品的吸引子肯定众多，但有一个吸引子是始终存在，将来也不可能消失，那就是如何降低社会交易成本，我们之前说过人类有史以来就在为降低交易成本奋斗，人类的文化史也可以说是一部降低交易成本史。

“歌谣文理，与世推移”，文化转型文学先行，任何文化转型，其文学（包括音乐、美术、电影）都起着前奏和表征的意义，杜勃罗留波夫说：文学 ，一向是社会欲望的第一表现者。这就是文化转型的形式产品——文本语言。

文化转型的附属产品感知层呢？就是各个时代处于文化转型中的感受，它主要记录在文学作品之中。比如鲁迅小说《风波》中九斤老太发出的“一代不如一代”的感慨，新中国妇女解放发出的“时代不同了男女都一样”的壮志，我们当代人感受到地球变成了地球村，这些都是文化转型感知层的表现，文化转型往往就是由感知层的变化引起。

从复杂性研究角度，文化转型产品又是多层级的：人类文化转型、民族文化转型、区域文化转型、家庭文化转型等，所以文化转型从细部看是由无数微小的产品构成一个文化矩阵，文化矩阵的单位可能是民族，也可能是部落，甚至小于人，因为一个人身上可能同时体现着两种以上的文化，如移民、留学生。这个矩阵有点像赵旭东教授所说的“在一起”。如图 4 所示。

如果仔细欣赏这张图，会发现里边有的小产品中注有 a、b、c，我们管它叫“间隙子”。“间隙子”是美国的科学家发现的，越是高等动物基因遗传链中就有越多的“无意义序列”，他们把这些称为“间隙子”。基因中出现无意义序列是生物进化史上的一大转折，相对于有意

图4　文化矩阵

义序列基因的“表达子”来说，无意义序列的意义，正是为人类个体学习、认同、重构等新人类外化、异化、客体化、对象化的文明提供了空间。①

虚构的文学作品是镶嵌在文化转型矩阵中的间隙子，这个间隙子初看起来无实际意义，它是怎样在文化转型中起作用的呢?

根据对鸟类、鱼类的大群体运动方向行为研究，鸟群或鱼群的集体转向，不是由一个总指挥控制的，它是无中心的，受最临近身边的个体影响，一个转另一个立即也转，类似多米诺骨牌效应，科学家曾用一只可操纵的假鸟混于鸟群之中，假鸟的变向能引起整体鸟群的方向变化。

把文化矩阵也看作是一个巨大鸟群时，这时镶嵌在文化矩阵中虚拟的间隙子“现场力”显而易见了，文化转型很可能由一个微小的间隙子引起，再依次传感于邻近产品的感知层，由量变到质变地产生涟漪效应。如斯托夫人的小说《汤姆叔叔的小屋》引发了南北战争。

知觉层还非常容易颠覆对自身产品性质的认定，比如我国一度盛行的中国文化虚无主义，文学恰恰最善于利用知觉层的这种颠覆性。难怪资产阶级大革命时，个性解放的小说大行于市。梁启超在《新小说》创刊号上发表的《小说与群治之关系》中认为：小说是最好的新民武器，“欲新一国之民，不可不先新一国之小说”。五四时期的胡适提出

① 牛龙菲：《人文进化学》，甘肃科学技术出版社1989年版，第302页。

“国语的文学，文学的国语”。我国在解放初期大量翻译了巴西作家亚马多等刚刚获得反美独立国家的文学作品，80 年代新时期时，艺术水平并不很高的小说《伤痕》的发表和话剧《于无声处》的公演，都是意识到文学这个间隙子对文化转型的颠覆作用。

更有甚者，早在明代，西方传教士借机把他们的文学间隙子，公然放进了我国文学名著《西游记》中，在第三十九回《一粒金丹天上得　三年故主世间生》插入了上帝的形象和哈姆雷特的故事，可谓是间隙子的间隙子。

六　文学营销的市场公式

文学营销的市场公式比产品概念的叙述要麻烦，弗莱一直想把文学研究公式化，我们这里也试做一下。

先说市场营销理论中著名的市场公式是：市场 = 人口 + 欲望 + 购买力，往往在营销实践中人口和欲望忽略不计了，变成了市场 = 购买力，这是现金流的市场营销概念，所谓见钱眼开。

文学营销的市场公式与市场营销的市场公式有很大不同，文学营销的市场公式是：

市场 = 炫耀 × 合作 × 知识库（业缘 + 地缘 + 血缘）

炫耀：文学营销在产品概念中强调一切产品的形式产品是文本，那么炫耀是文本获得市场的首要手段，所以排在第一位，“从对谣言的分析上我们看出，人们讲一些危言耸听的故事，经常出于建立人际关系或炫耀自己舌灿莲花的目的”①。这就是所谓的谣言第九定律，炫耀是生理现象，有着生物基础；也是社会现象，有着社会基础。

合作：他者意识，合作复杂性理论的代表人物是詹姆斯·穆尔在其代表作《竞争的衰亡：商业生态系统时代的领导和战略》中认为：网络经济世界的运行并不都是你死我活的斗争，而是像生态系统那样，企业与其他组织之间存在“共同进化”关系。彼此间应该合作，努力营造与维护一个共生的生态系统。

---

① ［美］Taylor Clark：《谣言的 8 又 2 分之一定律》，http：//www. guokr. com/article/437393/。

是依靠产生共鸣，还是依靠换算利益来获取市场，是文学营销与市场营销的营销理念分水岭，如何合作呢？就是利用前文提到的左手定律。

知识库：是由业缘（职业角度）、地缘（地方性知识）、血缘（宗法观念）组成，目前的文学理论将这一部分作为文学本体研究，大概犯了一个方向性错误。

本文要做的是把文学营销市场公式从合作与知识库之间一分为二：炫耀×合作//知识库

公式的前半部分是文学技术，专门研究文本如何炫耀、如何合作，后半部分是文学知识，是造成人们认知混乱的碎片部分。做这样的划分是为了方便解释建立世界文学的可能性。

七　建立世界文学的可能性

世界文学这一概念，是德国文豪歌德在1827年首次提出的，用来描述超出民族、国家界限的人类整体文学观念。180年过去了，世界文学的理想仍没实现，摆在这个理想面前有几个难题：

一是文学创作是以语言为媒介，可世界上有5000多种语言，主要应用的也在50种上下，单单靠翻译往往不能恰如其分，特别是诗歌的不可译性。

二是人类拥有6000年文化史，文学作品浩如烟海，如果将所有作品作为一个平等的集合，谁能全部掌握得了这个集合？[①]

三是当前国家、民族、宗派、阶级、性别矛盾广泛存在于各个角落，文学作为一种意识形态工具，各国文学不能平等地“在一起”。

前文中我们提到把文学营销市场公式分为前、后两部分，前半部是文学技术，后半部是文学知识。所以这样划分是设想建立起一个条理与知识的二元对立结构，来解决建立世界文学的难题。

炫耀×合作　//　　知识库
条理　　　　　　　知识

① ［美］大卫·达姆罗什和刘洪涛、伊星主编：《世界文学理论读本》，北京大学出版社2013年版。

条理与知识的对立结构，是与罗素同时期的我国哲学家张东荪先生提出来的。[1] 我们按张先生的理论，把公式的前半部分看作是条理，专门显示文本如何炫耀、如何合作，其表现是共相之关系，从人类学整体观念看人类的文学表达技术是共通的。

后半部分的知识库，包括地方性知识、职业角度、宗法观念，专门显示文本中不同国家、民族、宗教，不同时期、不同地域的文学元素，其表现是殊相之混沌。一百八十年来世界文学的理想还没能实现，问题就是目前世界文学只研究知识库—混沌之集合，没有梳理出蚕茧的条理。

我们采用条理与知识的对立，除期望世界文学从混沌走向条理，还另有两个原因值得一说：

一是笔者研究文学营销时总是在抄西方文论不胜其烦，从张东荪的哲学中找到文学营销之所以这般解释的依托感，一种超越西方的表达。

二是张东荪先生算是与功能人类学有缘之人呢，他也受到过马林诺夫斯基的影响，吴文藻先生早年曾结集发表过他的作品《知识与文化》，1946 年作为社会学会刊甲集第二种，由商务印书馆出版。

为避免由于历史、政治、经济、文化造成的文学库混沌状态，我们设定在世界文学中只讨论文学技术，只研究炫耀叙述的类型，奇思妙想的方法，合作的途径，就像谈到中国结，我们多涉及的是编法，很少讨论绳子的制造，使复杂问题简单化，虽说没绳子什么也编不成，这就成为一种新的建立世界文学的可能。相信有一天世界各国作家坐在一起，类似于研究病虫害防治、发动机改进一样，欢聚一堂追问文学技术。可还会存在一个新的问题，用哪种语言呢？

结语：文学人类学应当回归功能学派阵营

文学营销理论认为：“文学营销”是相对于“市场营销”而立的概念，在商品经济下产生的市场营销概念之前，文学营销在人类社会已有漫长的生活史，这本是文学人类学应当重点考察的对象，但在该理论里，没有“文学营销”是一个重大缺憾，为了弥补这一缺憾，文学人

① 左玉河：《张东荪学术思想评传》，北京图书馆出版社 1999 年版。

类学亟待补充“文学营销”概念。

本文简略地介绍了文学营销的产品概念和市场公式，所涉及文化转型和世界文学两个案例，实际并不像本文描述的这般简单，我们的目的只是像黑格尔所说的，一个概念只有在整个世界中游历一番之后，它才能获得真正的生命。[①]“文学营销”通过这番虚拟的游历，浅显地表明有着文学营销概念的文学人类学，深度上揭示了文学的初始装置，它是神话原型的原型；广度上提出一种新的建立世界文学的可能性，欲左右世界资源必先左右世界文学；更为重要的是本文指出了“文化迫力”是“交易成本”的实质，弥补文学人类学对文学降低社会交易成本功能的失察，这会使现有的文学人类学面貌为之一变。

一百年来，以神话研究为主题发展而来的文学人类学，受摩尔根古典进化论影响，所进行的研究还是沿着“蒙昧—野蛮—文明”的路径，考察文学原型中的治疗、仪式、禳灾功能，嫌有“每以摸索猜测社会生活之原始状态为能事[②]”之弊端，我国的文学人类学应当回归到人类学功能学派阵营，因为有了文学营销。

吴文藻先生在《功能派社会人类学的由来与现状》一书中说：“功能”乃是一部分的活动对于整个活动所做的贡献。[③] 费孝通先生在2002年给广西民族学院人类学高级论坛的贺信中说：“在21世纪，随着文化交往的复杂化，随着经济全球化和文化差异的双重发展，研究文化的人类学科必然会引起人们广泛关注，在众目睽睽的情景下，人类学者能为人类、为世界做点什么?”本文要做的是：当以格尔兹为代表的人类学开始文学转向时，文学人类学应当有着承担起引领人类学踏入文学殿堂的准备、责任和信心，对人类学整体活动有所贡献，之所以能做到这点和必须要做到这点，因为有了文学营销。

参考文献

1. ［美］布莱恩·阿瑟：《技术的本质》，浙江人民出版社2014年版。

---

① 华东师范大学中文系编：《重释文学史》，华东师范大学出版社2011年版，第3页。

② 费孝通：《文化论》的序言，《人类学基础》，武汉大学出版社2006年版，第145页。

③ 王铭铭：《西方与非西方》，华夏出版社2003年版，第108页。

2. 常耀信：《英国文学通史》，南开大学出版社 2010 年版。

3. ［美］大卫·达姆罗什和刘洪涛、伊星主编：《世界文学理论读本》，北京大学出版社 2013 年版。

4. 费孝通：《文化论》的序言，《人类学基础》，武汉大学出版社 2006 年版。

5. 高桥稔：《中国说话文学之诞生》，商务印书馆 2013 年版。

6. 郭兴良、周建忠：《中国古代文学》（下册），高等教育出版社 2000 年版。

7. 华东师范大学中文系编：《重释文学史》，华东师范大学出版社 2011 年版。

8. 李卫华：《以语言学转向为视域》，河北人民出版社 2007 年版。

9. ［英］马林诺夫斯基：《文化论》，华夏出版社 2002 年版。

10. ［美］迈克尔·伍兹、玛丽·B. 伍兹：《古代传播技术》，蔡林翰译，上海科学技术文献出版社 2013 年版。

11. 牛龙菲：《人文进化学》，甘肃科学技术出版社 1989 年版。

12. 王大桥：《文学人类学的中国进路与问题研究》，中国社会科学出版社 2014 年版。

13. 王革培：《技术传播与文学营销》，《中国科技产业》2014 年第 7 期。

14. 王铭铭：《西方与非西方》，华夏出版社 2003 年版。

15. 徐奇智：《美国技术传播学的发展及其对中国的启示》，硕士学位论文，中国科技大学，2006 年。

16. 左玉河：《张东荪学术思想评传》，北京图书馆出版社 1999 年版。

17. ［美］Taylor Clark：《谣言的 8 又 2 分之一定律》，http://www.guokr.com/article/437393/。

作者简介

王革培（1959— ），男，文学营销研究所（筹备）办公室主任。研究方向：文学营销理论。邮箱：wanggepei@163.com。

“主位诉求”的志愿服务模式探究
——以流动儿童为例[①]

富晓星　刘　上　陈玉佩

一　问题的提出

强调个人行为公共性的志愿服务在当今中国各个领域得到不断拓展。2013 年，全国注册的志愿者总人数约为 7345 万，占中国 13 亿人口总数的 5.65%。[②] 其中，以大学生为代表的青年是参与志愿服务的主力军。截至 2013 年 11 月底，有 2000 多所高校建立了青年志愿者协会，包括大学生在内，经过规范注册的青年志愿者达到 4043 万。[③] 然而，在志愿服务的拓展趋势中，“质”的忽视与“量”的不断增长形成颇具讽刺性的对比。既有的研究文献多从重大公共事件（国际盛事、灾后应急）切入，以志愿者为主探讨参与意识、行动机制、组织模式、服务精神与伦理等问题[④]，而作为志愿者主体的大学生群体所存在的现实问题虽被关注，但却缺乏针对志愿服务模式的学理讨论。

大学生群体在志愿服务中显露出的问题和困境使得对志愿服务模式的探讨颇具现实紧迫性，其表现主要有：大学生功利倾向较严重、缺乏对志愿精神的深入理解（刘和忠、吴宇飞，2011）；精力投入不够，设

① 本文发表于《社会学研究》2014 年第 4 期，第 196—219 页。

② 杨团主编：《慈善蓝皮书：中国慈善发展报告（2014）》，社会科学文献出版社 2014 年版。

③ 中国新闻网：《截至 2013 年 11 月底中国注册青年志愿者达 4043 万》，http://ww.chinanews.com/gn/2013/12-02/5568702.shtml。

④ 景晓娟：《重大公共事件中青年志愿者利他动机的研究——以 2008 年北京奥运会青年志愿者为例》，《中国青年研究》2010 年第 2 期。

计活动内容单调，服务对象也很局限[1]；由于在政策环境方面缺乏健全的志愿服务法律体系，缺乏成熟的志愿服务激励机制和完善的组织体系[2]，大学生志愿服务的热情和水平受到抑制。此外，笔者在前期调研中发现，当前大部分志愿服务存在着行为旅游化、责任戏谑化、心态完美化、管理松散化、理念表面化等问题。现有的诸多研究尚未关注到志愿服务领域中的关键问题：1. 大量日常化的志愿服务实践如何发展与持续？2. 服务过程最为重要的终端——服务对象的声音在哪里？这需要绕到蓬勃发展的志愿行为背后，重回制度、文化、知识网络、社会资本的根基性讨论。

本文力图解决的具体问题：在日常实践中，志愿者秉持的专业知识如何转化为具体的服务实践？使用何种方法能够切中要害，挖掘服务对象的声音，发现服务对象的问题？在互动情境中，志愿者和服务对象的关系建构对于服务对象问题的解决有何帮助？规范的志愿服务如何开展，具体的服务策略是什么，有哪些具体的服务步骤？总结出的实践模式能否重回知识网络，对理论拓展做出贡献？本文希望基于现代社会中西方志愿服务发展的跨文化比较，从实践人类学的视角予以突破。

二　理论背景

志愿服务作为舶来品于改革开放后传入中国。与此同时，伴随着福利国家危机、发展危机、全球环境危机、社会主义危机，以及通信革命、知识普及、经济发展，上述因素促使人们的自主性和社会参与性越来越强，欧美社会掀起了一场“全球社团革命”，原本被福利国家取代的志愿领域再次焕发生机并达到新的高潮。[3] 这股志愿服务浪潮以 20 世纪 80 年代再度复兴的“第三部门”理论为指导，探讨以私人的、非营利的及非政府的组织为代表的“第三部门”在社会发展进程中的作用。从 90 年代开始，国际学界开始将志愿者组织视为一个具有自主性的共同体（OECD，2003，转引自梁祖彬，2009），进而通过商业化、发展

① 张杨：《大学生志愿服务的现状与对策分析》，《山东省团校学报》2007 年第 5 期。

② 刘和忠、吴宇飞：《大学生志愿者活动问题分析》，《中国青年研究》2011 年第 11 期。

③ Salamon, L. “The Rise of the Nonprofit Sector.” *Foreign Affairs* 73 (4). 1994.

社会企业等模式探索地方文化和全球化语境中的主体多元化发展。

（一）志愿服务中知识与行动的断裂

与欧美国家“大社会、小政府”相比，在我国发展三十余年的志愿服务中，政府的影响因素不容忽视。[①] 这种影响一方面展示了重大公共事件中政府强大的社会组织和动员能力；另一方面却又揭示了日常复杂运作中政府管理与民间力量的微妙博弈。这样的叙事基础与上述西方社会全民参与和置评的渐进式发展不同，呈现出意识形态话语下的碎片化状态。

本研究将志愿服务视为知识—行动的连续统一体。在知识生产一端，学院派执着于从宏观角度，以批判的视角揭示改革开放后国家—社会关系的变化。有学者借鉴萨拉蒙（Lester M. Salamon）的第三方治理与市场失灵理论，研究非营利组织的运营机制、发展路径与制度环境，志愿者的作用和管理涵摄其中。从政治学、经济学、社会学角度，学者们借鉴托克维尔（Alexis de Tocqueville）、帕特南（Robert D. Putnam）等人的观点，分析志愿服务及其精神对于现代民主社会构建的作用。在连续统一体的另一端，则是完全以实践为本位的志愿组织和群体。这些分别由政府、非营利组织主导，以及公民自发组织的微观实践丰富多样，但实施者苦于理论和方法的缺乏，鲜有对自身经验进行系统的总结和思考。而实践派出现的种种问题又成为学院派分析和批判的经验材料，成为知识再生产的载体，从而陷入各说各话的“恶性”循环。

据此，国内志愿服务这个连续统一体呈现“哑铃式”的不均衡结构，知识生产和行动发展出现严重断裂，引言中提到的志愿服务短期效应、规范不足、管理不善等问题也可在此框架下得到一定解释。

（二）实践人类学的意义

人类学和社会学领域皆出现了在实践中融贯学术知识和具体实践的倾向。有人类学第五个分支之称的“实践人类学”出现于20世纪70年代，倾向于使用人类学技巧和知识，在学术环境之外解决现实生活中的

---

① 王名、孙伟林：《我国社会组织发展的趋势和特点》，《中国非营利评论》2010年第1期；邓国胜：《政府与NGO的关系：改革的方向与路径》，《探索与争鸣》2010年第4期。

实际问题，这也是其与关注政策分析和制定的应用人类学，以及知识生产的理论人类学的重要分野。① 与此相对应，美国社会学家布洛维于世纪之交提出的"公共社会学"，无论在学科分工②、地位还是理论关怀上均与"实践人类学"相似。布洛维意义上的公共社会学（狭义上是有机公共社会学），强调社会学家与一个可见的、稠密的、活跃的、地方性的而且传统上是对立的公众建立紧密联系。社会学家要对公众负有责任，亲身实践、参与和卷入社区和社会公共事务。③ 在笔者看来，服务社会只是公共社会学的一个重要侧面，它更着迷于与其他三个社会学分支缠绕并展开讨论，为其所代表的反思性科学在以实证性科学为主导的社会学话语体系中寻找合法性。这种视角下的研究产出必然回到社会学的母题，即公共社会学不能将自身的参与范围限制于地方公众，而应探索如何从特殊中抽取一般，从微观移至宏观，最终如何保存以及建构社会。④ 这种后现代的社会观解构了涂尔干意义上的"实体"社会，推翻以社会事实解释社会事实的框架，要通过行动重建社会。

然而，谈及个体和社会的连接，实践人类学与公共社会学恰恰是方向相反的两条路径。前者是基于社会抽象和文化脉络的反思，审视可能被社会学化的特殊个体/群体的命运，并给予具体而微的关怀。后者的思路则是以个体/群体经历为起点，以社会抽象为终点。实践人类学首要满足的是研究对象的需求，理论应用和建构的前提也是为研究对象的发展而服务，而非满足学院派的好奇心、累积他们的学术资本。⑤ 在这种关怀视角下，实践人类学发展出了民族志调查、参与式行动、评估和倡导等诸多系统的方法来实现其宗旨，并且对公共社会学的方法论产生

---

① Ervin, A. M, *Applied Anthropology. Tools and Perspectives for Contemporary Practice.* Boston: Pearson Education. 2005.

② 布洛维将社会学分为 4 个领域：专业社会学、政策社会学、批判社会学和公共社会学。

③ ［美］麦克·布洛维：《保卫公共社会学》，载麦克·布洛维《公共社会学》，沈原等译，社会科学文献出版社 2007 年版；闻翔：《社会学的公共关怀和道德担当——评价麦克·布洛维的〈公共社会学〉》，《社会学研究》2008 年第 1 期。

④ ［美］麦克·布洛维：《保卫公共社会学》，载麦克·布洛维《公共社会学》，沈原等译，社会科学文献出版社 2007 年版。

⑤ Singer, M, "Community – Centered Praxis: Toward an Alternative Non – dominative Applied Anthropology." Human Organization 53 (4). 1994; Wany, W, " The Eleventh Tresis: Applied Anthropology as Praxis", Human Organization 51 (2). 1992.

了重要影响。显然，实践人类学在知识—行动这个连续统一体中处于中间位置（见图1），它有效地将二者联系起来，并将研究对象视为平等的合作者，通过人类学整体性调研，将协商的价值、理念、方法转变为策略性干预行动。

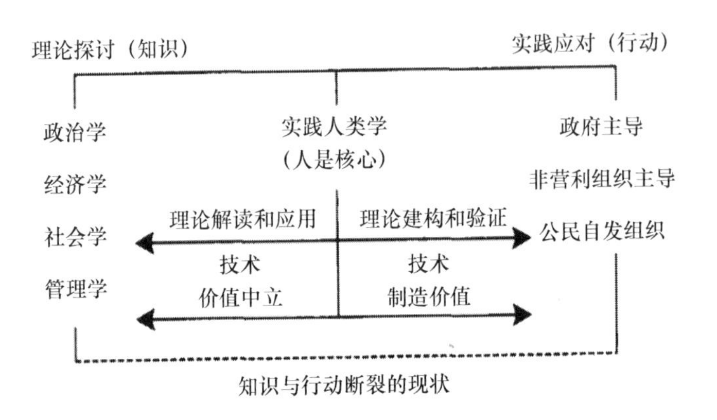

图1 作为连续统一体的志愿服务

从操作层面来说，在当代中国社会语境中，实践人类学似乎比布洛维意义上的公共社会学更易开展。针对流动儿童的适应和融入，人类学倾向从历时的成长视角进行研究和应对。这也恰恰契合了志愿行动的要求，即长期、有计划、有准备，在既定时间内承载责任。[①] 流动儿童"城市边缘人""农村陌生人""家庭孤独人"的三重身份，注定他们在社会化过程中遭遇更多、更复杂的社会和文化问题。按照心理学家埃里克森（Erik Erikson）生命历程的8阶段论，7~12岁的儿童正是掌握技能，形成勤奋/自卑感的敏感年龄。实践人类学基于对城市第二代移民群体的全面剖析，注重在这一时期培养和锻炼儿童的价值理念、学习适应、社会生活适应、心理调适能力等，这将对成年期的社会角色和行为产生重要引导。

本文围绕本土志愿服务方法论，从实践人类学视角对其予以解答。此外，传统人类学给予公众的刻板印象是，关注经济落后、奇风异俗的

① Snyder, M. & A. Omoto, "Who Helps and Why? The Psychology of AIDS Volunteerism." In SSpaca - pan S. Oskamp (ed.), Helping and Being Helped. Newbury Park, CA: Sage. 1992.

"孤岛"文化阐释，这种想象能否通过恰当应对当代主流社会——如志愿服务这样的问题——而被打破，也涵摄在本研究的视野中。

三　研究思路与方法

（一）研究思路

在实践人类学的视野中，围绕人这个核心要素，可将知识、技术、价值、资本和行动归纳至基本议题、方法、认识论和存在论的四位一体。[①] 在本研究中，这种"四位一体"的研究思路需要研究者时刻保持全观意识，在深入服务场域的脉络中逐步体会概念和理论之明晰过程，并在此基础上创建有触感、可操作的本土志愿服务模式。针对流动儿童志愿服务这个主题下的基本议题有：他们需要什么（物质和精神的关系）？学习中的问题（缺乏兴趣和动力）？生活中的问题（父母工作繁忙，无暇顾及孩子）？社会适应中的问题（礼仪和规范意识不够）？进而追问的核心问题是，流动儿童的个人发展与社会结构之间的关系如何？面对结构性障碍，个体的行动性在哪里？志愿服务的作用在哪里？在方法层面，人类学历时性的追踪，结合共时性的"客位—主客位结合—主位"的参与观察（见图2），可在对流动儿童生活全貌进行整体性把握的基础上，寻求上述问题的分析和解决。

在认论层面，本研究摒弃标签式的"弱者"观念，将这些流动儿童视为具有能动性的主体，他们具有主动认识自身、社会和世界的行动力。在存在论层面，如果仅仅积累经验数据，保持价值中立地进行理论挖掘和阐释，实则是回到连续统一体的知识生产一端。在研究中创造价值，建立规范的专业化服务模式，给流动儿童带去快乐，这才是研究者为何要进行这项研究的终极情怀。

（二）研究方法

本研究在北京一所知名的专为流动儿童开办的民办小学X校进行。X校成立于1994，多年来受到政府和民间的各方关注。

---

① 谢国雄：《以身为度、如是我做：田野工作的教与学》，群学出版有限公司2007年版。

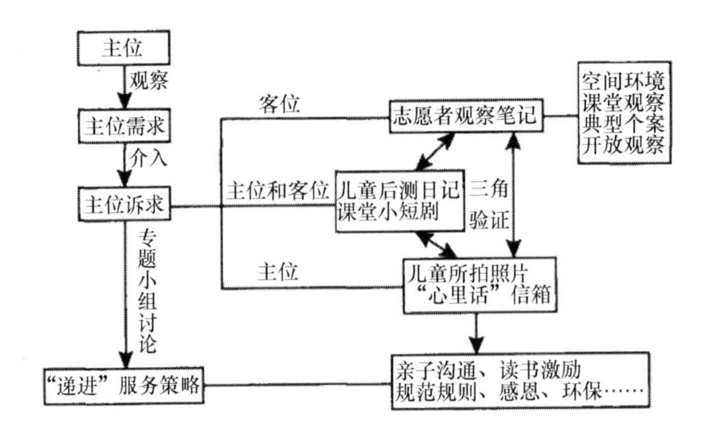

图2 "主位诉求"的志愿服务模型

本研究始于2011年10月，以中国人民大学社会与人口学院学生为主组成志愿者团队，选取当时的三三班和四一班开展志愿服务实践，至今已历时3年。本研究采用志愿者支教和组织儿童校外活动的方式，采用参与观察、深入访谈和专题小组讨论的方法，力求在历时层面——从三、四年级到小学毕业的过程中——追踪儿童的成长变化，在共时层面——家庭情况、学校生活、社会网络、社会适应、亲子关系、性格兴趣等——进行整体性调研。在资料收集方面，本研究注重来自志愿者和儿童两方面的观点。其一，通过儿童痕迹材料：儿童后测日记、课堂小短剧、儿童所拍照片、"心里话"信箱，获取儿童对于志愿服务以及日常生活需求的看法。此外，在2011年11月和2012年11月，志愿者在这两个班分别选择8名学生进行入户访谈。其二，在每次志愿服务结束后，志愿者需要撰写此次活动的观察笔记，并在专题小组讨论中，结合儿童自身提供的痕迹材料，对已有的观察笔记进行修正和补充。这种材料收集方式可以最大限度地避免撰写者的个人偏见，保证研究信度，确保接续活动设计的效度。

在资料分析方面，研究团队分阶段对观察笔记和访谈笔记进行编码分析。编码分为主题编码和解释编码①，并在此基础上将不同时期、不

① 主题编码指从数据中清晰呈现出来的主题，如空间环境、学校对志愿者态度、课堂观察、典型个案、亲子关系、社会网络等。解释编码隐含在主题编码中，是融入研究者的判断、分析和解释总结出来的，它更为关注文本的意义。本研究目前总结出来的解释编码有互为中心（志愿者和儿童关系）、志愿者空间照护、儿童自我展现、尊重和欣赏、感恩和分享、恰当使用礼物、培养小志愿者、建立规则、亲子感知错位等。

同主题、不同个案的数据进行矩阵排列和分析，识别和说明数据的核心意义，最终将抽象出来的核心理念传递给更广阔的受众，希望探索出一套系统的、可推广的针对流动儿童的志愿服务模式。

四 “主位诉求”概念

“主位诉求”是此次实验性研究提出的核心概念。它来源于人类学认识论的“主位”视角，指研究者站在研究对象的立场上，即以他者（研究对象）的观点来理解个人、社会和世界的理念。也就是说，人类学者在他者的世界中，在去除研究者本文化影响的基础上，尽可能接近和获取他者的真实想法。

（一）“主位诉求”的内涵

1. 主位。主位是指志愿者长时间参与到研究对象的生活、工作、学习、社会交往和其他活动中去，进而嵌入其社会系统、文化理念和生活逻辑之中获取研究对象的思考和行为方式。通俗地说，即在日常生活中，志愿者用儿童的目光看待世界，强调平视和平等视角，如蹲下来与儿童互动的细节动作恰恰是内化的主位视角外显于身体语言上的表达。更进一步，儿童是理论建构的合作者。

2. 主位需求。主位需求是指基于儿童视角了解他们的需要和要求，而不是志愿者站在伦理制高点上去建构儿童需要什么。在以往的志愿服务实践中，笔者常常见到的是志愿者并未进行缜密的调研，而是想当然地认为受助对象需要什么。如“我”认为你们“最”需要文具、食物和衣服。笔者的调研发现，物质往往不是儿童最重要的需求，精神需求才是。志愿者要关注他们的精神世界，要走入他们的内心与之交流。基于此剖析他们的整体需求才是志愿服务发展的正确方向。同时我们也要注意，主位需求是停留在观察层次的理解。

3. 主位诉求。通过“主位”视角的调查，将隐藏着的主位需求“倾诉”（呈现）出来，这有助于研究型志愿者寻求相应的行动策略和干预实践。主位需求的发展方向和目标是主位诉求，这又可分为两个类别。

其一，儿童具有隐藏的主体性。研究发现很多研究对象不善表达，或者说他们有一些自身并未意识到的潜在需求。比如，儿童很想与志愿者接近却拘谨、局促甚至选择逃避；家长和孩子都有潜在的与对方交流的愿望却不得其法；再如，选举“小志愿者”出现选票多于实际人数，孩子们感觉受骗，集体喊“抗议”等。由此，在视儿童具有隐藏主体性的基础上，通过志愿服务可把上述潜在的需求和引导行动的理念挖掘、倾诉并确立下来，帮助儿童认知和呈现潜在需求，并予以尊重。

其二，采取志愿者引导的“主位诉求”。作为受过良好教育、具有现代公民意识的大学生志愿者，他们通过研究预见儿童长大成人后，在融入迁入地城市中可能会有的诉求，比如礼仪、规范和生存技能等。志愿服务实则在儿童预期社会化过程中发挥重要作用，即志愿者预估并筛选儿童遇到的问题，提前对他们进行知识和理念的传导，帮助他们尽早适应城市社会，从而避免未来可能遭遇的伤害。这时，志愿者的角色主要是对无完全行为能力的儿童进行引导，鼓励儿童认识到社会化诉求的重要性，并慢慢培养他们的兴趣，使儿童成为主体践行。

无论哪种类型的主位诉求，这种“倾诉”和“呈现”对于研究者来说是一种介入策略，它以行动者的姿态迫不及待地引出下面的行动策略和干预实践。由此可以看到主位诉求概念的发展逻辑，即从主位参与到主位需求的观察，再至主位诉求的介入和关怀，强调扎实研究基础上的、有导向的介入是主位诉求的主旨。这是基于人类学视野的理论收获，并且以其行动姿态对人类学以往只重阐释的主位视角进行了发展。

（二）“主位诉求”的解释框架

“主位诉求”可分为个体层次和群体层次，相应地需结合个体生命历程、社会关系和发展进行分析和解释。

> 马敏祺和杨乔乔开始分发礼物，第一排的一个女孩子非常不屑地对后排同学说：“我就说嘛，肯定给这样的。”李惠玲去问那个孩子是否有礼物，她不耐烦地说了句：“有，这儿呢。”后面几排的男孩子也对礼物不以为然，一个男孩子还问：“大姐姐，就这一个礼物吗？”还有很多男孩子问礼物的价钱……他们又讨论价格：“这肯定连五块钱都不值！”“这个到底多少钱啊？70 还是 80（元）？”这时我就问他们：“价钱真的那么重要吗？”孩子们天真地

回答：“嗯，重要。”一个男孩说：“我想要苹果手机。”我对他们说：“我们都没有这个书签，为了你们才订的呢。”那个男孩就直截了当地说：“那这个给你吧，姐姐。”（GC04C351MMQ，五一班，2012）

这是2012年末志愿者给五一班儿童发放新年礼物时的场景。志愿者为儿童精心订做了带有中国人民大学校徽的书签，却遭到部分儿童认为不值钱、不想要的奚落。我们必须追问，这种想法是主位诉求吗？答案是肯定的，而且是志愿者认为十分重要、需要引导的主位诉求。这恰恰体现出志愿者的协助角色，他们引导服务对象挖掘和呈现自身需求，但最终是要通过儿童自身努力来满足诉求。听之任之的随时赠予则反映出当今志愿服务的一个相当严重的问题：随着流动儿童接受物质资助越来越多，其中部分儿童开始将爱心进行货币化测量。这种心态如果不及时扭转，很可能导致他们甘愿做弱势群体，主动开口或伸手“要”东西，这一旦成为常规生活状态，表面的志愿服务反而走向负面的服务终端，成为培养社会“乞讨者”的“爱心”温床，这时与其说是志愿活动对研究对象施以帮助，不如说是给他们带去被动的伤害，或者说，这种志愿服务无形中在帮助服务对象形成自己的贫困文化，进行贫困的再生产。[①] 诚然，流动儿童及其家庭的困境有其社会和经济等结构性因素，但是个体层次的职业伦理和自力更生的基本价值不应受到破坏。本研究发现这种趋势后，设计了“认识自我价值，通过自身努力去赢得梦想”的课程进行疏导，防止这种个人倾向群体扩散的局面。这种志愿策略回到了“四位一体”中的基本议题，即流动儿童所处的社会位置来讨论，并和存在论（研究者的终极关怀）紧密联系在一起。

相对于纯粹个体层次的诉求，本研究更关注流动儿童在社会化和城市融入过程中显现的群体性主位诉求。主位诉求是嵌入在社会结构视角中，探讨资源较少的弱者呈现的群体性问题及相应权利的维护。一方面，城乡二元户籍体制及其附带的义务教育、拨款、升学体制对流动儿

---

① ［美］萨拉蒙·莱斯特：《公共服务中的伙伴——现代福利国家中政府与非营利组织的关系》，田凯译，商务印书馆2008年版。

童在城市的社会生活构成了制度性排斥[1]；另一方面，流动儿童所在的家庭与城市居民之间经济差距悬殊，流动儿童很难融入城市，缺乏向上流动的机遇，这又会对其构成经济和社会文化的排斥。[2] 目前刚性的社会结构难以突破，解决这些结构性问题任重道远。

在这种情况下，志愿者需要怀着主位诉求的理念，培养儿童尚未全面显露的主体性。如果选择不干预，那么这一群体很可能陷入“宿命式”的贫困文化再生产中，甚至出现上述甘于弱势的极端状态。正如前文知识与行动断裂的现状所示，自上而下的宏大理论逻辑似乎有随着社会的扁平化，个体/群体也将走向扁平化的趋势。这种趋势不仅忽视个体/群体的立体和丰盈，并且也有简化这一阶层，忽略其内部多样性的风险。主位诉求不是杯水车薪的安慰剂，而是自下而上的志愿服务给予服务对象的预防针和提神药，显化并感知弱者受到的结构性限制，教会他们城市规范以适应环境；挖掘个人的主体性，传递自我价值，根据个体情况和能力寻求多元化路径；给与他们前行的信心和充足的心理准备，同时告知的还有在现实发展的基础上不能放弃梦想，并给予他们努力积蓄力量逢时而变的信念。

对于主位诉求的理解是多变的、动态的，处于矛盾和冲突之中。自我意识处在不断地变化过程中，很有可能出现今天的我否定昨天的我的情况。这种自我意识的斗争伴随着儿童社会化过程发生，而人类学伴随着他们成长的长时期调研，恰恰是观察、追踪和评估这些“诉求之流”最好的契机。人类学介入的研究，是希望将“主位”发展为“主体”意识，希望儿童借由志愿服务，认知并倾诉内心的想法和需求，最终成为一个有发展和选择自由的行动者。持续不断的行动性恰恰是突破结构性限制的希望，也是志愿者为之努力的方向。

五 “主位诉求”的获得和验证

如何获得研究对象的“主位诉求”呢？本研究基于三个维度的材

---

① 徐玲、白文飞：《流动儿童社会排斥的制度性因素分析》，《当代教育科学》2009 年第 1 期；郑友富、俞国良：《流动儿童身份认同与人格特征研究》，《教育研究》2009 年第 5 期。

② 吴新慧：《关注流动人口子女的社会融入状况——“社会排斥”的视角》，《社会》2004 年第 9 期。

料：“客位”的志愿者观察笔记、“半结构情境下主位”的儿童后测日记和课堂短剧、“开放情境下主位”的儿童所拍照片和“心里话”小信箱，采用这些材料彼此补充和验证的“三角验证法”来确保“主位诉求”的信度（见图2）。

（一）“客位”视角材料：志愿者观察笔记

在志愿者开展活动时，有一人专门负责对活动场域进行观察并记录。笔者提出的“客位”，是以主位融入观察，并以客位跳出分析的视角。志愿者观察笔记包括以下部分。

首先，是对空间环境的观察：包括对空间区位、外部环境、内部环境以及家庭环境的观察等。

> 教室看上去很矮，天花板很黑，看出来很久没有打扫了。教室两边的墙上挂了两台电风扇，看上去也很黑了。（GC01A133ZYX，三三班，2011）
>
> 地下室房间很小，不到10平方米，有一张饭桌，紧靠着的是一张床，床边上有几个大盒子，只有一盏灯，十分昏暗。我们坐在床上，感觉被子有点潮湿。（JF02A151CHD，五一班，2012）

从上述的空间观察可以得出，教室卫生环境差，居住环境狭小，很多儿童利用家用小板凳和饭桌学习。根据这种情况，志愿者设计了一次环保课，由志愿者引导儿童认识到环保诉求。在这次活动中，志愿者亲自示范，让儿童比赛寻找班级的脏角落，并带领儿童打扫卫生，告知细菌、粉尘对身体的危害。志愿者还用废纸教儿童制作小储物盒，可在家中收纳杂物，节约空间。环境保护作为现代公民的一项基本义务，是流动儿童成长过程中必将面临的重要问题。志愿者的及早引导和干预旨在培养儿童从小养成保持环境整洁、低碳节能的生活习惯。

其次，在课堂观察部分，涵盖志愿者表现和儿童反馈等内容。

> 杨乔乔介绍短剧《威尼斯商人》的背景：“哥哥姐姐排练的短剧都是按照我们给大家的要求排练的，事先认真读了书，之后才分角色演了这出剧。”随后，隋新然上台表演，他扮演的是《威尼斯

> 商人》中辛勤、善良的安东尼奥。而刘上“本色”表演吝啬鬼夏洛克，刚开场的一句：“你谁啊，我认识你吗？”台下孩子们的笑声一下子爆发了出来。后排有个小女孩站起来观看，并且提醒后面的男同学不要说话。当夏洛克狡黠地说出：“还我3000金币！”孩子们一阵骚动，纷纷谴责夏洛克太过黑心。安东尼奥可怜巴巴地回答道：“我还，我洗厕所赚钱我也还！”孩子们又是一阵哄堂大笑。在安东尼奥还不起钱向夏洛克哭诉“您不是说3000金币对于您来说就是九牛一毛嘛”的时候，夏洛克暴露出了吝啬鬼的本色：“我什么时候说了，谁听见了？”孩子们纷纷义愤填膺地说：“我听见了！”当最后由焦妍芮饰演的鲍西亚出场使得事情出现转机，夏洛克的财产被没收充公的时候，台下顿时掌声雷动。在孩子们的欢呼声和掌声中，演出结束。(GC04C261HZY，六一班，2013)

2012年，在对四一班班主任李老师访谈时，她谈到学生作文水平不高，希望志愿者帮助他们提高写作能力。同时，儿童后测日记中也有“希望有语文书”“作文书”“科学书”的诉求，因此志愿者在2012年春和2013年秋设计了两个学期的“读书激励”活动，上述案例是志愿者设计的一个场景。这一场景可视为人类学田野中研究者和研究对象互惠的情境。情境效应在志愿服务中十分重要，威尔逊（John Wilson）在其著名文章《志愿行动》（*Volunteering*）中提到，情境因素对于个人参与志愿服务的影响是最难理解的田野事项，比如所在的学校、居住地有效地影响志愿服务的动机和方向。[①] 但是在具体的志愿服务实践中，情境效应的应用和效果却很少见到。布洛维发展的“拓展个案法”中也提到了情境的重要性。他谈到实证科学试图将情境效应控制到最小的程度，却在实践中一定受到四种“情境效应”（访谈、回应、场所以及情景效应）的限制[②]，这在某种程度上使得实证研究陷入自欺欺人的境地。

在人类学视野中，田野自始至终都是一种情境性存在，通过研究者

① Wilson, J, “Volunteering.” Annual Review of Sociology 26. 2000.

② ［美］麦克·布洛维：《拓展个案法》，载麦克·布洛维《公共社会学》，沈原等译，社会科学文献出版社2007年版。

参与的和多方力量互动的场域透视出具象（当下场景）和抽象（政治、文化、权力等）情境的意义，并给予文化阐释。对于实践人类学来说，研究者会直面拥有各种需求和期望的研究对象，这时十分考验对于情境的把握（不仅仅是阐释）功力，因为其行动和表述将会对研究对象产生直接影响（Ervin，2005）。[①] 在具体的志愿服务中，笔者认为微观情境至关重要，因为这种基于互动基础上的志愿者的实时观察、评估和引导，可有效激发服务对象的参与热情。在上述“读书激励”的策略中，志愿者基于观察更重参与，将自身融入活动设计之中，消除“教”“学”身份的二元对立，摒弃僵化的说教，强调志愿者和儿童是平等的参与者，同样需要遵守活动规则。活动要求参与者读书后，组队排剧和大家分享有趣的故事。志愿者率先示范，通过“互惠”激发儿童读书和表演的热情。从儿童的反馈来看，他们对这次活动内容很感兴趣，甚至连平时最淘气的男生都伸长脖子，屏息观看，而且帮助志愿者改编短剧结局。由于“教”者地位下降的新鲜设计，儿童一改志愿者演剧前被动、消极的参与状态，有几个组踊跃举手要求演剧，与志愿者一较高下。在这种情境下，志愿者辅以读书重要理念的传递，调动起他们主动读书和写作的积极性。在之后的一次志愿服务中，志愿者发现有儿童在我们提供的书中找到《莎士比亚文集》，翻看《威尼斯商人》。这说明题目的设计和方法的表达十分有效，达到了读书激励的目的。

第三，在典型个案部分，选取不同类别的儿童进行重点观察，包括他们的行为、性格、兴趣等；记录观察对象自己讲述的故事；同时发现可以参与或主导志愿活动的“小志愿者”。

> 班里有个弱视女孩，镜片很厚，常低着头摆弄手指，一直游离在活动之外。张钊前去引导：“你好，你怎么不在本子上写呢?”女孩默不作声。张钊帮她翻开本子：“在这个位置写上你名字的汉语拼音就好了。”女孩还是不理，周边同学扭身对张钊说：“哥哥，她眼睛不好，看不见黑板。”他们主动帮助该女生。之后，女孩表现渐好，但还是不参与互动。但当陈玉佩说教英文歌时，她突然抬

① Ervin, A. M, *Applied Anthropology. Tools and Perspectives for Contemporary Practice.* Boston: Pearson Education. 2005.

头，很感兴趣的样子。（GC02D133ZZ，三三班，2011）

身体有残疾的儿童内向少言，参与活动较为被动，自我边缘化倾向明显。志愿者并未按照一般照顾“弱者”的办法过多地呵护他们，而是像对一般儿童一样调动他们参与活动的积极性，并给予眼神肯定和肢体语言（如轻拍肩膀）的鼓励。在志愿者的鼓励下，弱视女生在同桌的帮助下，折出属于自己的小储物盒，很有成就感。并且，在读书激励活动中，志愿者专门为弱视女生准备了一本黑底白字的、可供视力残障人士阅读的书，确保她可以正常参与活动，发表自己的看法。小女孩十分高兴，对这本书爱不释手。

（二）“半结构情境下主位”的儿童痕迹材料：儿童后测日记和课堂小短剧

除了志愿者观察笔记外，本研究采用一种“半结构情境下主位”的策略，即由志愿者根据已有活动设计问题框架，由参与的儿童提供答案，从而获得儿童对于诉求的理解。这种志愿者引导下的“主位”视角，可通过两种痕迹材料呈现。

1. 儿童后测日记：每次志愿活动之后，志愿者会发放包含 3 ~4 个简单易懂、围绕课堂内容的小日记，检测儿童对于活动核心内容的理解程度和认知水平。如下述这个案例，小日记诸问题的回答均围绕着课堂内容，说明志愿活动收到成效，寓教于乐。

> 感恩、分享和规则是什么意思？——感恩是报答、感谢；分享是最喜欢的玩具给他玩，分享是巧克力分给他一半，分享是和别人一起快乐、爱和悲伤；规则是过马路看红绿灯，规则是放学要排好队，规则是游戏不许破例等。（儿童日记，2011）

除了围绕课堂内容的封闭式问题外，志愿者还设计了与他们日常生活相关的开放式问题，进一步了解儿童的兴趣、需求，打开儿童的内心世界。

> 最近有没有什么特别想做的事情、特别想见的人？——想见家

乡的爷爷、奶奶、姥姥、兄弟姐妹；想玩小游戏等。（儿童日记，2011）

在回答这个问题时，很多儿童回答想念老家亲人，志愿者据此在感恩节的志愿服务活动中，教儿童做感恩贺卡，借此送给想要感谢的人或者远方的亲友，培养他们的感恩意识。

群体性亲子沟通缺乏/不畅是本研究发现的一个重要问题。这些儿童虽然跟随父母在不同城市和地点流动，然而亲子之间真正相处的时间并不多。父母通常工作繁忙，回家很晚，疏于孩子的生活照顾和课业辅导，就连周末也难得带孩子出去游玩，因此打工父母和孩子虽然生活在一起，却是心理上的“陌生人”。

问：叔叔阿姨你们和 WR 发生过什么矛盾吗？因为些什么？

WR 母：发生过啊。像那回数学考了 40 几分，真是气死我了，气得我哟（旁边的邻居说，不是 WR 吧，是他姐姐）。是 WR，我记得很清楚，真是把我气得哟，狠狠地把他揍了一顿。

从问这个问题开始，我就感觉 WR 情绪不大对，眼珠里好像有泪水在转。果然，在阿姨又一次说道“把我气得哟”时，WR 就哇哇大哭起来了。（四三班家访，2012）

同以往亲子沟通缺乏研究不同，笔者发现亲子沟通不畅比沟通缺乏更应引起注意。在孩子一方，志愿者观察到他们有心事宁可与同辈交流，都不愿意对父母说，但又潜藏着和父母交流的愿望。通过家访，志愿者了解到父母有与孩子沟通的诉求，比如说他们很多时候并不知道孩子在想什么，他们会怪孩子有心事不和他们说，遇事往往从他人身上找原因。并且，流动儿童的父母会觉得自己没时间、没知识，因此把培养孩子的所有希望寄托在老师身上。此外，他们也向志愿者求助，希望志愿者帮扶和培养孩子，传达学习的重要性。综合上述情况，与其说是父母推卸责任，毋宁说他们根本没有意识到自身在孩子成长过程中的关键作用。多数父母不懂得如何与孩子沟通，武断地使用他们认为正确的教子方式（比如上述案例中的“打”），从而造成与孩子之间的隔膜，陷入亲子沟通不畅—缺乏关注—沟通不畅的恶性循环。

根据分析发现的亲子感知错位状况，志愿者于2012年秋以“亲子沟通”为主题，专门设计了一个学期的志愿活动。活动采用双向沟通的形式，即从儿童那里通过怀孕志愿者（大学老师）现身讲述孕育生命的辛苦、积极/消极处理亲子冲突的角色扮演、家庭关系的雕塑展演等内容打开切入口，调动起儿童一方潜藏的亲子沟通的主位诉求；同时挖掘父母的主体意识，认清他们在儿童成长过程中不可替代的重要角色，以期找到亲子交流的对接点并加强沟通。

2. 课堂小短剧：是由志愿者设定主题、儿童自主编排并在课堂上表演的短剧。课堂小短剧的主题与志愿服务传达的核心理念密切相关，与志愿服务的阶段性策略契合，从而有助于志愿者获得来自儿童“主位”的更为丰富的诉求信息。

在亲子沟通主题的志愿活动中，志愿者鼓励儿童将生活中发生的亲子故事以短剧的形式展示出来。与前述日记和家访内容一致，在儿童编演的短剧中出现了“考不好受责骂”的场景。志愿者根据“亲子感知错位”的解释编码，在2012年末亲子联欢会上，设计了穿插下述场景、由志愿者合唱的《相亲相爱》，很多父母和孩子看后紧紧相拥在一起。2013年9月，志愿者进行回访时，六一班的ZPP同学告诉志愿者，她爸爸以前和她没什么交流，参加联欢会后，爸爸开始主动与她沟通，关心她平日的兴趣，父女俩关系越来越好。

1人扮演孩子：其实我考不好，非常害怕和您说，我怕看到您失望的神情。其实我想告诉爸爸妈妈，我一直在努力，请给我点时间。如果这次我考了30分，下次考了40分，还是请您给我点鼓励，因为我进步了，哪怕这个进步只有一丁点。

1人扮演博士：很多孩子因为做错事挨打，对父母心生怨恨，不愿意和父母交流。听听父母心中的真心话。

1人扮演父母：爸爸其实非常爱你，只是爸爸没有找到和你交流的有效方式，以为打可以解决一切问题。当发现打不起作用的时候，爸爸也毫无办法，认为自己很失败。爸爸会努力寻找和你交流的最好方式。

……

博士：我们也听老师说过，家长对他们的期望很高，认为把孩子交到老师手里就万事大吉，可是千万不要忽略父母在培养孩子过程中的重要作用。

父母：我们能有啥作用啊？我们没什么文化，老师学问高，教书育人，交给学校不放心还交给哪里放心啊？

博士：千万不要这样说，父母是贯穿孩子一生的老师。您的作用可是学校里的老师代替不了的。您在日常生活中的一举一动，都会对孩子的一生产生重要影响。所以，请好好地看待自己，认清责任，鼓励自己！父母是孩子的最好表率！（JTO2C2FXX，2012）

（三）“开放情境下主位”的儿童痕迹材料：儿童所拍照片和“心里话”信箱

与“半结构情境下主位”的视角相比，“开放情境下主位”则是在志愿者未干预的情况下，将主动权完全交到儿童手中，请他们自由表达内心的想法和情感。本研究发展出两种体现“开放情境下主位”视角的儿童痕迹材料。

1. “我眼中的世界”拍摄活动：每个儿童都有一天时间做相机的小主人，拍摄他们想拍的东西。这个活动的设计来源于法国人类学家让·鲁什（Jean Rouch）提出的“分享人类学”视角。20 世纪六七十年代，鲁什在摄制民族志电影的过程中，将已拍素材提供给研究对象进行评判，并拍摄他们的回馈作为重要组成部分融入电影。他强调“集体作者”身份，最为珍视所有参与者的平等关系，每个人都有机会发声，表达自己对于电影的真实想法。[①] 这种民族志电影中的分享视角和后现代人类学提倡的“多声道”一致，超越研究者认定“真实”的单向把握，修正“主位—客位”二元对立的简单沟通，以期获得“真实”的多元理解和意义建构。志愿者将其理念进行转化，融入儿童主导的活动中。通过开展照片分享会，让每个儿童讲述拍摄背后的故事，志愿者作为倾听者，与儿童共同关注他们对于生活和社会的理解；从而在诉求获取上得到“互为主体”的经验验证，并在干预层面上予以修正和启发。

2. “心里话”信箱：是在班级中设立留言信箱，儿童可将他们想对

① ［法］让·鲁什：《摄影机和人》，载保罗·霍金斯主编《影视人类学原理》（中译本第 2 版），王筑生、杨慧、蔡家麒等译，云南大学出版社 2007 年版；Colleyn，J，“*Jean Rouch：An Anthropologist Ahead of His Time.*” American Anthropologist，107（1）．2005。

志愿者说的心里话写在纸上投入信箱，并由志愿者对儿童提出的问题给予及时的“一对一”回复。由于保护个人隐私，又不设主题、不讲格式，信箱留言常会呈现出与儿童在课堂上表现差异较大的内容和状态。在基于互相信任的状态下，流动儿童愿将自己最真实的一面展现给志愿者，希望得到志愿者的理解、释疑和关爱。

> 大哥哥、大姐姐：今天我抽中了去天桥玩的机会，可是你们说必须要有身份证才能去。我没有身份证不敢在班上说，但是我特别想跟你们去。我真的没有机会了吗？（“心里话”信箱，2013）

2013 年末，志愿者筹划带领流动儿童及其父母到天桥社区，与退休老人组成临时家庭开展新年联欢。志愿者采用抽签形式在两个班中各邀请 13 个流动儿童家庭参与活动。考虑到要为儿童和家长购买保险，少数没有身份证的儿童便失去了参与活动的机会。在抽签过程中，这位女生抽中了活动门票，但因害怕其他同学歧视自己没有户口，同时又非常希望参与活动，她没有当场弃权，而是在“心里话”信箱中给志愿者留言。主位诉求的直白表达，促使志愿者反思在制定规则时缺乏全面思考和灵活变通，使得户籍问题可能在志愿服务过程中给流动儿童带来“二次伤害”。因此，志愿者调整了行动策略，放宽了身份证的限制，给一部分没有户口的儿童参与这次活动的机会。并且，这种完全开放式的主位诉求的反馈形式，不仅拉近志愿者和儿童的心理距离，同时做到在考量群体性主位诉求的基础上兼顾个体层次上的合理诉求。

综合以上三种研究材料，我们看到在共时层面上，志愿者观察笔记（主位观察、客位分析）得到的诉求，在儿童后测日记和课堂小短剧（半结构情境下主位）或儿童所拍照片和“心里话”信箱（开放情境下主位）中也得以呈现；志愿者在后两者中得到的数据，也可以拓展主位诉求的思路，并通过志愿服务中的进一步观察进行验证。总之，这三者以相互补充、相互佐证的态度确保“主位诉求”的效度和信度。

值得一提的是，“三角验证法”并非局限在一个特定时点，而是随调研时段的延长不断调整和发展，这点可在下面的“递进”行动模式中有所体现。在志愿服务的不同阶段，实践的成功或失败预示着理论的纵深发展，同时也会随着未来的实践情境发展而再次得到验证。

六 递进的行动模式

讨论过核心概念“主位诉求”后，围绕它的具体行动策略是什么？以往看到的针对流动儿童或其他弱势儿童群体的志愿服务，多是那种事先设计好行程的并列式的行动策略，本研究试图转换这种模式，转而探索一种在行动发展过程中递进式的、灵活的、因应变化的行动策略。

根据本研究的经验，专题小组讨论是实施递进策略的一种切实有效的研究方法。它通过引导具有共同特质的群体进行集体讨论，可很快就某一议题收集到大量信息，记录并分析群体成员对观点和对彼此的回应。这样可做到事半功倍地发现核心问题，为下次志愿服务设计做准备。以下内容是本研究第一个年度周期（2011 年 9 月—2012 年 6 月）实践的递进志愿服务策略。

> 与陌生人打招呼。通过参与观察，志愿者发现向儿童做自我介绍时，孩子们的眼神里透着好奇和渴望，但是又很拘谨，不知道如何大方破冰、交到新朋友。而在儿童日记中，他们很想知道志愿者的名字，对于志愿者的兴趣、穿着、生活等充满好奇。因此，我们的首次活动设计为与陌生人打招呼，加强人际沟通。
>
> 说“谢谢”和“对不起”。通过参与观察、家访和儿童日记，我们发现儿童和父母之间交流甚少，朋辈之间缺乏帮助和分享意识。因此，我们设计了对父母和朋友说谢谢的活动，希望消除彼此的隔阂，进而延伸至对帮助过你的人说谢谢。
>
> 制作感恩贺卡。前文提及儿童日记中提到想念留在家乡的祖辈和兄弟姐妹，同时结合参与观察和儿童日记，志愿者发现学生特别喜欢做游戏，因此在感恩节那天教学生制作贺卡。
>
> 制作环保储物盒。通过观察，志愿者发现学生对动手的事情很感兴趣。结合学校内外卫生环境较差，以及家访中发现的家庭空间狭小拥挤，因此设计此课增强环保意识。

值得注意的是，递进的行动模式是一个整合系统，其中的各个元素并不孤立，是以一种“润物细无声”的方式在每个活动中相互呼应和夯实，从而营造新的情境，有助于发现新问题。这种实验性的递进模式在2012年6月，X校30名学生参观中国人民大学的活动中得到淋漓尽致的体现。志愿者将一年以来传输的知识和理念自然地融合在一次集体活动之中，比如在学校探险途中要到周末书市和图书馆——呼应读书、爱惜书；桃花岛捡拾垃圾——保护环境；明德广场任我闯——呼应走出去，世界很精彩；请路人帮助小队拍合影，不同小队碰到击掌——与陌生人打招呼，友好、礼貌；严格遵守活动时间，不离开“一对一”的志愿者视线——呼应遵守规则理念，从而起到巩固知识和行为规范的作用。

由此可以看到，递进的服务模式要求服务的知识和理念内化于心，遇到合适的活动情境就要激活，并要适时传递给服务对象且时常温故知新。这里的逢时，不单单意味着在一个月、半年的活动中要激活知识，在我们的实践中往往是一年后、两年后还要设计相关场景进行温习和巩固，比如2013年末我们再次邀请流动儿童的父母参与联欢会加强亲子沟通；2014年春设计“认识自我价值”活动来温习2012年春的类似主题。与前述共时层面的“三角验证法”有效结合，可不断丰富递进服务模式的发展，为其提供资料和策略。此外，递进志愿服务的开展为“三角验证法”中各部分内容营造新情境，为其提供深入发展和验证的可能性。这无疑对志愿者提出很高的要求，他们需要进行专业训练，才能具有这种理念和实践瞬时和历时对接的能力。

七　总结性讨论

由于不同的历史、政治和文化环境，造就了中西方志愿服务的不同发展路径与现状，令人深省。在西方国家，公众有参与公共福利的传统，这与传统宗教的价值情怀和现代民主社会的建构与成熟息息相关。在这种社会和文化背景下，知识与行动的对接、伦理规范等因素得以保证。[1] 国内大部分志愿服务呈现高度组织化、政治化，这一以权力为导

---

① Grimm, R. N & J. Bey Dietz, *Volunteer Growth in America; A Review of Trends Since* 1974. New York: Corporation for National and Community Service. 2006；孙宝云、孙广厦：《志愿行为的主体、动机和发生机制》，《探索》2007年第6期。

向的志愿服务必然呼应其“仪式性”情结，即偏重重大公共事件中的集体性参与及引发的时效性国际反响。这种展演及其带来的巨大声望对于志愿者的社会动员十分重要，群体性的志愿激情和行动很容易被激发。然而，这种更重效果的短期行动往往忽略了志愿服务的长效运行机制（理念、方法、管理、评估等），或者说政府主导的志愿服务并未以专业化、系统化，最重要的是制度化的实践植根在民众日常生活中。并且前述志愿服务领域的问题也是当今中国社会诸多怪现状的一种，需要结合民族性、教育、政治等更广层面的要素进行梳理和讨论。毋庸置疑的是，在这种“仪式性”运动的喧嚣中，“受助”个体的声音和需要往往被淹没。

本研究提出的“主位诉求”概念模型，正是希望采用参与观察的方式，从具体而微的研究对象的声音入手，探究他们的“求”与志愿者的“供”的有效对接。具体的研究理念是，从研究对象的“主位”视角出发，到探究“主位需求”，再至帮助研究对象挖掘呈现或是介入引导“主位诉求”，这不仅是“供”寻求的方向，更是将“供方”姿态拉低“求方”姿态上升，“供”“求”双方从两条平行线到细致磨合画等号的过程。具体的研究产出是，通过志愿者观察笔记（主位观察、客位分析）、儿童后测日记和课堂小短剧（半结构情境下主位）、儿童所拍照片和“心里话”信箱（开放情境下主位）等“多声道”材料收获和验证主位诉求，并基于此发展与儿童预期社会化息息相关的具体服务内容。具体的研究策略是，针对“主位诉求”的干预策略是递进式的。也就是说，每次活动内容的设计都紧紧依靠经验材料，逐步深入；不同次活动中出现的元素可在不同的情境中彼此呼应，夯实知新，这不啻是一个可持续发展的有机体。“主位诉求”模式最终希望，将主位上升为主体意识，使儿童以一种快乐、自信和开放的心态面对变化的社会和世界。

本研究通过历时—共时结合的策略来确保主位诉求完整和准确的呈现。共时层面上的客位、半结构情境下主位以及开放情境下主位视域，使主位诉求的“三角验证法”自身也成为一个连续统一体，最大范围、最大限度地涵盖了场域脉络中的声音和观点。历时层面上的长时段调研，一是可在行为之流营造的不同情境中追索主位诉求，并对某些不可复制片段中的人物和事件进行观察，从而获取主位诉求的变化轨迹和发展趋势。二是将“三角验证法”置于历时坐标中考量，并基于这种动态的研究实践发展出递进的服务策略，从而构成另一个历时层面上主位诉求的连续统一体。这种随情境调整的、兼顾深入和持续的策略，以及对于理论和实践（尤其是细节）敏锐的体察、分析和相关勾连，构成对于主位诉求的精准理解。由此引发的思考是，志愿服务因其资料的丰富和复杂难以量化，所以补充人类学数据并辅以人类学理解，这对于新时期志愿工作十分重要。

在实践人类学的研究过程中，“人”被置于前所未有的重要位置。在这一视角下，认识论与存在论相互形塑，即志愿者通过调研的不断深入，不断厘清对于流动儿童的看法再反观自身（认识论），从而调整自身坚持志愿服务的理念和情怀（存在论），最终走向二者的统一。至于志愿服务给志愿者带来的改变，以及深入分析志愿者和服务对象的关系建构，这显然是另一层面的问题，笔者会另外撰文详述。罗红光提出“自我的他性”概念，指涉志愿者在行动中观察他者，反观自我（这时的自我为客体），二者的公共性即志愿者以前未挖掘出的“他性”。[①] 相较而言，笔者更倾向于将志愿者和服务对象视为一个“利益”和“情感”的共同体，也就是置于志愿服务的情境中考察二者的关系建构。在基于主位诉求和递进策略的志愿行动中，在逐步推进的“镜中我”效应下，在识别出“自我的他性”后，志愿者和服务对象如何彼此理性地“互为中心”。[②]

这种理性不仅是“主位诉求”倡导的志愿者和服务对象以平等的主体地位进行沟通，更要将其放在社会结构和社会现实背景下进行思考。笔者重申的是，在社会阶层越来越固化的今天，结构与行动的“矛盾”关系似乎更加难解，但是结构性障碍并不代表个体没有因为志愿模式影响而改变的可能，研究者不可武断地使用理论逻辑去限制个体性的现实发展。尤值一提的是，诸多研究显示新生代农民工比他们父辈——第一

---

① 罗红光：《对话的人类学：关于“理解之理解”》，《广西民族大学学报》（哲学社会科学版）2013 年第 3 期。

② 笔者在志愿服务过程中发现，志愿者和儿童在互动过程中的不同阶段，均将彼此视为中心来建构并指引行动，这是一个志愿者从利己到共赢、从激情行动到价值理性的发展过程。笔者将其总结为“互为中心”理论，会另撰文加以详述。

代农民工具有更强的权利意识①，那么通过志愿服务唤起、联结并建构未来公民社会就具有理论上的可能性，这也是公共社会学、实践人类学、公共管理等学科殊途同归的目标。

面对如此宏大视野和未解难题，同时基于知识—行动连续统一体的断裂现状，学院派的行动策略十分重要，并且是必然的发展趋势。本研究发挥人类学的学科优势，扎根在X校这个田野，嵌入其社会系统、文化理念和生活逻辑之中进行深描。最重要的是，知识转化为适切的实践活动。基于志愿服务的整体效果评估，“主位诉求”的操作化框架对大学生志愿者提出了最优方案，比如至少提供一年服务，以主题为单位（如亲子沟通、读书激励）开展整学期的服务效果更佳等。这实则也是实践对于知识的“反哺”，从志愿服务角度对人类学理论进行拓展，实现理论与实践的互惠发展，彼此尊重。当然，今后的研究应继续结合学术策略，发动多方力量进行政策倡导，才是解决服务对象最终问题的关键。

人类学这种个案式的研究最受诟病的是其推广意义何在，本研究以紧紧贯穿的“四位一体”研究思路给予解答。人类学提供的不是一个标准化模型，更多是“认识论”上的反思，启发其他知识背景的受众使用尊重和理解的视角对“基本议题”进行重新思考，并利用持有的知识和资源进行“方法”上的适应性转变，最终回到各种生命情感相互激荡的“存在论”甚至是本体论上的反思，我究竟是谁？我行动的意义和价值在哪里？受到这种思路的影响，其他知识背景的志愿者利用自身的知识结构和研究对象对话，很可能激发出更为丰富的主位诉求，从而拓展相应的志愿策略和实践，最终基于人的“全观”使志愿服务提高效度。这不仅是人类学视野中“地方性”“个案性”对于“一般性”“普遍性”的回应，同时也为擅于研究“部落社会”“少数族群”的人类学是否可以进行现代社会、主流人群研究提供了答案。

参考文献

1. ［美］麦克·布洛维：《拓展个案法》，载麦克·布洛维《公共

① 李培林、田丰：《中国新生代农民工：社会态度和行为选择》，《社会》2011年第3期。

社会学》，沈原等译，社会科学文献出版社2007年版。

2. ［美］麦克·布洛维：《保卫公共社会学》，载麦克·布洛维《公共社会学》，沈原等译，社会科学文献出版社2007年版。

3. 邓国胜：《政府与NGO的关系：改革的方向与路径》，《探索与争鸣》2010年第4期。

4. 郭良春、姚远、杨变云：《流动儿童的城市适应性研究：对北京市一所打工子弟学校的个案调查》，《青年研究》2005年第3期。

5. 景晓娟：《重大公共事件中青年志愿者利他动机的研究——以2008年北京奥运会青年志愿者为例》，《中国青年研究》2010年第2期。

6. 李培林、田丰：《中国新生代农民工：社会态度和行为选择》，《社会》2011年第3期。

7. 梁祖彬：《香港非政府组织的发展：公共组织与商业运作的混合模式》，《当代港澳研究》2009年第1期。

8. 刘和忠、吴宇飞：《大学生志愿者活动问题分析》，《中国青年研究》2011年第11期。

9. ［法］让·鲁什：《摄影机和人》，载保罗·霍金斯主编《影视人类学原理》（中译本第2版），王筑生、杨慧、蔡家麒等译，云南大学出版社2007年版。

10. 罗红光：《对话的人类学：关于“理解之理解”》，《广西民族大学学报》（哲学社会科学版）2013年第3期。

11. ［美］帕特南·罗伯特：《使民主运转起来》，王列、赖海榕译，江西人民出版社2001年版。

12. ［美］帕特南·罗伯特：《独自打保龄——美国社区的衰落与复兴》，刘波、祝乃娟、张孜异等译，北京大学出版社2011年版。

13. ［美］萨拉蒙·莱斯特：《公共服务中的伙伴——现代福利国家中政府与非营利组织的关系》，田凯译，商务印书馆2008年版。

14. 孙宝云、孙广厦：《志愿行为的主体、动机和发生机制》，《探索》2007年第6期。

15. 王名、孙伟林：《我国社会组织发展的趋势和特点》，《中国非营利评论》2010年第1期。

16. 闻翔：《社会学的公共关怀和道德担当——评价麦克·布洛维

的〈公共社会学〉》,《社会学研究》2008 年第 1 期。

17. 吴新慧:《关注流动人口子女的社会融入状况——“社会排斥”的视角》,《社会》2004 年第 9 期。

18. 谢国雄:《以身为度、如是我做:田野工作的教与学》,群学出版有限公司 2007 年版。

19. 徐玲、白文飞:《流动儿童社会排斥的制度性因素分析》,《当代教育科学》2009 年第 1 期。

20. 杨团主编:《慈善蓝皮书:中国慈善发展报告(2014)》,社会科学文献出版社 2014 年版。

21. 张杨:《大学生志愿服务的现状与对策分析》,《山东省团校学报》2007 年第 5 期。

22. 郑友富、俞国良:《流动儿童身份认同与人格特征研究》,《教育研究》2009 年第 5 期。

23. 中国新闻网:《截至 2013 年 11 月底中国注册青年志愿者达 4043 万》, http://ww.chinanews. com/gn/2013/12 – 02/5568702. shtml。

24. Brudney, J, *Fostering Volunteer Programs in the Public Sector.* San Francisco: Jossey – Bass, 1990.

25. Colleyn, J, “*Jean Rouch: An Anthropologist Ahead of His Time.*” American Anthropologist, 107 (1) . 2005.

26. Ervin, A. M, *Applied Anthropology. Tools and Perspectives for Contemporary Practice.* Boston: Pearson Education. 2005.

27. Grimm, R. N & J. Bey Dietz, *Volunteer Growth in America; A Review of Trends Since* 1974. New York: Corporation for National and Community Service. 2006.

28. Salamon, L. “The Rise of the Nonprofit Sector.” *Foreign Affairs* 73 (4) . 1994.

29. Singer, M, “Community – Centered Praxis: Toward an Alternative Non – dominative Applied Anthropology.” Human Organization 53 (4) . 1994.

30. Snyder, M. & A. Omoto, “Who Helps and Why? The Psychology of AIDS Volunteerism.” InSSpaca – pan S. Oskamp (ed.), Helping and Be-

ing Helped. Newbury Park, CA: Sage. 1992.

31. Ulin, P. R, E. T. Robinson & E. E. Tolley, *Qualitative Methods in Public Health: A FieldGuide for Applied Research.* San Francisco: Jossey - Bass. 2005.

32. Wany, W, "The Eleventh Tresis: Applied Anthropology as Praxis", Human Organization 51 (2) . 1992.

33. Wilson, J, "Volunteering." Annual Review of Sociology 26. 2000.

作者简介

富晓星（1978— ），女，人类学博士，中国人民大学社会与人口学院讲师。研究方向：影视人类学、医学人类学、性与性别研究等。邮箱：fuxiaoxing@126.com。

刘上（1992— ），中国人民大学社会学系2011级本科生。

陈玉佩（1990— ），中国人民大学社会工作系2013级研究生。

第三编

文化转型之于人类学

人类学与文化转型

——对分离技术的逃避与“在一起”哲学的回归

赵旭东

世界悄然之间正在发生着一种巨变，这种巨变必然是一种形态学意义上的转化，因此可以称为一次转型。这种转型一波强似一波，它首先在我们的精神层面上深度地影响着我们的思考以及相应的行动，这种影响从经济到政治、从政治到社会、从社会到文化，一步步逐渐展开，我们生活的方方面面，都会因此而发生一些带有根本性的转变，它也迫使我们必须对当下极为紧迫的社会现实变化给出一种自觉的选择。并且，这种经由选择而固定下来的生活，其本身又可能会成为下一次新的选择的开始，日常的生活因此而成为了一种不确定性的存在状态。①

时空坐落的现场感和确定性因此而消失殆尽，人们处在同一时间下的不同空间中的相互交流，随着电子通信技术的发达，而成为了一种可能和必然；同样的，在同一空间下的不同时间存在的展演，更成为我们今天看待过去和历史的一种方式，我们实际上无意之中是把我们的生活安插和固定在了一座博物馆之中；反过来，我们因此似乎也希望，我们自己的生活就是一座博物馆，总是在期盼着现在的要比过去更为进步，未来也要比今天更为先进，它的谱系的轨道便是一种博物馆隐喻的谱系。这同时也是我们今天经由某种选择而固定下来的一种价值观，它们改变了我们时空存在的唯一性和确定性，并以波动性和不确定性的风险来对此加以取代。

与此同时，曾经依赖于某种再具体不过的时空坐落下的人类学家的

---

① 赵旭东：《从社会转型到文化转型——当代中国社会的特征及其转化》，《中山大学学报》（社会科学版）2013 年第 2 期。

田野工作地点，在这个意义上转变成为一种不断变化之中的田野地点，它可能是在多个地方，可能是在网络上，也可能是在历史中，它还可能是在虚拟的海外漫布的世界中展开，总之，就是不在某一个具体时空坐落的点上，这逼迫我们不仅要像之前的人类学家一样去做一种极为静态的描述，还要注意到这静态之前的一系列动态的变化及其走向，并要努力去把握那种使人和物行动起来的文化力量究竟何在。

作为人类学家，我们因此变得既是一位历史学家，又是一位社会学家，更是一位深思熟虑的哲学家，同时还必须是一位有着敏锐感受性的艺术家，我们面对今天多变的世界，也自然成为了有着多个面相的人。

灵动与文化

今天，在人们开始不断地拿文化来标榜这个时代的总体特征之时，实际上我们也会渐渐地发现，文化其真正的意义可能恰恰迷失在了我们对于文化的一种不断地界说和挪用之中。但这又绝不意味着，我们现代人对于文化有一种必然的忽视或淡忘，反过来，恰恰是由于我们过度地看重文化本身，不断寻找自认为已经“迷失了的文化”，并使之成为我们意识中的一部分，由此我们对文化做了一种并非恰如其分的理解。

很多时候，我们也许并不清楚，文化实际上就是一种无法真正去明确地加以界定清楚的飘忽不定之物，如果你愿意，你完全可以像理解“灵”的概念一样去理解一种文化，[①] 即文化自身所具有的一种灵动性，无法真正地能为人所准确地捕捉到，而一旦某人捕捉到了，那也就像浮出水面的鱼一般，顿时便失去了其在水中的那份灵动性了，“灵”在这个意义上等同于“不可琢磨”或“不可言说”。

同时，这种“灵”还可以看成是一种社会之灵，它是在人所构成的社会中才会显现出来其灵动性的那份灵性，没有了人的社会与没有了社会的人，实际上都无所谓要有这份“灵”的存在了，“灵”在这个意义上是为由人所构成的社会来服务的，脱离了这一点，我们所有对于文化的理解实际上都是空洞而抽象的，也无法真正让文化这个“灵”有一

---

① 赵旭东：《“灵”、顿悟与理性：知识创造的两种途径》，《思想战线》2013 年第 1 期，第 17—21 页。

个恰当的生存的氛围。

尽管在西方的人类学家当中，像怀特（L. A. White）那样，人们更乐于将文化等同于一种精神的科学，但那显然是一种过度功能论或机械论倾向的对精神的界定，即如怀特所声称的那样：

> 精神是心性活动过程，是有机体作为全体，作为一个密切关联的单元的反应活动（即与有机体中相对于其他部分的某些组织的反应活动不同）。精神是肉体的功能。精神的“器官”是作为一个单元而发挥作用的整个有机体。精神之于肉体，正如切割之于刀锯的关系一样。①

这种从功能论的角度去看待文化的倾向，自然会把精神固化为一种类似物的存在，并从物本身的机理去看待文化，其造就的一种未曾预料到的后果就是，将精神的东西还原为一种物质的存在，因此才有接下来怀特对于文化的从物自身的维度去界定文化的定义，即所谓“存在着传统习俗、制度、工具、哲学和语言等现象，我们总地称之为文化”②。随后，怀特又补充道，“文化现象是高于或超越心理现象的人类行为决定因素”③。

这种努力把精神的活动向物质本身靠拢，进而向一种自然科学对象本身靠拢的文化科学，它本身也只能是落入到一种物质论的陷阱中去，因此，它不仅无法真正体现出文化作为自身存在的独立价值，同时又反过来影响到我们只能单向度地从物质的角度去寻找文化本身的意义，反过来再从物的自身构成上去人为地安排出一种文化的意义出来。在这一点上，不仅像怀特所曾经号召的那样，文化在决定着我们的行为，而且

---

① 引自怀特《文化的科学——人类与文明研究》，沈原、黄克克、黄玲伊译，山东人民出版社1988年版，第53页。着重号为原文所有。值得注意的是，怀特似乎认为，他从中国的无神论哲学家范慎那里找到了对于自己这一精神界定的一些印证。在上引的这段文字之后的注释2中，范慎《灭神论》中的这几句话经由胡适的《生存哲学》这本论文集而得到了征引：“形者神之质，神者行之用，……神之于质，犹利之于刃。……未闻刃没而利存，岂容形忘而神在？”

② ［美］怀特：《文化的科学——人类与文明研究》，沈原、黄克克、黄玲伊译，山东人民出版社1988年版，第72页。着重号为原文所有。

③ 同上。着重号为本文所后加。

还像物与物之间的机械纽带关系一样，再反过来牵制着文化意义的生成。但是，文化恰恰就是这样一种并非能够受到机械牵制的灵动性的存在，说它是精神的，也并非勉强，但是，如果回到中国的汉语语境中来，我们会发现，它更应该被翻译成为“灵”而非其他。

社会之灵

在汉语的语境中，“灵”这个字的含义是与一种变动性以及由此变动性而产生的效应之间紧密地联系在一起的，因此，它自身一定是担当着西方社会理论中所谓“中介者”或“能动者”（agency）的角色。

在《辞海》这部具有权威性的工具书中，“灵”这个字的含义大多都是跟这种担当媒介性的中介者的角色有关联。[①] 比如最初，在春秋战国时期的楚人社会中，“灵”是用来专门指能够“跳舞降神的巫”，如《楚辞·九歌·东皇太一》中有“灵偃蹇兮姣服，芳菲菲兮满堂”；还用来专门指“神”的出现，如《楚辞·九歌·湘夫人》中有所谓“灵之来兮如云”，曹植的《洛神赋》中有“于是洛灵感焉，徙倚彷徨”的词句。在价值上，“灵”这个词大多是与好的事情联系在一起的，尽管“灵位”的“灵”也用这个词，但是中国文化里死者为大的观念，也使得这个词具有了令人敬仰的意味。而除此之外，其他的如灵活、灵巧也是具有正面意义的。而这其中最为重要的便是“灵验”这个词，在这个词中，“灵”的含义体现出来的是一种反应，即潜伏的东西因为某种原因而浮现出来，这是古代人预测未来生活最为直接的一种方法和观念的表达。司马迁甚至专门在《史记》中为这类人的生活和国家之间的关系写过一篇《龟策列传》，足见这样的人在古代人们社会生活中的重要作用。

从这些上古文化对于“灵”的解释中，可以见到，灵这个字的意义还密切地跟一种具有超越于一般可见之物的出现或者消失有着极为密切的关系。对于个人而言，它是人存在的一种证明，是人在场的一种标识；对于物本身而言，它则是物的拟人性的一种属性，是物具有了人的生命的一种类比性的实现；而对于社会而言，它是社会诸多构成要素能

---

① 辞海编辑委员会编：《辞海》，上海辞书出版社1980年版，第1066页。

够相互地勾连在一起的粘连性的介质，是社会能够发挥其作用的一个枢纽性的机关。①

在这个意义上，我们完全可以把“社会之灵”称为一种文化，而文化可以发挥其作用的基础就在于，其超越于社会之上的那些具有把分散的个体或心灵勾连在一起的能力，这是一种具有很强烈的能动性作用的社会之灵，它的范围可大可小，可以在不同的个体之间进行传递，亦可以在不同的人群之间散播、传染，由此而达致一种共同意识。在这个意义上，作为社会之灵的文化，其所具有的恰恰是这种弥合差异与凝聚分散的个体的作用。

我们在这里把文化定义为一种社会之灵，其核心的含义是指在一种变异之中，社会中分散开来的力量得到统一和凝聚。如果缺少了这份特质，文化也就无法有其自身的存在价值了。社会在一定意义上是指一群芸芸大众，因此，最初严复将西方的“社会学”（sociology）这个名词直接翻译成为“群学”，自有其自身的道理，在一定意义上，它更为贴近于中国社会本身。确实，对于中国社会乃至一般社会而言，它往往是一群原本分散开来的人的聚合，如果抛去人的自我组织的特意安排，自然状态的人也犹如羊群一般聚集在一起。但由人所构成的这一群人，其独特之处恰恰是在于，他们为自身创造了一种彼此心照不宣的象征符号以及勾连差异的交流媒介，由此一种共同的心灵才能够得以凸显出来，并引导着社会中的这一群人按照一种既定的轨道去行动。

每个人仿佛都如木偶一般，有一个似乎是外在于人，但却又经由这个人自身而发挥作用的那根牵动木偶的线在发挥着作用。社会中可能有许多条这样的线，但它们的牵动，又完全是出自于某一种力量，正如前

① 这里的“灵”的观念是可以与建立在黑格尔哲学基础之上的“理性”的观念相提并论的。在马尔库塞对于黑格尔哲学的再解释中，我们注意到了，从无生命的物到有主体性生命观念的人之间的一种连续性和差异性。石头的理性是在于反作用于其身上的一切事物，这些似乎使其发生了改变，但是石头并不自知；植物次之，它自身有生命却依旧不自知，它有自身存在的主体，但植物不能理解，即不能够借助理性而使其自身从潜在到存在，也就是它虽有生命的主体，但是却无法实现自身。而人才是真正有着自我决定性能力的主体存在，他不仅可以使潜在成为存在，而且还可以借助理解力和概念的知识来形成生命，这是以理性认识的自由为前提的，这种自由造就了理性可以把握住知识的主观性理解，这是石头和植物都不具备的。关于这一点，可参阅马尔库塞《理性与革命》，程志民等译，上海世纪出版集团2007年版，第23—24页。

文所述，我们一般都会把那种力量概化地称为“灵”，那往往是暗指我们作为有限认识能力的个人所无法完全掌握的一种力量。而文化的意义，恰恰是在这一点上与灵的观念有了一种意义上的对等，那便是指社会自身需要由文化的要素来带动而非其他，文化成为了让社会这个有机体可以轻歌曼舞的一份牵动性的力量，它是木偶行动的操纵者。这就像一个人的头脑一样，隐藏在头脑中的理性，它在深度地支配着我们的行为，我们确实很难想象，一个完全失去理智的人，它存在的状况究竟会是怎样？对于一个社会而言，其规模越是庞大，其力量越是强劲，其头脑就应该越为发达并极为睿智，由此其所能牵动的人群范围，应该也最为广大且秩序井然。

也许一个不能否认的事实就在于，社会的分散性的存在状态，因为作为社会之灵的文化而相互勾连在了一起，社会转型在此意义上就不再是简单的社会本身的转变，而是这个作为灵的文化自身的转变。而这种转变的基础，一定又是隐藏于社会日常生活的诸多观念的转变之中。作为智人的人类，他的行为一定不是毫无目的性可言的，其行为一定是一种自我的表达，尽管这种表达并非人们情由所愿，但却是真实地表达本身。与此同时，这些能够表达出来的观念本身组合而成为了一套独特的文化，它离不开一个具体的生活场景和时代的场景。而我们的所有的分析，显然是需要从这一具体观念的转变入手而进行一种文化转型的考察。

而今天述及一种文化转型的人类学，显然不能完全脱离开文化、个人与社会三者之间相互勾连而成一个整体性世界图景的呈现。缺少三者中的任何一个，不仅此世界的图景残缺不全，且文化的转型亦不能有其真正意义上的展现。在这三者之中，作为一个整体的世界中国的图景正在日益凸显出来，[①] 其基础亦是在于这三者各自所发生的且又相互联系在一起的不同程度的改变。在此意义上，未来中国人类学的微观视野必然会在此三个向度上不断展开其实地的田野研究，但在此之前，宏观的鸟瞰必然是非常重要的。换言之，我们需要对今日中国在世界图景下的文化转型的总态势有一个整体的宏观把握，之后才有可能使我们在微观

---

① 赵旭东：《中国意识与人类学研究的三个世界》，《开放时代》2012 年第 11 期，第 105—125 页。

的探索上有一个更为明确的方向。①

可见的文化与不可见的暴力

今天的世界，伴随着权力支配方式的转变，文化的形态已在发生着一种带有根本性的转变。这种改变对于既往的中国社会而言无疑是深厚且宽广的，同时还是极为彻底的，但总体又是无意识的。至少在我们一感受到它的存在之时，它就已经发生并在继续着其进程，从发展的痕迹中无法找到真正的起点，也同样看不到有自我截止或被终止的尽头。这里并不存在一种高调的思想上的启蒙，至少在人的意识层面上，这种启蒙是不必要发生的，一切都表现在对于社会结果的感同身受之上。因此，它不同于早期像五四运动那样的基于启蒙的文化转型，这里如果勉强还可以说有一种思想的启蒙，那也只是一种后觉的自我启蒙，是从结果里面去追溯原因的“事后诸葛亮”式的后自觉。而造成这样一种“后自觉”状况的缘由肯定不在人本身那里，而在于通过文化而自我包装起来的权力的施展方式上，它无处不在，却又无法让人真切地感受到，或者身在其中，无法摆脱。质而言之，在这种文化的整体转变中，最为突出的一项便是权力施展方式开始从内容到形式的一种彻底的自我转变。

毋庸置疑，人首先是一个可以行走的动物，而且，在这行走之上，又附加上另外一个重要的条件，那就是人自身的意识，即从人的大脑中所生成的意识或觉知，它在引导着我们向什么方向去进行一种行动。但在这里无人能去否认的一点就是，我们所谓自我的意识，它并非能完全由一个人自己去真正加以把握。意识不仅会受到外部诸多因素的影响，同时，反过来它也能给外部的世界造成一定的影响。在此意义上，人是生活在一种社会的参照系中的，而这一参照系的核心便是一个一个他人的真实存在。而这参照系中，个人与他人关系的摆布则完完全全都是由文化来赋予的。

在此意义上，我们有必要把暴力这一变量重新纳入文化的范畴中

---

① 赵旭东：《从社会转型到文化转型——当代中国社会的特征及其转化》，《中山大学学报》（社会科学版）2013 年第 3 期，第 111—124 页。

来，它构成了文化的从内容到形式谱系中更为靠近内容这一极的典范。可以想见，以赤裸的暴力来施展权力，这在人类的演进史上可能会占据一段很长久的时间，但从此之后，暴力渐渐走向消失，特别是在今天的文明社会中，它的出现越来越稀少，尽管世界上并不缺乏战争，但却越来越不为我们所亲历，而是为电视的战争和暴力场景所取代。在暴力从成长到消失的过程中，文化修饰的观念同样的早熟，但它不是渐渐消失，而是愈加地凸显并深度地影响着我们未来的生活。这一点最早为葛兰西（Antonio Gramsci）所认识，专门发明出来“文化霸权”（hegemony）的概念以描述它的影响力，这“文化霸权”的核心含义就是，它使得具有装饰作用的文化形式的柔软的力量，渐渐在取代其刚性的内容所体现出来的那种直接的暴力支配而转变为一种间接的支配，人在不知不觉之中服从或依随一种教导或言说。①

在人类用文化取代暴力的过程中，人们不仅创造出了文字这种最具修饰性的文化表达方式，而且这是很久以前就已经发明出来了，标注在早期社会人们日常所用器物上的各种纹饰足以说明这一点。这可以说是人类对其自身动物性存在的自然状态的一种自我的否定，同时也构成人与人之间相互能够真正分离开来的第一步，文字和符号被赋予了一种表征性的力量，以此来代替真实存在的人。这种力量的极端形式便是一种叙事的发达，今天叙事在影响着我们的生活，正像一位文学评论家所敏锐指出的，“叙述成为华美的暴力，它的成功是事物的死亡”②。而福柯在评论比利时画家马格利特（Rene Magritte，1898—1967）的画作时也曾指出过，文字和各种的指示取代了我们对于真实世界的把握，我们会更在乎那只画布上的烟斗，却不去触及真实存在的烟斗，同样，“我们看不见教师的手指，但它的无处不在起着支配作用，还有它正在清晰地发出的声音：‘这是一只烟斗’”③。不过，这种否定本身，同时也带来了人自身文化的创造，即人创造出了自己的文化以遮蔽残酷的赤裸裸的

① Antonio Gramsci, *Letters from Prison*: *Antonio Gramsci*. Lynne Lawner (ed.). New York: Harper Colophon. 1932/1975, p. 235. 转述自 George Ritzer & Douglas J. Goodman, *Sociological Theory*. Sixth Edition. Boston: McGraw Hill, 2003, p. 270.

② 李敬泽：《总序：山上宁静的积雪，多么令我神往》，载马丽华《马丽华走过西藏纪实：藏东红山脉》，中国藏学出版社 2007 年版，第 6 页。

③ ［法］福柯：《这不是一只烟斗》，邢克超译，漓江出版社 2012 年版，第 30 页。

暴力行为的存在。但这绝不是一件一劳永逸的事情，人回到暴力的那一端上的道路并非遥远和有太多的障碍。因为一念之差而使用暴力者，且不用说现在世界中恐怖主义的广泛存在，显然就是这种原初的暴力倾向在人的身上持久存在的一个佐证。但文化的创造却是对这种暴力的一种克服，它本身却一定又是非暴力的，至少形式上是一种非暴力的。或者更为确切地说，是对权力的极端形式的暴力的一种转化、否定以及伪装。谁都会承认一种暴力的自然状态，这一点也许再没有比霍布斯本人说得更为清晰与直白了。但霍布斯本人解决的方式，或者说整个西方世界为此而提出的解决方式，就是一种对于暴力的直接替代，即社会要求每个人都要让渡出来自己个人行使暴力的权利，而共同去委托另外一个大家都给予信服的机构去代替每一个个人行使权利，并在其中，暴力得以直接并有合法性地施展。①

这种由每一个人所让渡出来的暴力的行使权，在现代国家的建立和建设中，起到了一种至关重要的作用。这可能意味着一种国家观念的转型，即在西方世界表现明显的一种从神权政治向世俗政治的转变，这种转变所带来的不仅是一种思想上的启蒙，更为重要的还是一种世俗政治制度的建立，它极为强调普通民众的政治参与，同时强调超越于个体之上的民族主义的支配。它的目标在于让国家之内各个角落里的民众都参与到国家一体的构建中来。在这个意义上，现代国家的构建必然是一种民族一体性的构建，而此构建的目标之一即在于消灭各种差异，而不是如过去传统国家时代的那种对于差异的包容和覆盖。所谓城乡之间、族群之间、中心边缘之间、男女性别之间，乃至于所有人与所有人之间的既有的差异，凡此种种，都成为了现代国家构建所真正要去瞄准的一个目标，并在具体而微的语境中一步步地加以实施，在不断发明出来的高精度的瞄准镜下，这些差异性的存在一个个地遭到了击破，并使其归于单一化与标准化。清除一个国家或社会内部的各种差别，这因此就成为现代国家施展其暴力形式的最具合法性的理由之一。

因此，现代国家的去差异化的一体性的构造，从其一开始便是它要付诸努力的一个目标。在消除了或取缔了神权、王权、皇权、绅权等社会中的有其特殊性和优越感的权力占有之后，取而代之的则是一种更具

---

① ［英］霍布斯：《利维坦》，黎思复、黎廷弼译，商务印书馆 1985 年版，第 133 页。

抽象性的，且不易看出有任何实质性差异存在的所谓的民权，这恰是今天所谓社会转型的基础，即普通的百姓可以无差别地参与到一种带有共同性的社会建设中去。这种转变，在西方世界大约经历了数百年的时间；而在中国，从辛亥革命算起亦不过一百余年。这种转型，更为明确的说法乃是一种政治的转型，并且在今天，人们依旧还在不断地追求其之中，不过其在西方以外的世界里，却遭遇到了各种不同的阻碍，使得这种转变越来越难以真正彻底地完成。

这既是一种顽固的保存其自身差异性的阻碍，同时也是一种以文化为理由而对于无文化差异的理性同一性逻辑的彻底的反抗与不合作。这同时也是对于西方哲学从古希腊开始的对于单一性的先验理性所追求的一致性与完整性的怀疑与抛弃，即人们已经认识到了，靠着一种理性的寻求，并无法真正能够去掌握一种鲜活的经验。① 在此意义上，文化变成一种差异性存在的保护器，因此，凡是差异，也都因文化这一概念的存在而保存了自身。费孝通在其学术生命的晚年更多地去论及文化以及文化自觉的概念，而非单单是20世纪80年代末的那种一味的文化反思的主张，深意也就不言自明了。② 因为，只有重提被人几乎遗忘了的文化的观念，让人的文化有了一种清晰的自觉，人的差异性和所谓的文化的多元存在才真正会有可能，③ 除此之外，似乎还没有什么力量可以真正成为这一现代性的一体化构建以及差异性灭绝的敌手。

权力转移与文化转型

相对于西方世界的民族国家下的政治转型，西方以外的世界，其所体现出来的必然是一种深度的文化转型，特别是在所谓西方的冲击下跟着走了一段路的那些非西方的世界，这种文化转型的急迫性就显得更为突出与必要。而这同时也在迫使西方以外的世界的文化，从曾经被西方

---

① 成中英：《西方现代哲学的发展趋势》，载中国文化书院讲演录编委会《中外文化比较研究》，生活·读书·新知三联书店1988年版，第288页。

② 费孝通：《费孝通在2003：世纪学人遗稿》，中国社会科学出版社2005年版，第165—201页。

③ 赵旭东：《在文化对立与文化自觉之间》，《探索与争鸣》2007年第3期，第16—19页。

的他者观所界定为静止与不自觉的文化中转变为动态与自觉的文化。这种努力也确实在逐渐脱离开西方话语霸权的道路中迈出了方向并非十分明确的第一步，这实际上是一种自我挣脱束缚的努力，但也可能因此而迷失了一种自我的方向。我是谁？要往哪里去？是否有什么便捷的路径可循？诸如此类的问题，都成为了以文化为理据的转型的最初设问。并且，答案往往又不止一个。在此，一个长期而又带有冒险性的文化转型，便算是真正开始了。

这种文化的转型，同时也意味着一种跟各个文化相关联在一起的转型人类学的必然出现。[①] 这是以自我的文化体验为判准的一种文化内生的人类学，它的基础在于去深度考察那些为西方现代理性所切断联系的文化的逐步恢复与重塑。在这个意义上，也正像奥特纳（Sherry B. Ortner）指出的，文化在经历一种公共的、流动的和旅行的新变化，因此社会的转型便与文化的生产以及意义的制造紧密地联系在一起，因此，社会转型便必然是文化的转型。[②]

未来学家托夫勒曾经把暴力、金钱和知识这三者看成是现代权力的基础，更为重要的是，他还明确地指出了，现代的权力在逐渐地向知识这一向度上进行转移的一种倾向，[③] 在笔者看来，这一点发现极为重要。可以说，没有这样一种权力转移的存在，文化的转型也便不能真正地发生。人的直接的暴力行为，尽管充斥在各类的新闻报道之中，但它终究在变得越来越隐蔽，而金钱或资本，在代替暴力的运作上已经越来越广泛。这种代替，其所依赖的乃是一种知识的创造，比如各类法律知识的创造，它的结果就是使得更多的人，从原来更多依赖拳头和棍棒的赤裸裸的暴力管控转变为求助于法律规则和诉讼程序本身，它因此而变得更为隐蔽和文化化。在中国当下的基层社会随处可见的为自己自身权利的抗争，不能不说是一种法律知识和法律意识开始深入人心的具体表

---

① 赵旭东：《在一起：一种文化转型人类学的新视野》，《云南民族大学学报》（哲学社会科学版）2013 年第 3 期，第 24—35 页。

② Sherry B. Ortner, *Anthropology and Social Theory: Culture, Power, and the Acting Subject*. Durham and London: Duke University Press, 2006, p. 19.

③ ［美］托夫勒：《权力的转移》，刘江、陈方明、张毅军等译，中央党校出版社 1991 年版，第 50—52 页。

现。[1] 在这个意义上，各类的知识和讯息在快速地进入我们的生活之中，并开始深度地影响人们的生活本身，人在不经意之中开始被这些知识引领，同时当然也是不知不觉为这些知识所掌控。

一家大型的搜索引擎网站的总部可能就设在一个人居住地的隔壁，人每天出门都可见到灯火通明的那家公司的总部大楼。它原本是与这个人的生活没有什么直接联系的一个地方，它在空间上不过是一个企业的办公场所而已。但每天只要人们打开了电脑，上网去搜索某一条讯息时，便不由自主地开始与这家并不冒烟的电子工厂发生了一种极为紧密的联系。说白了，原本不在这家工厂上班的人们却都在为它而打工，并乐在其中。你点击的次数成为了一种准确的工作的记录，并转变成为这个企业自身符号与实际资本积累中的一部分。在这工作中，人们自己并没有得到这份劳作的工资，但我们着实得到了讯息或知识；但这家企业确实也没有付给我们薪水，却得到了我们大家辛苦的夜以继日的点击率。这是一个极大的并非面对面的虚拟交换的网络，谁也看不见谁，但我们今天的每一个人都会身处其中，并自我激励地去为它而工作，除非我们对于影响我们生活和思考的网络本身的存在闻所不闻，置之不理。

因此，所谓文化的转型，它可以说是一种权力支配关系的大转变，大略而言，即从一种权力的直接的支配开始转换到间接的支配，从武力的征伐转变到象征性的支配，从精神的控制转变到沉溺于物质的消费，从对集体的他人的掌控，转变到对于一个个实名化的个体的自我的实时监控。在我们可能有的想象力的前提下，我们大约可以归纳出来这样十五种权力支配形态的转变（见表一），它在影响着当下文化的形态及其未来可能的走向。

对于表一而言，我们也许需要一点时间来对每一项权力的形态转变的趋势进行一些具体的说明，以帮助大家理解。

首先是支配关系从直接转变为间接。这是跟权力的虚化以及不可见极为紧密地联系在一起的。我们人在摆脱自然的同时，实际上也是摆脱权力的自然表现。对于举着鞭子让人臣服的奴隶主与奴隶的形象，已经开始让人越来越感受到厌恶，且离开人的社会也越来越遥远，人们开始

[1] 赵旭东、赵伦：《中国乡村的冤民与法治秩序》，《二十一世纪》（香港），2012 年 12 月号总第 134 期，第 68—77 页。

接受并习惯于在一种融洽的关系中去约制与受制于人。不能否认，支配（dominion）的观念是深嵌于西方对于自然的理解之中的，在文艺复兴的时代里，一种生成变化的世界里存在着的自然是需要人们对此去做一种探索和研究的，[①] 这种理解实际上先验地将自然与文化之间对立起来，并以人所创造的文化的秩序去支配自然的杂乱无序，这被看成是一种再自然不过的事情。并且伴随着新教的出现，逐渐形成的是一种由个体本身去承担起责任，让这个人去独自地理解和驾驭自然。[②] 而在其他的文化里，这样的一种思维实际上并非真正存在。

表一 **权力支配形态的转型**

序号	权力	状态甲	状态乙
1	支配	直接	间接
2	征服	武力	象征
3	控制	精神	物质
4	制度	集体	个体
5	排斥	他者	我者
6	文化	具体	虚拟
7	话语	意义	游戏
8	族群	定居	流动
9	关系	紧密	松散
10	历史	单一	多元
11	权威	持久	暂时
12	暴力	可见	隐蔽
13	技术	直观	抽象
14	生命	自然	医疗
15	信仰	实践	知识

此时，征服也随之变成是不见武力施展的一种支配，它转变为一种

① ［美］杜布斯：《文艺复兴时期的人与自然》，陆建华、刘源译，吴忠校，浙江人民出版社1988年版，第47页。

② Carl P. MacCormack, "Nature, Culture and Gender: A Critique", in Carl P. MacCormack, & Marilyn Strathern, eds., *Nature, Culture and Gender*. 1－24, Cambridge: Cambridge University, 1980, p. 6.

象征性的统治,[①] 且不为人清楚地觉察到，它就在我们身边，却像幽灵一般无处可循。文化在这个意义上成为了一种实践，在这种实践中，一种结合了当地文化特征的宰制力量得到了强化，针对资本主义经济的发展而言，今天人们所关注的不是其经济的结构，而是它如何与地方的社会诸要素紧密地结合而生长出一种新的文化来，这是资本主义的一种新发展,[②] 同时也可以说是征服观念的新发展。这是借助于映像技术而发生的一种转变，在这一点上，我们无法抗拒新异形象的刺激。

与此同时，一种社会控制反过来开始从专注于我们的精神世界，转变为面向于我们所实际消费的物质生活本身。实际上，今天我们已经很难再把精神和物质这两者分得那样清楚，一部电视剧，你坐在沙发上一集接一集地观看，你很难说那电视节目是物质的还是精神的，可能二者都有，无法分得清楚，而权力要去控制的恰恰是这种半精神半物质的电视节目其呈现的内容和方式。

制度曾经是权力的一种最为具体化的表达，它可以通过一种规则，而把尽可能多的人限定在一条轨道之上。因此，权力借助制度表达出来之初是带有一种集体性的，但是，随着规则的内化，这种制度开始在个体的层面上越来越多地发挥其作用，并影响他们的行为。最为明显的例子也许就是心理治疗中的行为矫正技术，它让人经过一种制度性的认同转化，而使之成为自己人生的指导。

对于权力而言，它有一种排斥和社会区分的功能。这样就可以把自己与他人相互之间区分开来。但今天，这种在自己内部的通过权力的区分，已经变得更为琐碎且不可见，并且，人们并不会为此排斥而感受到有任何的不应该和不适应。

这显然又是跟文化的从具体到虚拟的转变有着一种更为直接的联系。所谓具体的文化，乃是一种可视的文化，体现在人们的衣食住行上，但这种文化开始越来越远离人们生活的场景，逐渐转变成为一种知识的储存与展示，因此而变得更为虚拟化。这种虚拟化又通过后工业的数字技术的高速发展与全面普及而得到了一种自我的强化，不仅纸质媒

---

① ［法］布尔迪厄：《言语意味着什么——语言交换的经济》，褚思真、刘晖译，商务印书馆 2005 年版。

② 黄应贵：《反景入深林：人类学的观照、理论与实践》，三民书局 2008 年版，第 282 页。

体在逐步地消失，与之相伴随的是借助虚拟网络空间而形成的超地方性的全球连接，大众传媒社会学家麦克卢汉（Marshall McLuhan）在20世纪50年代所提出的“地球村”观念，[①] 今天大约已经是无法抗拒的文化事实。与此同时，对这种虚拟化的知识的掌握，又使得社会中人的区分变得更为细腻和没有感知。因此，宏观意义上的文化的全球化和微观意义上的文化的地方化，这两种力量同样都强劲地存在着[②]，但虚拟化的抽象文化，在越来越多地吸引着更为广泛的世界族群。这种文化虚拟化的趋势，显然是受到了电子化媒体对于传统的大众传媒的取代的深度影响，在这过程中，想象力（imagination）凸显而成为所谓现代主体性自我感受能力的核心构成要素。[③] 而并非哈贝马斯的公共空间意义上的虚拟的公共空间作为一种私人文化主体性展演的平台开始日益深入人心。[④]

在这一过程之中，话语开始脱离开人们日常语言的场景，逐渐进入到了更为抽象的公共空间之中，它仍旧保持着话语本身的变动性，但是已经转变成为一条可以用来否定既有规范的方便之途。新的电子媒体的空间，使得话语生成及其意义的理解具有了更为便捷性和随时更改的不确定性的特征，一种多元话语分析的模式也在进入到社会学的分析领域之中，在这样的背景之下去理解语词的逻辑，它就不是单一的意义生成，并且在不同的场景下多元主义的意义生成，在今天的世界里，这种情形更为突出。[⑤] 就像严复的翻译曾经是一套专门的话语系统在潜意识地引领着近代中国文化的转型一样，[⑥] 新的话语亦在不断地生成之中，

---

① Fadwa EI Guindi, *Visual Anthropology: Essential Method and Theory.* Walnut Greek: Altamira Press. 2004, p. 11.

② 奥兹布敦、凯曼：《土耳其的文化全球化：行动者、论述、战略》，载亨廷顿、伯杰主编《全球化的文化动力：当今世界的文化多样性》，康敬贻、林振熙、柯雄译，新华出版社2004年版，第275页。

③ Arjun Appadurai, *Modernity at Large: Cultural Dimensions of Globalization.* Minneapolis: University of Minnesota Press, 1996, p. 3.

④ Jodi Dean, "Cybersalons and Civil Society: Rethinking the Public Sphere in Transnational Technoculture." *Public Culture*, 13 (2): 243－265. 2001.

⑤ 谢立中：《走向多元话语分析——后现代思潮的社会学意涵》，中国人民大学出版社2009年版，第279页。

⑥ 韩江洪：《严复话语系统与近代中国文化转型》，上海译文出版社2006年版，第225—231页。

它可能不再完全属于善于书写的知识分子这个群体，而是任何有读写能力的新一代的普罗大众，他们都可以参与到这个多样性的话语系统的创造中来。“国色天香”这四个字是一种既有社会规范的表达，它的意义是可以确定的，但是到了街头餐馆的招牌上写着“锅色天香”时，原有的意义就是一种在饮食意义上的否定，这同时也是一种模仿的创造，也是新的意义能够得到激发的灵感来源。这样的类似山寨版的意义创造遍布在这个世界的各个角落，俯拾皆是。山寨版的逻辑不仅是当下社会的逻辑，也是今天话语生成的逻辑。我们因为模仿而否定，因为否定而创造，而所使用的工具就是变动不居的话语逻辑本身。随着表达工具的便捷，结构固化的语言在被灵动的话语所取代。

与此同时，族群的概念也是一样，它从来都是跟一种现代国家的权力联系在一起的，并无可避免地与现代种族与民族的观念不失时机地联系在了一起。这是一种现代的发明，且为欧洲世界 18 世纪末对全球的经济控制权占据之后所必然衍生出来的一种带有侵略性的观念，如古迪（Jack Goody）所指出的那样，即所谓的“他族”或者“异民族”，说白了就是指“更少的民族”。而一整套的西方有关民族的知识，都不过是用来说明这样一种关系的正确无误而已。[①] 从个体灵魂的塑造到集体精神或表征的发明，这个过程体现出来一种现代性，即对于自然状态的分散与混乱群体的一种驾驭与超越，通过找出一种共同性的东西并去相信它，然后由它来控制一个群体的行为，这可以看成是今天族群关系中的权力关系的一个基本特性。族群由此一体性而使得一个群体聚居在一起，保持一种相对整体性的支配。这便是一般民族学家所说的，所谓民族融合下的民族过程的一种文化表达。[②] 但是，随着现代社会各种方便讯息和道路以及交通设施的发明，这种族群的定居生活在被不断地打破，一种流动性的生活在渐渐取代定居的生活，随之族群认同的样貌也在这个过程中发生着一定形态的改变。而族群内部的人与人之间的关系，因为这种流动性的增加，也在从原来的一种面对面的紧密关系，转变到了一种远距离以电子媒介为基础的松散联系，直接的族群控制已不

① 古迪：《偷窃历史》，张正萍译，浙江大学出版社 2009 年版，“导论”第 7 页。

② 徐杰舜、徐桂兰：《边疆发展：中国民族关系发展大趋势视野中的思考》，载宋敏主编《边疆发展中国论坛文集》（2010 · 发展理念卷），中央民族大学出版社 2012 年版，第 316 页以下。

见了踪迹，而虚拟化的族群问题以及自我创造的“假想敌”成为了族群知识构建的思维与信仰的基础。而各执一端的对民族问题的理解和知识积累，使得原本即是构建的民族认同变得更加扑朔迷离、无所适从，而产生一种动摇感并随之使族群的文化得到一种重构，在这个过程中，族群内部的权力关系结构也在发生着悄然的改变。

而伴随着文字书写的日益普及以及传播媒介的个体化，即自媒体技术的发达和普及，历史的叙述也开始从单一的历史叙述转化成为多元的历史表述，即历史或说世界的诸多面向都不再被看成是一种直线的演进。[①] 这显然是与下面做法不同的一种做法，即不同于那种狄尔泰在评述舍勒尔的方法论时所说的，把“先辈的世界”不是当作“精神和心灵的故乡”，而是使之成为“历史的对象”。而这些在伽达默尔那里都属于是一种去掉了“生活关联”，使之与自身的历史构成一种距离感，“而这种距离就能使历史成为对象”。[②] 对待历史的以怀疑为基础的否定的逻辑，在使历史成为人们审视并最终抛弃的对象，而非像古代的人那样自己把现实融入到历史之中并使历史永存。而今天那种曾经有的把一种西方的时间意识无端地强加在其他地方的历史上的所谓“偷窃”行为，或者说“世界历史需要欧洲提供一种简单的时空计量方式”的时代已经是一去不复返了。[③] 每一个人的生活史，都在成为一种被表述的对象，而进入到多元的叙事当中去，并作为一种自我疗愈的专门途径在发挥着其独特的作用。在布林（Isaiah Berlin，1909—1997）所谈论的狐狸与刺猬两种类型人的隐喻中，我们开始从仅仅知道一个大问题的刺猬型的认知，逐渐地转变到像狐狸那样的在纷繁复杂和多样性的环境中生活，并尽可能多地去享受这样的复杂性和多样性。[④] 这很像一位出租司机，他每天拉了多少客人，客人究竟长得什么模样，并不为他所记忆和确知，但他却知道自己拉了很多人，也知道这过程中认识了很多人，并经历了很多事情。

在这个意义上，权威的持久性也在因为受到这种场景与叙事的多样性的挑战而在发生一种转变，今天已经没有贯穿于人的始终的永久性的

---

① 何传启：《东方复兴：现代化的三条道路》，商务印书馆 2003 年版，第 192—194 页。

② 伽达默尔：《真理与方法》，王才勇译，辽宁人民出版社 1987 年版，第 6—7 页。

③ 古迪：《偷窃历史》，张正萍译，浙江大学出版社 2009 年版，第 348 页。

④ 赵旭东：《刺猬与狐狸》，《读书》1995 年第 2 期，第 63—65 页。

权威的存在，衰老本身就是权威丧失的一个信号，而权力地位的不断变换，更使得这种权威越来越多地不再专门固定在某一个人的身上。伴随着新知识的不断创造，社会中旧有的权威，很容易就会被新的掌握新知识、技术和信息的专家所取代。因此，持久的权威的概念在今天显然已经有些过时，代之而起的是权威的暂时性、流动性和不确定性的存在和在个人身上的附着。结果，一种竞争性的丛林法则开始在现代社会中发挥其真正的影响力。但不同于一种权力的原始形态，它一定是非暴力的。

而暴力在这种竞争之中不再显现了。权力之争体现为一种表面上的不争，似乎每一个人都有一个自己的位置，但这个位置却一定是流动和变化的，因此，在不争之中又确实隐含着一种竞争。也许公共汽车的座位就是我们当下社会的一个缩影或隐喻，可以说，对于文明社会而言，公共汽车中站着的人与坐着的人之间并非没有一种真正的争抢，但这争抢一定隐藏在每一个人的心里，并且是看不见多少痕迹的，只有某个坐着的人站起来下车，我们才会看到这个位置变成大家哄抢的对象。但它同样又一定不是暴力的，而是非暴力的，“先来后到”的默契或行动逻辑，让就近站着的人最有可能抢到座位，因此，相互之间也就不会有暴力的冲突，但暴力却真正地隐含在了一个没有抢到座位的乘客的内心之中，且绝对无法让人直白地见到，深度地压抑到其内心世界中去。

就技术而言，它意味着一种由社会来加以认可的驾驭人的工具。最初，实际上是人在摆布和发明技术，最后则一定变成是被发明出来的技术在摆布和安排人的各种活动，我们因此而依赖于技术本身，这就是一种现代社会中技术的辩证法，亦可说是技术拜物教所造成的一个不可预期的后果，但结果是人受制于技术本身，且逐渐复杂化到人无法直白地去理解这些技术本身。比如，一开始水利的技术一定是直观可见、一目了然的；但到了今天的大型水电站，如何去控制水和利用水的技术转变就成为极抽象的一整套的知识，使之归并到社会的一个专门的行业之中去。至于跟生命有关的生物技术，那就更加具有其抽象性了。与此同时，医疗的技术在日益侵入到我们日常的医疗实践中来，并深度影响到我们对于健康的认知。恰如伽达默尔所言，曾经服务于我们身体的治疗，现在转变成为对我们身体的一种控制，更为重要的是，这种借助技术来医治个体见长的医疗技术，又被毫不怀疑地应用在了对社会与政治的治理之上。[1] 显然今天，还有什么能够比得上医疗技术对人本身的深度关怀的吗？但反过来，我们的社会变得又有哪里不像现在的医生和病人的关系呢？

就生命本身而言，我们的生命乃是由身体这个有机体来承载的。它曾经是有一个自然状态的存在，由身体的机能依环境的供给而有一种自然的成长。但随着现代人们对于身体观的转变，权力由外而内以及由内而外的这两种力量的共同作用，而使之成为一种社会的幽灵要去直接控制的对象，同时也是自我的精神要去刻意控制的对象。身体因此不再被看成自然的一部分，而是努力要去从自然中脱离出来的一部分，这又凸显出一种生命的辩证法，即本来一体的身体和灵魂，二者被人有意图地相互分离开来，然后再用一个去控制另外一个；但是反过来，观念的身体化又实实在在地在影响着灵魂自身的表现形态。

最后则是信仰的问题。尽管信仰和宗教之间有着一种深度的联系，但是信仰不一定必然等同于宗教。信仰曾经是一种人们的实践活动，即借助仪式或者日常的行动来表达自己内心的倾向性。如果我们对茶有一种信仰，它就会具体地体现在我们喝茶的行为上，至于茶是什么，如何去种植和制作，这些都并非是一个茶的信仰者所必须或必定要知道的，大多时候也是没有必要去知道的。饮茶人可能只要付诸对茶的实践即可，很多时候对茶的知识并不能够促进对茶的信仰，请问，有几个研究茶的专家，真的是热衷于饮茶？而反过来，又有几个醉心于茶茗之人，是茶的专家？但是，今天的这种实践的信仰本身也在发生着一种转变，其特征便是，我们了解信仰的知识，显然会多于对一种信仰的实践，我们知道信仰的内涵，甚至可以为这种内涵侃侃而谈，著书立说，但却并不一定真正会去实践一种信仰，即我们对于这种信仰知道却不真正忠诚地发自内心地去为之付诸实践。换言之，我们进入到了一个某方面信仰研究的专家远远多于其信仰的实践者的时代。

综上所述，我们对于权力的理解，实际上更多是把权力看成是在社会中施展力量的所有方式，而文化只不过是其中的一种更为隐蔽的方式而已。而权力施展方式的转变体现出来一种转型，而其归宿则是在文化

---

① Hans - Georg Gadamer, *The Enigma of Health*: *The Art of Healing in a Scientific Age*. Translated by Jason Gaiger and Nicholas Walker, Stanford: Stanford University Press, 1996, pp. 6 - 18.

的施展力量的方式上，它含有可见的与不可见的这两个方面的特性。就文化的形态而言，它是可见的，那就是一种差异性的存在；但就其内涵而言却是不可见的，它在使用一种来遮盖另外一种，这实际又是一种独具匠心的文化修饰，因此需要一种对这一转化的分析才能将其探究出来。因此，真正可见的是一种文化形态的改变，但是不可见的可能就是其背后的观念，这含有一种价值的选择。在从自然到文化的这一维度上，我们人类离开自然的状态越遥远，文化的这一维度就越会发展并发挥其实际的作用。

理性、自然与分离的技术

可以明确地说，没有自然也就没有文化。自然是我们眼中的文化，文化则是概念化了的自然。当下的文化转型，在这里意味着一种带有根本性的权力施展方式的转化。人类学在这个意义上必须从固定化的文化观念以及僵化的描述中脱离出来，真正迈向对这种转变或转型的关注和理解。

文化的转型必然会伴随着现代社会的出现而出现，或者它是滞后的，是在人们生活于现代社会之中而越来越多地感受到和遭遇到了各种的痛苦和冲突之后必然会出现的。这背后是由对于单一理性，即人的理性，对于全能的上帝的取代而出现的，显然，这是跟西方启蒙运动密切地联系在一起的，同时正像萨林斯（Marshall Sahlins）所言，亦跟康德的“敢于求知”这一强有力的口号极为密切地联系在一起。[①]

现代理性的观念，正如韦伯所述，它试图要对人类生活世界的全部都给出一种解释，但显然，这种解释未能完成就已经让人类的社会和文化变得千疮百孔了，人类未来便不得已地在一种理性的铁笼中生活。[②]差不多同时，人类的诸种文明，全部都在西方的文明开始无方向感地衰

① ［美］萨林斯：《什么是人类学的启蒙？——20 世纪的一些教训》，赵旭东译，载马戎、周星主编《二十一世纪：文化自觉与跨文化对话》（一），北京大学出版社 2001 年版，第 88—119 页。

② ［德］韦伯：《新教伦理与资本主义精神》（修订版），于晓、陈维刚等译，陕西师范大学出版社 2006 年版，第 106 页。

落下去之后，而同样变得不知所措。[①] 人们在开始用一种现代的理性去控制整个世界的时候，却发现他自己也同样被其牢固地加以控制。他把非理性的那一面完全交给了制服它的恶魔，并将之沉入到未来生机勃勃的生命的万丈深渊之中。[②] 生活世界因此变成是绝对有秩序、绝对整齐划一以及绝对的一尘不染，在这样一个完全绝对的生活世界里，这根绷紧人们思想的理性之弦实际上是难以持久维系的，一旦它松弛下来，一切曾经有过的人类的恶行，又都会一下子涌现出来。

今天似乎让人不可思议的是，在文明发展达致巅峰的美国，我们看到了一种顽强存在的恐怖主义；同样是在美国，即纽约曼哈顿的华尔街，在那里出现了一种金融危机，并在2007年那一年开始席卷全球；而在科技高度发达的日本，2011年的日本大地震之后，却出现了让人始料未及的福岛核泄漏；在中国，社会中一些令人匪夷所思的极端案件，在越来越多地引起社会和政府的恐慌，并且在触及人们生活的道德底线。今天的人们，一方面像个病人一样，开始真正关心起自己的疾病，另一方面却又不知道如何去进行一种真正有价值和有意义的疗愈，因为社会中曾经有的卓有成效的疗愈方式，既能够让人的心灵得到自我调适的多种途径，在过去，随着一种现代思想的启蒙，而从与他们自身的紧密连接中一段一段地被扯裂了出去，并毫不留情地将之投入到了无人居住的凄冷的荒漠之中去。而当人真的有病了，他却又不知，这些疾病正是因为这种简单的抛弃所导致的。他们曾经天真地以为，健康就是

---

① Jared Diamond, Collapse: How Societies Choose to Fail or Succeed. New York: Viking. 2005, pp. 486 – 526.

② 差不多70年前，即1943年，一位名字叫张君劢的哲学家在给另外一位名字叫张东荪的哲学家写的书《思想与社会》撰写的序言中曾经指出过西方思想中理性或其所谓的理智的局限，并试图以东方的“德”来对此加以补充和制衡，提出所谓“德性的理智主义”一说。此说为较早认识到西方理性主义自身困境并试图对此加以修正的中国思想，可将其说法抄录若干如下：“或曰理性与理智为缘，有理智之用矣，而害亦随之，如科学为理智之产物，既有生人之医药，与便人之交通，然杀人之武器亦由之而来，故一日有理智，即人类相争一日不止矣。吾则以为欧洲近代文化，起于开明时代与理性主义，此时代所注重者为思为知识，以知识之可靠与否为中心问题，其名曰理性，实即理智而已。西方之论理与科学方法，上穷宇宙之大，下穷电子之微，历史所未载，人事所未经，皆穷源竟委以说明之，岂我东方之恶智者（孟子所恶于智者为其凿也），所能望其项背哉。东方所谓道德，应置之于西方理智光镜之下而检验之，西方所谓理智，应浴之于东方道德甘露之中而和润之。然则合东西之长，熔于一炉，乃今后新文化必由之涂辙，而此新文化之哲学原理，当不外吾所谓德智主义，或曰德性的理智主义。”引自张东荪《思想与社会》，辽宁教育出版社1998年版，张君劢“序”，未注页码。

没有疾病，因此只要有医院就可以有保障；但显然，一个最为普遍的道理就是，没有疾病绝不意味着就是一种健康，更奢谈一种幸福。正像印度传统医学中的阿输吠陀所认为的那样，“所谓健康，并非仅仅是远离疾病困苦，还应该进一步达到肉体、精神、灵魂的幸福与充实状态”①。

在此意义上，文明与文化之间，开始有了一种实质性的分野。文化在今天大约成为了许多人都想去抓住的一根救命稻草，人们希望未来如果有一个小康社会的来临，那一定是一个有文化的社会，而不是其他。人们仍旧还是在做着为保护自己文化的最后一搏，并试图使没有方向感的过度文明化的野马能够回到其奔跑的正常轨道中来。但要知道，这样做的难度本身就在于其文化本身。显然，今日的文化已非昨日的文化可比，每个不同的文化，在逐渐被西方的理性观念浸染成近乎同样的底色，要逐渐地洗去这些过于浓郁的底色，同时涂抹上一种清新的色调，对于人类而言，那是一件多么不容易的事情。在这一点上，我们需要重新拾起画笔，用一种自己独有的方式去绘画，但那显然是不仅需要自信还需要勇气的一件事。

就文化自身而言，如前所述，它处在了一种转换或者转型之中，即从某种的自然状态而直接地转化过来。在这方面，自然赋予了我们一个极为开放的空间，但我们并不清楚，今天的自然究竟有何途径向新的文化去进行一种直接的转变。但我们却要知道、把握和理解这个转变的过程，我们需要从一个整体的人的观念去看待自然中的人和文化中的人，他们之间既有联系也有差异。在此意义上，自然不再是一种独立的存在，它在日益转变为文化要去努力转化的一部分，它今天首先成为一种话语，然后才是一种支配。气候的变化也许就是一种自然的叙事，② 而环境保护运动也仅仅是越来越倾向于一种仪式化（ritualization），③ 动物保护则又变成是另外一种话语。实际上，它的预言都被现实的多变性和不确定性不断地打破掉。

现代性创造了使人与人分离开来的技术，它渗透进我们生活的方方

---

① 廖育群：《阿输吠陀印度传统医学》，辽宁教育出版社2002年版，第20页。

② 赵旭东：《以梦想取代噩梦——克服“吉登斯悖论”的一条出路》，《中国社会科学报》，2010年7月20日第11版。

③ Bronislaw Szerszynski, “Ecological Rites: Ritual Action in Environmental Protest Events”, *Theory, Culture & Society: Explorations in Critical Social Science.* Vol. 19. Number 3: 51 - 70. 2002.

面面，它使我们走向了自我与自我的分离，而它的全部基础就是马克思所说的人的异化，[①] 就其形态而言，却比马克思生活的时代更为丰富。18 世纪法国笛卡尔的理性主义哲学，创造出了一种“我思”（I think）的客体“我”（Me），它让世界都开始围绕这样一个思的主体存在而被赋予了一种专门的意义。在《谈谈方法》一书里，笛卡尔费尽笔墨谈论所谓一方面的人的心灵以及另外一方面的身体之间的分离，他确信“心灵和形体是确实有区别的”[②]。因此，作为人的分离性的思考的开始，自然、经济、政治乃至文化，所有这些都是我思的对象而不是相反。因此，不再是传统文化中的那种向外去寻求一种自我的外在化的存在，古代的人更多是一种“我存在，因此我思考”（I am therefore I think），而非如今天的人的那种与之相反的认知逻辑。

无论有怎样的不同，现代性逻辑的基础在于我们自我的理性与情感之间的分离。在我们相信康德那句发人深省的“敢于求知”（Dare to know）的话之后，我们因此而试图用人的理性去解释世界的万物。在这一观念的引导之下，西方人抛弃了作为一体的一体性存在的上帝，尼采的“上帝死了”便是这一超验的一体性存在的终结。西方人试图要让“上帝之城”远去，而由世俗的恺撒来治理这个人间的社会，这是人神分离的开始。西方人在这种如光明一般的启蒙观念之下几乎将他们的社会、文化与个人都进行了一番从头到脚的彻底改造，并希望这个由上帝空留出来的位置可以也必须要由一个理性的人来加以填充。结果，政治转变为“利维坦”，它均值化地分布在我们的生活之中；经济则转变为“一只看不见的手”，它把市场看成是隐形的上帝，但又确确实实从我们的口袋里任意地和方便地提取我们的财富；社会转变成一个铁笼，一些人进去出不来，而一些人在外面，想进又进不去；它同时还是一种福柯意义上的“全景敞视主义”的监狱，[③] 无一人不在这监狱的监视之中；个人成为一个由自我主宰的极为放大了的个体，他看起来强悍无比，实际却又无法抗拒哪怕一丁点儿的挫折。在追求到虚幻中的自我实

① ［德］马克思：《1844 年经济学—哲学手稿》，刘丕坤译，人民出版社 1979 年版，第 44—45 页。

② ［法］笛卡尔：《第一哲学沉思集》，庞景仁译，商务印书馆 1986 年版，第 95 页。

③ ［法］福柯：《全景敞视主义》，载《规训与惩罚——监狱的诞生》，刘北城、杨远婴译，生活·读书·新知三联书店 1999 年版，第 219—256 页。

现的巅峰体验之后，留下来的就只有一种走向衰落的空虚，持久的满足感变成是一种追求的技术；还有我们人类学家们所熟悉的文化，它开始变得不再是一位聆听者和信仰者，而是成为了一位作者（author），或者更具体地说是一位民族志学家（ethnographer），他试图在用一种全方位的上帝的视角去俯瞰人类的差异性存在，但它们之间又是联系在一起的，民族志学家乐于把一个群体想象成是人类的全部，并用文字乃至图片这样的表征工具，将这种对于个人而言全景式的社会模式完完全全地呈现出来，这就使得不可见的社会与文化转变成可见的，部分和零碎则转变成为整体和逻辑，由此我们生活在文学家的表述之中，而不是真实发生的生活本身。

我们曾经相信，无理性（non - rational）就意味着是非理性（irrational），但实际的情况却并非完全如此。威廉·詹姆斯（William James）曾经专门指出，意识不过是像一条河流一样永不停息的意识流（stream of consciousness），而另外一位美国人约翰·杜威（John Dewey）则强调，我们的思维不过就是一种相信或信念，是瞬息之间反射性的回响，因此，不存在一种所谓正确与否的判断，正确也许只是一种偶然，而不正确恰是一种常态。[①]

“在一起”的哲学与文化转型

对于人而言，一个不能否认的前提便是，我们的世界乃是一个自然分化的世界。我们可以从宇宙中各自独立存在的星球一直追溯到基因这样微不可见的生命要素的存在，更不用说那些已经为自然科学家研究透彻的同样是微不可见的粒子的存在。在对有着一种认知能力的个人而言，这基本上是一个自明的事实，没有必要再有任何的怀疑产生。

但首先要明确的是，人类社会发展的自身逻辑，乃是与此自然的存在的形态相背离，二者的发展有着完全不同的路径。可以这样说，我们不可能在自然之外去发现一个社会，我们只能是在自然之中去发现社会。因为，就像万有引力把地球上分散开来的物质的存在都吸附到一起

---

① John Dewey, *How We Think: A Restatement of the Relation of Reflective Thinking to the Educative Process.* New York: Standard Publications, Inc. , 1933. p. 17.

一样，社会自身也有此类似的一种力，把社会中一些分散开来的个人凝聚在一起。

在此意义上，所谓人类社会的社会学，就是一门研究如何把分散开来的个体存在结合在一起的方法学的探究，而人类学必然是要去考虑，这些化分散为凝聚的方法学的多样性的存在以及相互之间差异性的比较。而这样的分工，目标只有一个，即要去发现并描画出使人与人共同在一起往来互动的社会演化的谱系。因为，至少就目前民族志的资料来看，尚未发现像笛福的小说中所虚构的鲁滨逊这样的只有他自己一个人存在的孤岛世界。显然，两个人以上的社会存在成为人类社会存在的一个常态，而差异只在于人口数目的多寡而已。在涂尔干的社会学出现之前，欧洲世界的社会观念在于一种区分的哲学。不论是理性主义抑或是经验主义的哲学传统，经验之间的分离就像此前的欧洲哲学里人神之间的分离一样，凡是属于上帝的归了上帝，凡是属于恺撒的归了恺撒，似乎是井水不犯河水，泾渭分明。

此种区分，在法国哲学家笛卡尔那里得到了一种最为清晰化的表白，他的二元论的哲学在另外的一个含义上可以称之为是一种分离的哲学。它的关键在于分离，即心身之间的分离、物我之间的分离，乃至人与自然之间的分离。而这些分离的基础即在于，人的理性的一种自我觉知或启蒙。这种觉知，使得一个极为清晰的自我形象得到了特别凸显。这个“我”不再是作为一个整体的人的一部分，而是被孤立出来成为身体的主宰、万物的主宰以及自然的主宰。有了这样的一种理性自觉之后，人找到了一种他者的存在，这种他者是与内在化的自我相对而言的外在化的他者，是无法在绝对清晰、绝对明白、绝对不能怀疑的“我”的存在之外发现的一种他者的存在，它们成为不清晰的、不能让人明白的、绝对要投之以一种怀疑的目光的代名词。因为，那里充斥着“愚昧”“落后”与“不洁”，而理性的自我，所真正要去做的便是，以某种精致的方法去甄别出来那些愚昧、落后与不洁，并使之分离成为理性认识可以把握的一个部分。这同时也成为西方世界构建自己现代法律神话的思维定式，形成了一种明显带有西方意识的“白人的神话”。[1]

---

① Peter Fitzpatrick, *The Mythology of Modern Law*. London and New York: Routledge, 1992, pp. 87 - 91.

在这个意义上，也许与之可以作为比照的便是中国的宋明理学，其在发展中面对的尽管不是西方的理性主义，但是印度的佛学也恰在那个时候得到批判并创造性地融合在中国传统的人与人之间不分离、物与物之间不分离、人与自然不分离的融合的理念之中，它没有去接受更多的纯正印度哲学的唯识论的影响而是借助本土哲学观念而全面地融会了禅宗的修养功夫，发展出像程颢的“天理”、朱熹的“天人关系”、陆九渊的“宇宙便是吾心，吾心即是宇宙”以及王守仁的“心即天，言心则言天地万物皆举之矣”等观念，[①] 并影响到后来新儒家的思考方式，那就是天人一体、天人合一、知行合一等的心物一体不分离的观念。这背后恰如李亦园的分析所断，乃是一种自然系统（天）、个体系统（人）以及人际关系（社会）之间相互依赖与保持和谐的宇宙观，即致中和。[②]

显然，由这种文化比较可以体悟到，人类学大约是在这样的一种背景下得以被西方人所创造出来的，即它的初始目标一定是去寻找一个自信的、清晰的、不能有任何怀疑存在的自我之外，与这些特质相对而言的那些特质的存在。而遥远的他者，自然成为了印证此种他者存在的绝佳之地，人类学也因此而有了一个新的标签，那就是对于“他者”的研究，它不关注或不必关注自我本身，因为这个自我是完全不用去怀疑的，它所关注的是与自我相对的他者存在，那里充斥着与自我的各种完美属性完全相对的那些属性，并因此而人为地将这些属性归咎到人自身发展的一个早期阶段中去，以此证明这是人的理性尚未发展成熟的阶段，它不在西方的世界，而在西方世界以外。[③] 人类学因此才有了一种自己的学科史的地位。

就人的自我而言，它可再细分为两种。其一便是以自我为中心的对于自我的追求，这是一种明确意识下的自我。一切都由这个自我去加以衡判，包括人的知、情、意，也包括人的真、善、美。它的基础在于对确定性、准确性以及清晰性的不懈追求，它试图通过类似黑格尔所说的

---

① 汤一介：《从印度佛教的传入中国看当今中国文化发展的若干问题》，载中国文化书院讲演录编委会《中外文化比较研究》，生活·读书·新知三联书店1988年版，第46页。

② 李亦园：《李亦园自选集》，上海教育出版社2002年版，第262—266页。

③ 赵旭东：《本土异域间——人类学研究中的自我、文化与他者》，北京大学出版社2011年版，第265—270页。

自我与对象之间的“不一致”，最终去达致一种相互间的一致，由此而实现主客体之间的融合。[1] 因此，这是一种全部以自我为标准去看一个世界，并拥有这个世界的文化逻辑。在此意义上，人类学家似乎通过田野研究就可以发现什么，这个发现归根结底还是从自我追求这个向度看去的一个世界。在人类学家凝视之下的参与观察，就是一种从自己身边移步到他者世界中去的自我证成。而他的发现，不过是主客体之间向主体自我的一种融合和印证，它的现实是借助一种否定性的逻辑来完成的，即对曾经融合在一起的主客二元的再分化之后的再融合，由此而有所谓民族志知识的出现与积累。

而另外的一种自我，大约是与上述的带有“我执”的自我相对而言才具有意义的自我，即它是以他者为中心的，并不以自我主观的评判为最终的依据，甚至根本上是要去抛弃一个人自我的追求，在放下这种自我的同时，他者的客观存在恰恰得到了一种凸显。这在东方世界流行的禅宗了悟或证悟的思维中占有极为突出的地位。这种自我有其视觉感受性的注视和观察的存在，但这不在于去发现一种新知，而在于了悟到我执的世界的单一化的存在，是要让万事万物的多样性和客观性以其自身的样貌存在并发展，因此其向外看的用意不在于主客之间的融合，而在于并不集中或聚焦于某个焦点或中心，这实际上是一种放弃自我的自我观，因为一旦执着地追求，便都会以此而做一种衡判，这种衡判归咎起来不过又是此时投射于我们脑中的表征或幻象而已，不足为一种确定性追求的根据，在此意义上，他者中心的民族志，应是一种放弃自我的民族志。

这种他者中心的民族志，注定为人类学的反叛性格的养成埋下了一颗坚实的种子，只待时机成熟之时，便会发芽，并茁壮地成长起来。这种反叛，乃是对自我本身的反叛，是对那个充满自信而又不可轻易怀疑的自我的逐渐浮现的不自信与怀疑。笛卡尔精心论证并设计的对于这一绝对自我的保护和自信，随着人类学家跑去那些被界定为西方的自我的他者之地开展细致入微的实地考察之后，所有的自我的自信以及对他者的怀疑都因此而颠倒了。

由此，反思性不再是向外而是向内，对他者的文化的研究也转而成

① 张世英：《中西文化与自我》，人民出版社2011年版，第19页。

为一种对于自己的文化的批评。这种批评乃是对于各种分离倾向的一种反动，目的是要把曾经分离开来的并使之碎片化的存在，获得一种重新的结合，或者使整体性的文化得到一种复原。

由此而必然有一种人类学的转向，即从纯粹地方性知识的关怀，而转变到更多受非理性的激情或情感所支配的那些场景，这因此便是一种“在一起”的哲学，而非分离的哲学，是把视角转向了那些能够使人与人、人与物以及人与自然结合并和谐地在一起的那些场景和途径。仪式、聚会以及往来交通的物品的流动，这些都使得更大范围的分散开来的区域文化，得到了一种极为有益和便捷的连接。

而所有这些都成为了人类学要为之努力解释的新方向，这是从分析到综合的一种转向，是从批评到欣赏的一种转向，还是从反思到表达的一种转向，而所有这些转向，其目的也只有一个，即让人与世界的完整性得到真正的呈现。这是人类学研究的初衷，自然也是其目的和未来之所在。[①]

可以说，我们人类是在一个极为偶然的机会里选择了文明，又在一个很偶然的机会里，这个文明了的“智人”（Homo Sapiens），又专门选择了理性作为这个文明向前不断演进的发动机，但这台发动机却在使这个智人变得越来越自我分裂，它不仅是一位“病人”，而且还是一位无法找到真正拥有疗效的灵丹妙药的病人。因为，理性的基础恰恰决定了这个智人在界定文明时使用了“健康”这一概念，并且是一种“没有疾病的健康”。[②] 但如上所述，健康却又绝不仅仅是没有疾病这样简单。在哲学家伽达默尔看来，所谓健康纯属是一个“谜”（enigma），它处在自然和艺术之间。因为人作为一个整体相对于人类而言，他又是带有其独特性的。在此意义上，任何的知识都是由条件和背景来约束的，医疗的知识也是一样。可能一整套的健康标准，运用到了具体的某个个人身上，是无法真正确切地知道一个人是否健康。[③] 在这中间，医生的作

---

① 赵旭东：《在一起：一种文化转型人类学的新视野》，《云南民族大学学报》（哲学社会科学版）2013 年第 3 期，第 24—35 页。

② Anthony Giddens & Philip W. Sutton, *Sociology*. Seventh Edition. Cambridge: Polity, 2013, p. 440.

③ Hans - Georg Gadamer, *The Enigma of Health: The Art of Healing in a Scientific Age*. Translated by Jason Gaiger and Nicholas Walker, Stanford: Stanford University Press, 1996, p. 107.

用也就日渐凸显出来。使得一个人不舒服的病痛，对于这个人而言，那是确知无误的，但这却似乎又无法真正可以为他人或借助医疗设备准确地探查到。医生的问询往往让这种探查有了实际的结果，这是一个自然的身体和医生的疗愈经验相互激荡并通过互动的过程而得出来的结果。但是，今天以理性为基础的科学和医疗，也许能够部分地解决疾病的问题，使之经由诊断、分类然后再加以去除，但它并不能解决作为整体的人他自我感受上的所谓健康问题。按照常理，疼痛在哪里，似乎病症就在哪里。但让人迷惑之处是在于，即便病症消失，有些人依旧感受不到一种健康的存在，而另外的人可以明显地感受得到，这原因究竟是自然的身体的一种恢复在起作用，还是医生一直在发挥着作用，不仅在伽达默尔那里是个谜，即便在普通人的世界中，这也是一个谜。

以分离为基础的文化，着实使我们生活于其中的空间有了一种分离，我们住在自己的房子里，过一种自己的生活；我们在自己的办公室里，写自己的文字；我们还在自己的知识领域中，发现自己的知识，林林总总，但我们最终却会发现，我们是在不断地重复着一种盲人摸象的愚笨逻辑，我们因此而成为了一个马尔库塞意义上的单向度的人。我们与他人的关系逐渐变成要么是去限制，要么就是被限制；要么是决定别人，要么就是被人所决定，我们很难再有真正的与他人在一起的那份分享的自由，因为我们生活的全部都在通过一种个人的计算而变得与他人分离开来，其中包括我们自己的时间、空间、财产、荣誉、地位等。在这个意义上，我们原有的相互融合在一起的文化，实际上变成是一种不断创造出自我分离的文化。

而当下全部的文化转型，实际上又都是建立在一种对于由现代性所造就的分离的文化之上。这种分离的文化，因为过度集中于和关注于人的理性，而使得我们人的存在变成是一种不完整和有缺陷。由此而造成的一种后果就是，我们生活在现实之中，但我们却无法真正接近现实；我们处在社会之中，但却不能完全融入其中；我们是有情感的动物，到最后却发现，我们并不知道情感是在哪里以及用什么方式对此去加以恰当地表达。所有这一切，都可以说是一种现代分离的文化所造就出来的一些苦果，它跟传统社会各种关系扭结在一起形成一种鲜明的对比，我们因此而需要一种转变，由此而使得人的自我不再是一种功能论式的理性的再生产模式的造物，它还是一种能动的自我的生成机制，它为激情留有足够的空间，并使之与理性之间有了一种最为完美的结合。在这个意义上，我们才需要一种明确的口号，那就是告别单纯的反思，直面多样性的文化的表达，并在欣赏和培育文化情调中去拒绝一种无中生有的批评与嘲讽。

这个转型出来的文化，可能是一种真正融合在一起的文化，即人与人、人与物以及人与自然在一起。它背后更多地彰显出人类学家对礼物研究的一种深度意旨，因为莫斯告诉我们，礼物是不同于商品的，它使人与人、人与物以及人与自然之间有着紧密的结合，而商品的发明却是使这些反其道而行之。[①] 这是一种在一起的哲学的先导，在那里莫斯强调的是一种“礼物与回礼的责任”（gifts and the obligation to return gifts），并且是在一种“整体性的呈现”的真正的“夸富宴”（potlatch）中得到了完整体现。[②] 而夸富宴恰恰是这种哲学的最为典范的文化表达。这种“在一起”的哲学，与人的异化形成对立，它的实践也不是深不可测，而更多是一种浅层的表达，它建立在今天人们对于幸福观念或者“共同的善”（the common good）的追求之上，[③] 它是人的深度社会性的一种展现，并会使所有的人都可以真正有机会参与其中，乐在其中，并在其中体味一种真正生活的乐趣，即一种切身的融入，是迎合而不是反抗，是欣赏而不是批判，是愉快而不是忧郁，是积极而不是消极，是和平而不是战争，是消费而不是积累，如此等等的现代之后的口号的提出，在今天，显然有其特别的对于文化转型走向的启发性的价值。

现代之后的文化，在渐渐地走向一种融合的存在，这可以说是人的人文性（humanities）的回归。而“在一起”（being together）又成为一个极具号召力的主张，它曾经是被现代人所遗忘掉或抛弃掉，[④] 但现在却为大家所切实地体会到和把握住了，与此同时，网络技术使得这种随

---

① 赵旭东：《礼物与商品——以中国乡村土地集体占有为例》，《安徽师范大学学报》（人文社会科学版）2007 年第 5 期，第 395—404 页。

② Marcel Mauss, *The Gift: Forms and Functions of Exchange in Archaic Societies*. Translated by Ian Cunnison, London: Cohen & West Ltd, 1970, pp. 6 – 8.

③ Richard Layard, *Happiness: Lessons from a New Science*. New York: The Penguin Press, 2005, p. 234.

④ MichelMaffesoli, *The Shadow of Dionysus: A Contribution to the Sociology of the Orgy*. Translated by Cindy Linse and Mary Kristina Palmquist. New York: State University of New York, 1993, p. 3.

时随地的“在一起”的理想的实现成为了可能，即可以说：我们分离，但我们在一起，我们可以尽享自我存在的快乐，同时也可以体味到人人“在一起”的那份集体欢腾的热情和感染力，涂尔干的社会学在今天相比过去更加具有一种切实的影响力。[①] 而且正像莫斯所提醒的，人类学曾经花大力气研究的所谓古代社会，它的存在形态一定不是断裂或者相互之间在社会生活上是相互地分离开来的，而恰恰是社会中的各个要素相互都是联结在一起的，即莫斯所总结出来的“整体的社会现象”，这里的“整体的”（total）即是一种全部的在场，社会中所有制度的面向都有其即时性的表达，这就无一例外地包括宗教、法律、道德以及经济等方面，并且是以一种美学的方式呈现在大家面前，相互融合与勾连而成为一种形态学的类型。[②] 因为有这样一种缘故我们大家可以在一起，从时间、空间、气味、声音到口味，所有的这一切，让一种“在一起”的文化和情感呼之欲出，人类学家开始把文化的透镜瞄准了那些使人在一起的集体生活场景。在民间的社会中，爱开始逐渐地走出个人之间的狭路，而转变成为一种更为宽阔的公共的慈善；积累走出私人的户头，在一种羡慕和欣赏中转变成为公共的福利；财富开始学会从一种个人的自我炫耀，而走向世界的共同享有。而这一切，却又是大家“在一起”的这个轴向上不断地向前延展开去的一个中间阶段而已，大家在一起之路必然是永远的开放，并且没有尽头，而分离一定不是今天文化转型的主流。

一种再直观不过的日常生活的观察就是，没有人告诉过我们一种大家在一起的方法，但我们却学会了在一起，即在一起吃饭，在一起喝酒，在一起唱歌，在一起舞蹈，在一起学习，在一起讨论，在一起工作，等等，可以说有数不尽的“在一起”，它让我们感受到了一种在一起的快感文化。实际上，人并没有在人们孤立独处时的那份对人的可恶想象，孔夫子所谓“君子慎独”，而孟子的“独乐乐，与人乐乐，孰乐”的提问，更在这个向度上发展了孔子的洞见，这不能不说是一种最早的对于没有能够体验到大家在一起的快乐之人的一种文化意义上的警

---

① Émile Durkheim, *The Elementary Forms of Religious Life.* Translated by KarenE. Fields, New York: The FreePress, 1995, p. 445.

② Marcel Mauss, 1970, *The Gift: Forms and Functions of Exchange in Archaic Societies.* Translated by Ian Cunnison, London: Cohen & West Ltd, 1970, p. 1.

告和宣言。

今天，在文化越来越多地为人们所觉知的时代里，文化必然会走向一种有着自觉意识的主体性的文化，它会对社会的各个方面施加一种影响，并使之有一种形态上的转变，使之能够变得更为顺畅且自如。显然，文化从来也不是一种社会发展的障碍，更不是一种令其痛苦不堪的沉重负担，除非我们毫无觉知地把文化一味地等同于一种僵化的物的存在和背负。

文化同时必须重新担负起一种社会疗愈（social healing）的责任。可以肯定地说，任何时代，文化都是一种转化的力量，它会使人的赤裸裸的存在有了一种美丽的包装，并为人及其社会所欣然地接受。我们确实无法抗拒那些艺术作品在疗愈人及社会的疾苦中的那种特殊效果，但是当艺术品更多与市场和金钱有了一种直接的联系之后，这种疗效本身就会大为降低。也许，生活中的普通人很少去关心有一种所谓转型的发生，[①] 对于文化的转型，情形就更是如此。凡是可以给人们带来快乐的，文化都会在其中发挥一种作用，并且是无意识的，一旦它为我们所清楚地觉知，我们便无法真正去体味到文化的意义所在，就像两位恋人，一方必然是以一种感受到却无法或不能表述为其最佳状态，否则这就变成是一种无趣的知识规则的恋情游戏。在这个意义上，人类学家曾经谈论文化，但却是为了谈文化而谈文化，其实际的作用发挥又恰恰是在一种不言之中，我们总会发现，人类学家所描写的文化是一回事，而实际的文化运行则可能又是另外一回事，二者之间并不能有完全的同一性存在。人类学家在此意义上显然是在摆弄一种彻头彻尾的文字游戏，并希望自己是一位独一无二的作者，即“他自己到了那个遥远的地方”的一份自恋，但他实际却又不是去过那里的唯一之人，这必然会成为人类学家自身知识构建中永远都会遭遇到的一种认识困境。在此意义上，我们需要再次明确，文化乃是一种体验，同时还是一种实践，是在一种实践中的体验，但它本身绝不只是一种如人类学的文字表述那么的简单和直白。

---

① 尽管美国耶鲁大学的社会学家伊万·塞勒尼（Ivan Szélenyi）期待着普通大众层次的社会转型，但显然正像他所评论的孙立平的研究那样，孙立平正确看到了这种转型的非意识性的实践后果。关于这一点，可参阅塞勒尼《关于诸转型的一种理论》，吕鹏译，载郭于华主编《清华社会学评论：面向社会转型的民族志》，社会科学文献出版社 2012 年版，第 152 页。

显然，摆在人类学家面前的一个现状就是，今天的文化转型必须要去解决一种社会、人口及文化之间的分离的问题。“在一起”就是一个群体有凝聚力的口号，但它本身也要求有一种实践来使之得到某种确切的体验。“在一起”的人的观念由仪式、聚会、团聚、友爱、慈善、分享、欢庆乃至热闹等的方式去加以实现。这种在一起，显然是一种差异性地在一起，是色彩缤纷地在一起，是各自得到舒展地在一起；但一定不是类别化地在一起，不是反思性地在一起，也不是漫无边际地批评性地在一起。可以设想，人们如果穿同样的衣服，那会有怎样的社会后效？这一定会隐含一种无法消除的结构化的社会分离，它让穿着另外一种颜色衣服的团体相互之间构成了一种结构性的对立。

今天意义上的空间已经不再是我们聚在一起的限制性的依据，它本身已经成为不同地方和文化里的个人的一种选择而已，时间也是一样。中国西部的神仙信仰，它不仅让当地人为之归附，而且它可以吸引到更多从世界各地赶来的信仰者和游客，大家由于对山的依恋和选择而从四面八方共同地聚在了一起。在这一点上，聚会成为了目的本身，而神山信仰也只是聚会的一个借口而已。一个雪域高原的珠穆朗玛公园，一年可以吸引近十万人去观光游览，这不能不说是一种特别的力量在使得世界各地的人聚在了一起。而在消耗了我们的能量和激情之后，我们获得了一种实实在在的心身上的满足，而社会也因此满足而归于一种平静。同样地，爱斯基摩人冬季聚在一起的集体表征，显然不必成为今天人们聚会的唯一的时间段的选择，我们完全可以选择我们认为更为适切的时间去举行聚会，并且，我们所要做的只是如何去安排我们自己的旅行，而我们并不十分在乎聚会究竟是要发生在冬天还是发生在夏天。

小结

今天我们对于文化会有一种自觉，它在我们追求它的过程中潜移默化地得到了一种体验，但我们却无法看出文化转型的轨迹和方向，我们实际是在没有路的地方去构建一种理想之路，它的形态一定会千姿百态，并林林总总地布满整个人所居住的世界之中。因此，我们会高调地提出要拒绝批评，因为任何的批评，包括文化批评在内，它本身意味着是在有意图地把我们引导到或塞入某一条道路上去。这一点与社会学的新启蒙精神不谋而合，不仅“脱魅”（disenchantment），而且还要“重入幻境”（reenchantment）。[①] 这不仅是彻底的世俗化的结果，更是对批评态度的否定之后必然有的状态。但对由人所构成的差异性社会而言，路永远是千差万别的，所有的人走一条路一定不是人类最初的选择，过去不是，现在更不是。

可以确切地说，文化从来都不是固定而不发生改变的。特别是在我们确切地觉知到一种文化的存在之时，这种改变还会因此觉知而加速。在这个意义上，人类学家可能是最为早地觉知到文化的社会行动者之一。对文化要素的特殊敏感性，让人类学这门学科必须要去不时地注意到文化自身的转变，这种转变在更多意义上是一种转型，因为这往往是指一种文化存在的形态的转变。而与之相应地便有了一种转型人类学的发生，它所面对的乃是当下的社会场景的实际生活，乃是与承载着一种文化的人的生活密切相关的真实问题。

至少就今天的人所生活于其中的个人而言，可能最为关键的一种文化的病症乃是，一种由人的观念而见之于社会安排的实践活动本身出了问题。这种实践活动带来了人对于生活的疏离感以及真实的分离的增加，而这种构筑于人的理性认识之上的分离的机制使得社会存在的基础，即人与人之间的信任关系变得越来越抽象，由此而使得生活成为一种不可捉摸或捉摸不定的东西。

伴随着社会复杂性的逐步增加，社会分化机制也在随之得到启动，多元化的分离模式让断裂社会成为当下世界想象的主基调。但与这一社会分化机制相反而运行的文化创造，它本身则是在发挥着一种黏合剂的作用。它可以使分散成为一种聚合；使对立转化而成为相互的一致；使多元划分转变成为一体的融合。这种转化绝非一种强制，而是一种感化，并真正经由人心而发挥其作用，它是一种从人心开始的一种新引力的创造，就如磁铁一般，分散开来和势不两立的铁屑可以在瞬间聚集在磁铁的周围，而这磁铁便是一种文化功用的最为恰当的隐喻。文化在此意义上是可以去进行一种创造的，且在社会的不同层次上被创造出来，并有不同层次之间的相互影响。而且，更为重要的是，在任何一个社会

---

① 成伯清：《走出现代性：当代西方社会学理论的重新定向》，社会科学文献出版社2005年版，第261页。

里，文化又是必须要被创造出来的。汉语中一个“表”字最能体现出来此种创造的具体化和实践。所谓“表达”“表现”“表演”“表露”“表示”等词汇，都体现出一种文化自身的创造和修正的过程。

文化乃是促推社会凝聚的一种黏合剂。古希腊人的智慧中亦不乏这样的观念，柏拉图在《法义》（*Les Lois*）中论及了会饮与合唱对于人而言的重要意义，这些使人不仅知道该去爱什么、该去恨什么，同时借助合唱和跳舞，人们学会了如何达成一种联合，因此在雅典人看来，大凡受过良好教育的人，都应该是“既善于跳舞又善于唱歌的人”①。而这背后说的是一种文化，它把分散开来的人凝聚在了一起，同时应该清楚，文化的功用必然是要伴随着时代的转换而发生一种转变的。文化的不转变，它只能是意味着文化自身的“化石化”，即它变成不再在人们日常生活中发挥作用、延展其功能以及表现其活力的能动性的力量。文化因此也不能有一种还原论的化约，即将其化约为经济、政治或宗教，等等。

文化即是它自身而非其他，它既不是所谓“原生态式的”借助时间追溯的层层抽离，也不是文化遗产式的把各种各样的文化装进新概念中去的自我背负。可以说，文化是可以超越时空限度而又有其独立能动性的存在，它可以通过各种各样的隐蔽形式而浸入到人的生活之中，借助一种由下而上以及由上而下的双重过程的协同努力，直接影响到我们当下生活的样貌。而作为社会之灵的文化，其存在也大多是隐而不显的，我们一般不会特别感受得到某种文化的存在，但却恰又因此而浸润于一种文化之中。文化如果不再是以这样的方式存在，文化也便难以成为其自身了。

参考文献

1. ［美］奥兹布敦、凯曼：《土耳其的文化全球化：行动者、论述、战略》，载［美］亨廷顿、伯杰主编《全球化的文化动力：当今世界的文化多样性》，康敬贻、林振熙、柯雄译，新华出版社 2004 年版。

2. ［法］布尔迪厄：《言语意味着什么——语言交换的经济》，褚思真、刘晖译，商务印书馆 2005 年版。

① 布舒奇：《〈法义〉导读》，谭力铸译，华夏出版社 2006 年版，第 108 页。

3. 布舒奇：《〈法义〉导读》，谭力铸译，华夏出版社 2006 年版。

4. 成伯清：《走出现代性：当代西方社会学理论的重新定向》，社会科学文献出版社 2005 年版。

5. 成中英：《西方现代哲学的发展趋势》，载中国文化书院讲演录编委会《中外文化比较研究》，生活·读书·新知三联书店 1988 年版。

6. 辞海编辑委员会编：《辞海》，上海辞书出版社 1980 年版。

7. ［法］笛卡尔：《第一哲学沉思集》，庞景仁译，商务印书馆 1986 年版。

8. ［美］杜布斯：《文艺复兴时期的人与自然》，陆建华、刘源译，吴忠校，浙江人民出版社 1988 年版。

9. 费孝通：《费孝通在 2003：世纪学人遗稿》，中国社会科学出版社 2005 年版。

10. ［法］福柯：《全景敞视主义》，载《规训与惩罚——监狱的诞生》，刘北城、杨远婴译，生活·读书·新知三联书店 1999 年版。

11. ［法］福柯：《这不是一只烟斗》，邢克超译，漓江出版社 2012 年版。

12. ［德］伽达默尔：《真理与方法》，王才勇译，辽宁人民出版社 1987 年版。

13. ［美］古迪：《偷窃历史》，张正萍译，浙江大学出版社 2009 年版。

14. ［美］怀特：《文化的科学——人类与文明研究》，沈原、黄克克、黄玲伊译，山东人民出版社 1988 年版。

15. 韩江洪：《严复话语系统与近代中国文化转型》，上海译文出版社 2006 年版。

16. 何传启：《东方复兴：现代化的三条道路》，商务印书馆 2003 年版。

17. 黄应贵：《反景入深林：人类学的观照、理论与实践》，三民书局 2008 年版。

18. ［英］霍布斯：《利维坦》，黎思复、黎廷弼译，商务印书馆 1985 年版。

19. 李敬泽：《总序：山上宁静的积雪，多么令我神往》，载马丽华《马丽华走过西藏纪实：藏东红山脉》，中国藏学出版社 2007 年版。

20. 李亦园：《李亦园自选集》，上海教育出版社 2002 年版。

21. 廖育群：《阿输吠陀印度传统医学》，辽宁教育出版社 2002 年版。

22. ［美］马尔库塞：《理性与革命》，程志民等译，上海世纪出版集团 2007 年版。

23. ［德］马克思：《1844 年经济学—哲学手稿》，刘丕坤译，人民出版社 1979 年版。

24. ［美］萨林斯：《什么是人类学的启蒙？——20 世纪的一些教训》，赵旭东译，载马戎、周星主编《二十一世纪：文化自觉与跨文化对话》（一），北京大学出版社 2001 年版。

25. ［美］塞勒尼：《关于诸转型的一种理论》，吕鹏译，载郭于华主编《清华社会学评论：面向社会转型的民族志》，社会科学文献出版社 2012 年版。

26. 汤一介：《从印度佛教的传入中国看当今中国文化发展的若干问题》，载中国文化书院讲演录编委会《中外文化比较研究》，生活·读书·新知三联书店 1988 年版。

27. ［美］托夫勒：《权力的转移》，刘江、陈方明、张毅军等译，中央党校出版社 1991 年版。

28. 谢立中：《走向多元话语分析——后现代思潮的社会学意涵》，中国人民大学出版社 2009 年版。

29. 徐杰舜、徐桂兰：《边疆发展：中国民族关系发展大趋势视野中的思考》，载宋敏主编《边疆发展中国论坛文集》（2010·发展理念卷），中央民族大学出版社 2012 年版。

30. 张世英：《中西文化与自我》，人民出版社 2011 年版。

31. 赵旭东：《刺猬与狐狸》，《读书》1995 年第 2 期。

32. 赵旭东：《礼物与商品——以中国乡村土地集体占有为例》，《安徽师范大学学报》（人文社会科学版）2007 年第 5 期。

33. 赵旭东：《以梦想取代噩梦——克服“吉登斯悖论”的一条出路》，《中国社会科学报》，2010 年 7 月 20 日第 11 版。

34. 赵旭东：《本土异域间——人类学研究中的自我、文化与他者》，北京大学出版社 2011 年版。

35. 赵旭东：《中国意识与人类学研究的三个世界》，《开放时代》

2012 年第 11 期。

36. 赵旭东：《“灵”、顿悟与理性：知识创造的两种途径》，《思想战线》2013 年第 1 期。

37. 赵旭东：《从社会转型到文化转型——当代中国社会的特征及其转化》，《中山大学学报》（社会科学版）2013 年第 3 期。

38. 赵旭东：《在一起：一种文化转型人类学的新视野》，《云南民族大学学报》（哲学社会科学版）2013 年第 3 期。

39. 赵旭东、赵伦：《中国乡村的冤民与法治秩序》，《二十一世纪》（香港），2012 年 12 月号总第 134 期。

40. Antonio Gramsci, *Letters from Prison: Antonio Gramsci*. Lynne Lawner (ed.). New York: Harper Colophon, 1932/1975, p. 235. 转述自 George Ritzer & Douglas J. Goodman, *Sociological Theory*. Sixth Edition. Boston: McGraw Hill, 2003。

41. Anthony Giddens & Philip W. Sutton, *Sociology*. Seventh Edition. Cambridge: Polity, 2013.

42. Arjun Appadurai, *Modernity at Large: Cultural Dimensions of Globalization*. Minneapolis: University of Minnesota Press, 1996.

43. Bronislaw Szerszynski, "Ecological Rites: Ritual Action in Environmental Protest Events", *Theory, Culture & Society: Explorations in Critical Social Science*. Vol. 19. Number 3: 51 – 70. 2002.

44. Carl P. MacCormack, "Nature, Culture and Gender: A Critique", in Carl P. MacCormack, & Marilyn Strathern, eds., *Nature, Culture and Gender*. 1 – 24, Cambridge: Cambridge University, 1980.

45. Émile Durkheim, *The Elementary Forms of Religious Life*. Translated by KarenE. Fields, New York: The Free Press, 1995.

46. Fadwa EI Guindi, *Visual Anthropology: Essential Method and Theory*. Walnut Greek: Altamira Press, 2004.

47. Hans – Georg Gadamer, *The Enigma of Health: The Art of Healing in a Scientific Age*. Translated by Jason Gaiger and Nicholas Walker, Stanford: Stanford University Press, 1996.

48. Jodi Dean, "Cybersalons and Civil Society: Rethinking the Public Sphere in Transnational Technoculture." *Public Culture*. 13 (2): 243 –

265, 2001.

49. John Dewey, *How We Think: A Restatement of the Relation of Reflective Thinking to the Educative Process.* New York: Standard Publications, Inc., 1933.

50. Marcel Mauss, 1970, *The Gift: Forms and Functions of Exchange in Archaic Societies.* Translated by Ian Cunnison, London: Cohen & West Ltd, 1970, p. 1.

51. Michel Maffesoli, *The Shadow of Dionysus: A Contribution to the Sociology of the Orgy.* Translated by Cindy Linse and Mary Kristina Palmquist. New York: State University of New York, 1993.

52. Richard Layard, *Happiness: Lessons from a New Science.* New York: The Penguin Press, 2005.

53. Peter Fitzpatrick, *The Mythology of Modern Law.* London and New York: Routledge, 1992.

54. Sherry B. Ortner, *Anthropology and Social Theory: Culture, Power, and the Acting Subject.* Durham and London: Duke University Press, 2006.

作者简介

赵旭东（1965—　），男，中国人民大学人类学研究所所长、教授。研究方向：法律人类学、社会人类学。邮箱：zhaoxudong@ruc.edu.cn。

制造“人”：一项关于人格的法律人类学研究

罗　涛

总体来说，法律的任务在于处理人、物以及基于人和物二者之上构建的交互关系，如规定或调整人和人或人和物的关系。人和人的关系涉及婚姻、家庭、亲属、继承、交易、契约甚或战争等，而人和物的关系包括占有、支配、交换、契约、赠予、继承以及信托等。正如盖尤斯所说：“我们所使用的一切法，或者涉及人，或者涉及物，或者涉及诉讼。”① 如果从现代法律中权利和义务构成了法的基本“要素”这点看来，人是能够行使及承担权利和义务的实体；物是权利和义务本身；诉讼是据以维护权利和义务的救济手段。② 但事实上在罗马法中，人并不是生下来就成为法律关系中的一部分，而是取决于“人格”（persona）。我们可以把人格理解为一种特权、一种身份或附着于特定身份上的特权，在罗马，人的权利是和自由紧密联系在一起的，人要么是自由人要么是奴隶。奴隶不具备处理自己身体的自由，没有祖先，没有财产，因而不足以作为法律关系中的主体，只有自由人才具备罗马法意义上的人格。事实上，不光是在世俗法律中，即便在宗教法律中人格也意味着特权。在古罗马，伊赫皮尼人（irpini）被萨姆尼特人称为狼，有一项叫作“索拉之狼”（Hirpisorani）的仪式，拥有狼的称号的家庭在费罗尼亚女神神庙中燃烧的煤炭上行走，他们就可享有一些特权并免税。③ 在世俗和宗教的多种涵义中，人格可能是一个氏族、一些舞蹈、一些面具、一些名称、一个名字或一项礼仪，但它与个人、家庭或氏族在宗教

---

① 盖尤斯：《盖尤斯法学阶梯》，黄风译，中国政法大学出版社 2008 年版，第 2 页。

② 尼古拉斯：《罗马法概论》，黄风译，法律出版社 2010 年版，第 55 页。

③ 莫斯：《人类学与社会学五讲》，林锦宗译，广西师范大学出版社 2008 年版，第 70—71 页。

仪式中的权力或特权紧密联系在一起。

在现代法律中，我们把人格作为法律赋予个体生而具有的承担权利和义务的资格。这当然与现代国家承认人生而自由平等的天然权利有关，因此既不存在基于天生等级的身份划分，也在法理的意义上否认特权的存在。人格权是人格在法律上的具体表现，一般现代宪法和民法意义上的人格权包括身体权、生命权、自由权、健康权、名誉权和肖像权等。从广泛的角度来说，现代法律对人格权的划分仍未超越古代法典，充分表现了其归属于身份的特征，只不过现代人的身份被法律认为是天生具足的。但人格仍然是理解所有社会中任何形式的法律的关键所在，因为在根本上来说法律仍然是处理人以及附着其上的各种社会和文化关系。

因此，人格是一个基本的法律问题，它对于理解人在社会中究竟处于何种地位有着深刻的意义。如果我们按照文明社会的结构特征进行分类，把所有承认天生身份差异的等级社会的法律原则称为身份—特权范式，把认为人生而平等的民主社会的法律原则称为权利—义务范式。我们会发现在这两种范式中对于人格的界定，表现出明显的“物化”过程，如果说等级社会的法律是关于“人”和“物”的法律，我们现代社会的法律更倾向于把关于“人”和“物”的法律混同为关于“物”的法律；在等级社会中，人格附着于具有特权的人身上表现出支配自己身体和所有物的自由，而在现代社会中人作为自由存在的价值被剥离了，人格还原为属性、关系和价格等外在的并且可以被使用和转让的东西。这点可能难以理解，我们可以通过进一步的讨论来深入探究。

一　抽象人：等级—特权范式中的个体

在法律人类学的研究中，我们不断地回到“习俗”或“习惯”这类自然法意义上的话语叙事之中，探讨作为人类社会秩序基本形式的习俗、习惯或惯例的法哲学基础，或者将其视为现代成文法的原初形式、替代形式或对比状态。罗马法中区分了市民法（iuscivile）和自然法（iusgentium），市民法是指由共同体的成员（如罗马市民）自己制定的法，而自然法则是所有国家和民族共同遵守的法。市民法的法制包括法律、平民会决议、元老院决议、有权发布告示者发布的告示、法学家的解答，[1] 换言之，即一切人为制定的成文形式的法律。自然法则更多基于传统和实践，不是由特定的全民会议或者被授权的机构或人拟定，而是因为其贴近人类生活的本性而被自然地遵守。人类学家在谈到初民社会的法律，即我们后来用习惯法来称呼的规范体系时，就认为初民社会的人们是在“本能地”服从传统与习俗，实际上从属于自然法的范围。如果我们摒弃西方中心主义的思维，就不得不承认，习惯法区别于成文法的关键不在于是否经过了公意的授权从而具有强制性的权威，而在于其授权范围的大小。在西方的法律民族志材料中，几乎都是以部落作为单位来研究习惯法。而在中国以习惯法研究为名义的大量法律民族志中，我们甚至经常发现共同体成员公意表决的“立法”成果，如苗族的议榔、瑶族的石碑、侗族的款石甚或各类乡规村约、宗族家法。实际上就授权的范围来说，法律人类学家研究的习惯法和成文法都是针对特定范围的共同体成员的规范体系，只不过后者在由主权国家颁布时其疆域范围涵盖了前者。

如果我们在狭义的授权范围这一点上，承认习惯法、以主权国家为单位的成文法与罗马市民法属于同一范畴，就会发现三者的基础都是在于对身份的规定，虽然各自对于身份的界定迥然相异。在罗马法中，所有人要么是自由人要么是奴隶，其中自由人又分为罗马市民、拉丁人和异邦人，其地位取决于三个因素：自由权、市民籍和家庭权利。与之有关的法律规定叫作人格减等（capitisdeminutio），人地位的变化可以根据这三个因素在人格减等中丧失的权利予以分析。[2] 最大人格减等意味着同时丧失自由权、市民籍和家庭权利，沦为奴隶，他在罗马法中几乎没有地位：可以被随意买卖处置，没有祖先，没有名字，没有财产。仍拥有自由权，但是丧失了市民籍和家庭权利，称之为中等人格减等，这通常被用来作为刑罚，如被流放者。最小人格减等只是家庭权利的变化，仍保有自由权和市民籍，这往往由于在罗马父权制的规定下因为婚姻、收养或脱离父权而出现的家庭权利变化；有时这样还可能意味着权利的增加，如儿子脱离父权后不再受父权的制约。

---

① 盖尤斯：《盖尤斯法学阶梯》，黄风译，中国政法大学出版社 2008 年版，第 1 页。

② 关于人格减等的具体细节和分析，参见盖尤斯《盖尤斯法学阶梯》，黄风译，中国政法大学出版社 2008 年版，第 44—45 页；尼古拉斯《罗马法概论》，黄风译，法律出版社 2010 年版，第 89 页。

实际上，虽然罗马法中并没有用“人格加等”这样的术语，但在其法律体系中却有类似的规定。如奴隶通过诉请解放、登记解放或遗嘱解放的方式获得自由，即获得了自由权，并在满足条件的情况下可以成为罗马市民。

如果我们扩大考察的范围，就不难在其他社会形态中发现类似的规定，但可能不是按照自由权、市民籍类似这样的分类体系。解放前的彝族社会分为土司、黑彝、白彝、阿加和呷西五个等级。① 彝族人称土司为“兹莫”，黑彝为“诺”或“诺伙”，白彝为“曲伙”，“阿加”和“呷西”都是娃子。其中“呷西”为单身的男性奴隶，意为“锅庄娃子”，主要是从外面拐卖过来的汉族、奴隶的后代或者由白彝下降而来，他们的主人可以是黑彝也可以是白彝，甚至是“阿加”。呷西成年后由主人配婚，婚后主人租给其一定土地，住在主人附近，这时成为“阿加”，意为“安家娃子”，其子女男的成为主人的“呷西”，女的作为主人女儿出嫁时的陪嫁并最后许配给“呷西”。因为财产的丧失或通过一般是赎买的形式，白彝、阿加和呷西之间可以相互转化，但不能转化为黑彝或土司。

罗马法和彝族习惯法中关于等级的划分背后都有着复杂的关于血缘、婚姻和伦理的规定，在这里因为主题的关系并不把它们详细列出讨论，但二者总体的原则是近似的，即有关等级的法律关系的核心在于自由权、血统和作为同一共同体成员的身份。自由权是一种身体、行动和意志的自由，我们在法律关系中更加重视身体和行动的自由权，即人自由地支配自己的身体、自由地表达和自由地行动。因此在法律关系上来说他拥有支配自身的生命、身体、健康、话语和行为的权利，以任何形式侵害任何一种权利都被视为侵权行为。这些规定都被表达为宪法、民法和刑法中的具体条款，在习惯法研究中我们基于不同的研究趣向，或者遵从现代法律体系把这些行为归类到前述的条款中；或者用在地的话语来表达这些具有独特性的行为不归属于任何的国家成文法体系——如

---

① 关于彝族的等级制度，众说纷纭。如马长寿持司目、黑彝、白彝或黑彝、白彝、奴隶三级说，林耀华持黑彝、白彝、汉娃三级说，周自强持兹莫、诺、曲伙、阿加和呷西五级说，具体参见马长寿《凉山罗彝考察报告（上）》，巴蜀书社 2006 年版，第 328—329 页；林耀华：《凉山夷家》，载《社会学丛刊乙集第五种》，商务印书馆 1947 年版，第 71 页；周自强《凉山彝族奴隶制研究》，人民出版社 1983 年版，第 18 页。

血亲复仇、猎头、人命金、赔命价等。

而意志则是一个形而上的抽象概念，在欧陆法哲学传统中，它具有重要的意义。黑格尔（Georg Hegel）在《法哲学原理》一书中系统论述了意志、人格与罗马法学传统的关系，他认为意志的抽象概念即人格，而意志的主体是人。单纯就自我的抽象意识来说，人是无限的、普遍的和自由的存在；而人格的要义在于我作为这个人，在一切方面（在内部任性、冲动和情欲方面，以及在直接外部的形态方面）都完全是被规定了的和有限的。人作为一个意志的主体，包含着无限的东西和完全有限的东西的统一、一定界限和完全无界限的统一。换言之，在抽象的意志层面人是无限的，而作为内部和外部的抽象统一的人格是有限的，而且人格一般包含着权利能力。黑格尔认为按照罗马法传统把权利区分为人格权、物权和诉讼权，或者像康德那样把权利分为物权、人格权以及物权性质的人格权一样，都是混乱的。因为唯有人格才能给予对物的权利，所以人格权本质上就是物权。这里所谓物是指其一般意义的，即一般对自由说来是外在的那些东西，甚至包括我的身体生命在内。在罗马法中的人格权看来，一个人作为具有一定身份而被考察时，才能成为人。所以在罗马法中，甚至人格本身跟奴隶对比起来只是一种等级、一种身份。因此，罗马法中所谓人格权的内容，就是家庭关系，如他对奴隶的权利以及无权（capitisdeminutio，人格减等）状态都不在内。任何一种权利都只能属于人，从客观上说，根据契约产生的权利并不是对人的权利，而只是对在他外部的某种东西或某种他可以转让的某种东西的权利，即始终是对物的权利。①

从本质上来说，我们这里是在“本体”层面来讨论人格的问题，它可以被理解为一种身份、一种等级、一种意志的抽象，前提都是人是自由的。但在等级社会中，人的自由并不都是天生具足的，而是一种与血统有关的“特权”，因而自由权成为与血统和身份联系在一起的人格属性。那么，我们在不同的等级社会中发现人格作为一种激励或惩罚出现在法律体系中就不足为怪了。首先，关于婚姻的各项规定；不管是在古罗马、在彝族社会或者其他划分等级的社会形态中，不同等级间的通婚都是被禁止的，而且作为惩罚会出现配偶一方、配偶双方或/及后代的

① 黑格尔：《法哲学原理》，范扬、张企泰译，商务印书馆2009年版，第46—56页。

人格减等。如在古罗马与奴隶通婚的具有罗马市民籍的妇女也成为奴隶；在解放前的彝族社会黑彝女子和男性白彝或娃子的婚姻双方都要被杀死；黑彝男子和女性白彝或娃子不能通婚，即便有孩子也会降为白彝。其次，自由权的赋予或剥夺，在具体的等级社会中，除了印度社会[①]外几乎都有把形式上的自由权的赋予或剥夺作为激励或惩罚的规定。再次，在部分等级社会中会出现身份的互相转换，如古罗马的奴隶可以通过各种方式成为解放自由人并随后获得罗马市民籍，彝族社会在白彝、阿加和呷西之间的身份转换。最后，家庭权利（或者说与共同体成员的身份相关的权利）的剥夺是一项重要的处罚机制，罗马法中基于父权制的家庭权利变化是一种特殊情况，大部分的小范围共同体都把剥夺成员身份视为最严重的惩罚之一。

欧洲的文明史为我们在这里的讨论加上了一个有力的注脚，正如布罗代尔所总结的：“欧洲的命运在各个地方都由特别自由（libertes）的顽强的成长来决定。所谓自由是指局限于某些集团——这些集团有的大，有的小——的公民权（franchises）或特权。”[②] 在布罗代尔看来，现代意义上的自由至少在启蒙时代之后才被视为信条，而在这之前，自由紧密地与特权联系在一起——正如前面所说，特定社会的公民权实则已经是特权之一种。19 世纪前欧洲近千年的历史中，人们是用复数形式的“libertates”（各种自由）而不是单数形式的“libertas”（自由）来表达自由：这些自由中区分并包括了身体、行动和意志的自由。[③]

毋庸置疑，等级社会的法律关系是一个不对称的权力关系结构，或者说是一种支配关系。在韦伯（Max Webber）称之为“法律共同体”的社会中，个人因其属于某个享有一种对于特别法的垄断的团体中一员而成为“该法的成员”，而这种特别法“起初是一种很严格属于个人的品格，一种通过篡夺或者授权而获得的‘特权’”[④]。在等级社会的特权—身份范式中，个体被视为一种抽象人格的叠加，这种人格可能来自

① 严格意义上来说，印度社会的种姓制是一种宗教或职业的划分，虽然实际上存在对特定种姓或种姓之外“贱民”的奴役，但不涉及法律意义上对自由权的剥夺。

② 布罗代尔：《文明史纲》，肖昶等译，广西师范大学出版社 2003 年版，第 289 页。

③ 关于欧洲文明中自由意涵的发展过程，参见布罗代尔《文明史纲》，肖昶等译，广西师范大学出版社 2003 年版，第 288—310 页。

④ 韦伯：《经济与社会》（下卷），林荣远译，商务印书馆 1998 年版，第 51—55 页。

于宗教神话、仪式场景、社会关系或其他被社会结构性赋予的身份。质言之，我们是在本体的意义上来分析人的法律关系，将其视之为一系列属性的集合。人们正是由于对不同人格等级这一传统的信奉，也许还伴有以特定等级为基础的武力强制，而服膺于等级社会共同体的特别法。

二　自然人:作为权利和义务载体的个体

正如之前所提到的，在等级—特权范式中的个体仍是一系列人格属性的集合，那么在新的权力关系中，这种范式将遭遇合法性的危机。现代主权国家中的个体，总体来说是一种契约关系的集合。如果说等级社会中对于人的支配可以借由对人格属性的剥夺来实现，那么现代国家中人的人格已经作为契约关系中的一种，并且国家之所以存在正是因为其保证每一个个体的人格权天然具足。但是，现代主权国家的权力来源是一种“授权”，它并不能直接管理或剥夺个体的人格属性，因此需要一种新的支配方式来避免这一合法性危机。

如果进一步探讨这两种情况的差异，不难发现现代法律关系中人格物化的趋势。在等级—特权范式中，说人占有或支配某物，是因为其人格附于某物之上，而这个物可以是实在的物，可以是人，也可以是某种特定的家庭或社会关系；某物也可以附着于某人的人格之上，而成为其抽象人格的一部分。但是，只有完整意义上的人才具有这种占有或支配物的特权，一个人格属性不完整的人只能等同于物，但仍然存在通过人格增减在人和物之间互相转换的可能性。因此，抽离或赋予人的人格属性实际上决定了其在权力关系中的地位和资格。而在现代国家的法律关系中，人只能根据契约拥有对某物的权利，是一种间接的权力关系。而物本身已经成为一种抽象的存在，如果说某人拥有对某物的权利，他不是以人格附着于物上而是因为契约关系而获得权利；这个物因为契约关系而被分解为所有权、使用权、转让权或典当权等等；人因为天生人格权具足的契约保证，没有能与物相混融的可剥离的人格属性。从法理上来说，现代国家不具备直接剥离人的人格属性从而对其支配的权力机制，只能将人格重新抽象为一系列契约关系——人格权——来进行管理。而法律，实际上成为了处理这些契约关系的权力关系。

现代法律系统中的契约关系，我们一般称之为权利和义务，被认为是人天生就具有的属性，并在法律术语中把权利和义务的主体称之为“自然人”（natural person）。这是一个非常有趣的名词，让我们不由自主地回到启蒙哲学家们在塑造现代法权基础时的各种讨论，但在这里我们可能还需要回溯到更早的自然与法律的研究。自然是一个与文化相区分的名词，在某种意义上也是法律的对立面，从古典时代到启蒙时代的政治哲学家，都认为人正是离开了自然的状态之后才产生法律。亚里士多德（Aristotle）把古希腊早期的哲学家称之为“谈论自然的”人们，以与之前“谈论诸神的”人们区分开来。[①] 而这一时期，也正是西方法律开始发现“自然”的开始。

在自然被发现之前，人的习惯行为与动物的天性之间并没有明确的区分；各部族的行为之间也未加以详细地区分，而是统归于“习俗”或“习惯”的范畴之内。实际上，习俗和习惯等同于自然，只是部族生活和人类行为的某些固定形式。赫斯俄德（Hesiod）在他的《工作与时日》中，还尚未完全把习俗从自然中区分出来：

啊，珀修斯，谨记此事于心，
若汝欲致正义，须先忘却暴力。
宙斯谕知人类此种习俗（nomos）：
鱼、兽和飞鸟彼此吞食，这是合适的，
因它们之间并无正义。
而宙斯赋予人以正义，如此上好。[②]

在诗中虽然习俗同时用来指称生物族群和人类部族，但其中自然已经被发现了，生物和人类行为的原则（或习俗）因为正义而被区分开来。自然一经发现，人们不再把自然生物族群与不同人类部族所特有的行为或正常的行为，都同样看作是习惯或方式。自然物的“习惯”被视为它们的本性（nature），而不同人类部族的“习惯”则被视为他们的习俗。原先的“习惯”或“方式”的概念被分裂成了一方面是“自

① 转引自施特劳斯《自然权利与历史》，彭刚译，生活·读书·新知三联书店2006年版，第83页。

② 转引自 Giorgio Agamben, *Homo Sacer: Sovereign Power and Bare Life*, translated by Daniel Heller - Roazen, Stanford, CA: Stanford University Press, 1998, p. 31。

然”（physis）的概念，另一方面是“习俗”（nomos）的概念。[①]

而后这一发现自然的过程，一直延续在现代体系法律构建的过程之中。但是，虽然政治哲学家们不断试图将人类还原到自然的状态之中，但是却从未真正实现这一目的，哪怕是在理论的预设之中。即便是霍布斯（Thomas Hobbes）所形容的那种“贫穷、孤独、肮脏、残忍和短命的”自然状态，那些每一个人对每一个人的战争，也并不是简单地把人还原为某种生物，更多的是强调人类在这一状态中权利—义务关系的不对等：人有着不折不扣的权利，却没有不折不扣的义务。[②] 若非如此，我们便不能理解霍布斯对于人类平等以及契约关系的论述。自然界万物之间彼此吞食是一种行为的平等，即每一种生物在可能的情况下都有吞食另一种生物的自然行为，但其中是有能力的差别的，所以我们说的生物链和生物圈正是在能力差异基础上建立的食物等级链条。然而霍布斯把人和人之间的关系做了巧妙的修正，即人和人不存在能力的差异，即使有体力上的差别也能通过智力予以弥补；更重要的是，无论以何种形式，人都有杀死另一个人的能力。[③] 换言之，人和人之间的战争不存在能力的差别，是一种权利的平等，每个人对其他每个人只要愿意就有随心所欲行为的权利和能力。在这种权利平等的假设基础上，人们基于理性构建了原初的契约。

当启蒙时代之后的国家建构把一切还原并转化成原初的契约关系，并把这些契约关系作为现代法权的基础时，一整套的权利—义务关系被生产出来了，随之用来规范和维持我们现今意义上的法律秩序。在这个权利关系的系统装置中，“自然”的原初意义被有意无意地忽略了，人在哲学假设的基础上被还原为概念替换后的“自然人”——一个权利—义务的全新载体。因为原初契约建构的要求，人们首先接受了义务，随后才被赋予了权利。即我们所说的人生而拥有并具足的自然权利，实际上是先天被部分剥夺并随后赋予的契约权利。

---

① 施特劳斯：《自然权利与历史》，彭刚译，生活·读书·新知三联书店 2006 年版，第 83—91 页。

② 同上书，第 188 页。

③ Thomas Hobbes, *Leviathan*, edited with an introduction and notes by J. C. A. Gaskin, New York: Oxford University Press, 1998, pp. 82 – 83. 普芬道夫在这一点上也持与霍布斯相同的观点，虽然他把人性想象得比霍布斯的描述更好，参见普芬道夫《论人与公民在自然法上的责任》，支振锋译，北京大学出版社 2001 年版，第 71—84 页。

因此，人格不再附着于人或物之上，而成为契约关系的一种，成为不与人格关联在一起的物，人格的“物化”过程随之完成了。只要我们考察一下现代法律系统中的人格权，就不难发现这一点。如在德国的成文法体系中，人格权被分为：（1）宪法上人格权：宪法上所规定的一般人格权。（2）民法上人格权：包括姓名权；生命、身体、健康、自由、所有权或其他权利；名誉、私领域、信息自主、自我表达、肖像。（3）其他法益等一般人格权：如信用；身体、健康、自由的精神损害赔偿；肖像权等。[①] 在几乎所有现代国家的成文法体系中，都可以发现类似的分类系统，只要我们稍加检验，就不难从中看到罗马法的残余。但是人格的基本属性已经被整合成一系列的契约关系，并且权力的运作是基于这些契约关系的关系；换言之，现代法律处理的是“物”的关系，而不是“人”和“物”的关系。

三 人格的多义性

我们在前面区分了不同社会形态中的等级—特权范式和权利—义务范式，并分析了基于后者构建的现代成文法系统中人格被物化的过程。不可否认，中国在构建现代成文法系统的过程中全面接受了权利—义务范式的法律体系，但却几乎没有意识到等级—特权范式的法律逻辑，及其对于多民族传统的中国的重要意义。实际上在法律人类学研究中，无论是按照现代法律体系来搜集相对应的传统习惯法，还是站在人类学的立场去反思“法”的实质内涵，我们的参照系统是充分具有“合法性”的以权利—义务关系为基础的法律系统。尤其在研究习惯法与国家法之间的关系时，我们在提出了现象之后，似乎面临着概念上的失语：我们游离在法学与人类学的概念体系之中，却很难得到对方的认可。

问题出在基本的分类范畴中，我们还未在人、物及二者相互关系的基础上厘清不同社会形态中法律逻辑的差异。一个文化意义上混同的“法”的概念，当然可以涵盖我们所观察到的各种社会形态中“法”的不同形态，但对于彼此互相理解和反思并没有足够的益处。我们在这里试着从基本的“人”的概念开始，通过人格在各种法律共同体中的不

① 张红：《人格权总论》，北京大学出版社2012年版，第60页。

同变体，来观察其中的某些特定习俗。

首先我们探讨一下关于身份的规定，在各种形态的法律共同体中，我们无法抛开身份的界定去理解其法律关系。正如之前讨论过的，法律共同体随着授权范围大小而不同，小到村规乡约，大到主权国家。但在这里我们要区分“籍”的概念，它表明了一种人的隶属关系，人可以隶属于村落、宗族、民族或国家等不同的组织。但只在等级—特权范式中，与特定的身份、血统和成员资格一起作为人格的属性之一。如果在权利—义务范式的法律关系中，它也只是契约关系的一种。

我们在不同的案例中会谈到开除“村（寨）籍”、“族籍”或“家支”[①] 的情况，实际上这与身份、血统和家庭关系等人格属性是联系在一起的。在法律人类学研究经常援引的吉尔兹（Geertz）《地方性知识》一书中，有一个广为人知的案例，我们可以称之为“可怜的瑞格瑞格”。瑞格瑞格是印尼巴厘某个阳光灿烂的小岛上一个村庄的当地人，他在老婆跟人私奔后，拒绝担任村庄委员会的轮值委员。吉尔兹用文学化的语言记录了他可怜的命运：

> 拒绝就任不仅相当于放弃了自己的村子，而且也放弃了人类。你就失去房屋土地，因为那是属村庄所有的，你也就成了流浪者。你失去进入本村庙宇的权利，如此便割断了与神的联系。你当然也失去政治权利——在委员会中的席位，参与公共事务和活动，要求公共帮助，使用公共财产，这一切在此地都是事关重大的；你还会失去你的等级身份，那是你自一个等级制度一般的秩序中继承来的地位，这一点甚至更为事关重大。此外，你将失去所有社会关系，因为村子里不会有人不顾惩罚来跟你讲话。[②]

就吉尔兹的叙述而言，瑞格瑞格在他的村庄中已经不被当作“人”来看待了。吉尔兹在他的分析里大量使用了“权利”“义务”之类的术

---

① “村（寨）籍”和“族籍”是在血缘与地域范围重合的意义上确定的法律共同体，但彝族的“家支”概念有点特殊，它是血缘与地域的混合形式，但在空间上却未必一定重合在一起。但归根结底，家支成员的分散和结合还是与相应的地域紧密联系的。

② 吉尔兹：《地方性知识——阐释人类学论文集》，王海龙、张家瑄译，中央编译出版社2000年版，第233—234页。

语，但我们如果仔细辨别，就会发现这个案例中并不是按照权利—义务的逻辑来处理法律关系。因为基于权利—义务范式建立的法律体系，是无法直接剥夺人的人格属性的；哪怕是对死囚，从法理上说，我们也只是在特定的时间剥夺他的自由权、生命权和政治权利等统称为人格权中的某些部分，但我们仍然承认他在羁押期间的健康权等人格权的其他部分——这是契约关系的一部分。这个故事还有后续，一个王爷试图用权利—义务范式的说辞来挽救瑞格瑞格，但被村庄委员会拒绝了。

王启梁也为我们提供了一个有意义的中国民族地区的案例，在他调查的曼村和临近的几个傣族村落，发生了多起驱赶“枇杷鬼”的案例。[①] 虽然并没有更多的关于“枇杷鬼”的社会关系讨论的细节，但这些案例说明了村落成员将“枇杷鬼”视为“非人”，并切断了他们与村落社区的所有联系，认为他们不再具有村落的成员资格。

“枇杷鬼”的案例背后也有复杂的宗教意涵，我们接下来就试着讨论人格在与宗教有关的法律形式中的表现和意义。图腾是部落社会中最早的人格属性表达，各个图腾部族的人们把图腾作为自己的姓氏，崇拜图腾物，并通过祖源神话的传说赋予图腾物以人格。[②] 在一定区域的图腾部落中，图腾本身就是禁忌、亲属关系和社会结构：图腾氏族内部的成员不允许通婚；图腾氏族成员之间因为固定的婚姻交换而成为亲属；图腾的等级结构对应了现实中的社会结构。[③] 禁忌、亲属关系和社会结构形塑了氏族成员的身份，又反过来制约其行动，规定了他在不同场景中的角色、权利和责任，而这些对于身份及其行动的规定在某些方面正是我们称之为习惯法的一部分。

除了这些一般性的规定外，在某些法律程序中也包含了人格的意蕴。当我们谈起盟誓、赌咒和神判之类法律程序的权威来源时，我们承认了它们背后复杂的宗教意义，却对于其中包含的人格属性不太重视。人们在受着盟誓的约束，通过赌咒或神判来寻求一个公道时，实则是一种宗教和人格的确认。人归属于祖先、部族神鬼观或图腾的一部分，对

---

① 王启梁：《法律是什么？——一个安排秩序的分类系统》，《现代法学》2004 年第 4 期。

② 关于图腾制度的具体细节，参见涂尔干《宗教生活的基本形式》，渠东、汲喆译，商务印书馆 2011 年版，第 135—231 页。

③ 参见列维—斯特劳斯《图腾制度》，渠东译，上海人民出版社 2005 年版。

于神、鬼或图腾的盟誓或赌咒，实际上是让渡出自己部分的人格供超验的力量来进行裁决。在被详细记录的云南彝族家支戒毒盟誓“虎日”仪式中，毕摩让戒毒者喝下血酒，并念诵经文：“喝了这碗神圣的酒，如果你要复吸，你就会像我手中的鸡一样死去，永世不得回归祖界。”[①]这些通过神圣的仪式过程来决定正义归属的法律程序，其后果正是参与者人格的剥离：不再受祖先或神灵的庇佑，受到社区共同体的冷落、隔离或抛弃，失去参加某些集体仪式的资格，甚至损失自身和家人的健康或生命。

人格还紧密地与某些特权联系在一起，尤其是在具有神圣或世俗的等级划分的社会中，这些法律共同体也是“特别法”的原则得以充分运行的场域。前文提到过解放前具有明确等级划分的彝族社会，曲伙、阿加和呷西之间可以互相转换。其中曲伙和阿加两个阶层之间的区别体现在对两种支配——“瓜足夏足”和吃绝业——的特权。“瓜足夏足”是指曲伙所生的第二个男孩要给“主子”做呷西，第二个女孩要成为“主子”女儿的陪嫁丫头。吃绝业则是诺伙对所属曲伙一直享有的一项支配性权力，即如果曲伙绝嗣，则其土地和财产全部归属主子。由阿加上升为曲伙者主子对其享有“瓜足夏足”和吃绝业两项权利；曲伙经过赎身可以免除“瓜足夏足”和吃绝业两项义务，成为“瓜阿足夏阿足”和不被主子吃绝业的曲伙。赎身为“瓜阿足夏阿足”除了出一定的身价银子之外，还要求得主人同意选定日期置酒设肉请主子吃并举行仪式，当场交给主子银子，主子宣布免除义务。[②]“瓜阿足夏阿足”相当于其第二个男孩和第二个女孩获得了自由权，而免吃绝业则为近亲获得了财产的继承权。

这些等级特权除了自由权和家庭权利外，还会表现在名字、声誉或礼仪等其他方面。每一个等级社会中，名字（可以表现为姓氏、宗教或世俗的荣誉称呼、郡望等）在某种意义上等同于特定血缘共同体成员的标识，赋予或剥夺某人的姓氏或称呼，在等级社会中可以直接作为奖励或惩罚的措施。某人、某个群体或某个氏族享有的声誉，或者专属于特

---

① 庄孔韶、杨洪林、富晓星：《小凉山彝族“虎日”民间戒毒行动和人类学的应用实践》，《广西民族学院学报》（哲学社会科学版）2005年第2期。

② 马长寿主编：《凉山美姑九口乡社会历史调查》，李绍明整理，民族出版社2007年版，第34页。

定等级的礼仪，这些无疑都是个体或群体专享的特权，并且在等级社会中这样的法律规定并不鲜见。

四 复合人：超越权利义务的个体

作为一个交叉的领域，法律人类学必须超越法学或人类学任何一个单一的学科知识取向，否则两个学科知识的交叉融合就会变得毫无意义。但二者也不是简单的叠加，不然容易生产出难以分类又同时被两个学科边缘化的四不像。因此，需要两个学科在基础的概念和范畴上具有既可以结合又可以分离的领域，同样作为社会科学，法学和人类学显然都离不开对于“人”的建构。

人的复杂性在不同的学科中都被认识到了，但每个学科又都建构了自己的“人”的抽象概念，来衡量人性的不同尺度。正如摩根索所强调的：“真正的人是‘经济人’‘政治人’‘道德人’‘宗教人’的复合体。”[①] 胡玉鸿转述了菲尔德罗斯对人的属性区分，把人归类为作为生物学存在、社会存在、独立存在、历史存在、超验存在和文化存在的不同属性的综合体。[②] 如果把人看作是要素或属性的叠加，毫无疑问“复合人”的概念是恰当的。但如果仅仅是把人看作要素或属性的叠加，恰恰是权利—义务范式中的权力建构方式，按照这样的方式不难构建出现代“法律人”的图景——一个抽象而具体的存在在政治、经济和宗教方面的一整套权利—义务关系。

施特劳斯（Leo Strauss）在评论韦伯的“人格”概念时，认为这一概念的真正内涵取决于“自由”的真正内涵。人所具有的自由意志，是就其内在的有限性而言的，既有外部条件的具体限制，也受到有关手段和目的的理性思考的指引。施特劳斯写道：“真正的自由要求某种特定的目的，而这些目的又得按照某种特定的方式来选取。目的必须维系于终极价值。人……自主地设定了他的终极价值，把这些价值变成了他

---

① 摩根索：《国家间的政治》，杨岐鸣等译，商务印书馆 1993 年版，第 30 页。转引自胡玉鸿《“法律人”建构论纲》，《中国法学》2006 年第 5 期。

② 胡玉鸿：《“法律人”建构论纲》，《中国法学》2006 年第 5 期。

的永恒的目的，并理性地选择达到这些目的的手段。”[①] 这种普遍而有限的自由意志，无疑是我们建构理想的现代社会秩序的基础。

但是，当人格被物化为普遍而有限的契约关系后，物的价值往往被转换为国家法律所设定的通常价格。[②] 人格权所包括的所有权利，都可以在具体的判例中体现为不同数额的赔偿。当然，其中也规定了无法被定价的神圣之物，如阳光、空气、自由和正义。但总而言之，在权利—义务范式的法律共同体中，人格无法直接附着于物之上，也不能直接赋予或剥夺个体的人格属性作为激励或惩罚的手段。

等级—特权范式中的法律关系基于可剥离的人格属性而建立，人和物之间虽然有明显的区分，但是人和物是可以通过人格的附着而混融在一起的。我们在这里区分等级—特权和权利—义务两种构建法律系统的范式，并不是在说明其中一种的优越性，而是试图重新反思不同社会形态的法律进化基础。西方同时有过等级—特权范式和权利—义务范式的法律系统，并且前者还是后者的源头，后者的最终确立也经历了漫长的过程。但在中国受西方影响而建立的以权利—义务为基础的现代法律体系，显然生硬地跳过了所有形式的过渡，并且不加区分地强制疆域内的小型“法律共同体”遵循权利—义务的原则。我们在对中国少数民族习惯法研究中所遭遇的成文法与习惯法的冲突与不适应，一方面是“一刀切”的成文法忽略了多样性，另一方面也是某些法律共同体的构建基础尚未进行充分的转化。

而复合人就可以用来形容这样的法律共同体的个体：他的言语、行动和表达既受主权国家授权的以权利—义务为基础的法律约束，同时也受到传统等级社会中的以等级—特权为基础的法律共同体的制约。我们在曾经由殖民地而独立的主权国家中，或者在通过法律移植而全盘接受西方法律体系的主权国家中，都不难发现这样矛盾着的个体。因此，中国的法律人类学家还有着一个重要的任务，即通过习惯法或历史上等级社会法律体系中的概念和观念来完成自我的进化，而不是不停追赶西方的脚步。

---

① 施特劳斯：《自然权利与历史》，彭刚译，生活·读书·新知三联书店 2006 年版，第 46 页。

② 普芬道夫：《论人与公民在自然法上的责任》，支振锋译，北京大学出版社 2001 年版，第 111—115 页。

参考文献

1. 布罗代尔：《文明史纲》，肖昶等译，广西师范大学出版社 2003 年版。

2. 盖尤斯：《盖尤斯法学阶梯》，黄风译，中国政法大学出版社 2008 年版。

3. 黑格尔：《法哲学原理》，范扬、张企泰译，商务印书馆 2009 年版。

4. 胡玉鸿：《“法律人”建构论纲》，《中国法学》2006 年第 5 期。

5. 吉尔兹：《地方性知识——阐释人类学论文集》，王海龙、张家瑄译，中央编译出版社 2000 年版。

6. 列维—斯特劳斯：《图腾制度》，渠东译，上海人民出版社 2005 年版。

7. 尼古拉斯：《罗马法概论》，黄风译，法律出版社 2010 年版。

8. 马长寿主编：《凉山美姑九口乡社会历史调查》，李绍明整理，民族出版社 2007 年版。

9. 摩根索：《国家间的政治》，杨岐鸣等译，商务印书馆 1993 年版。转引自胡玉鸿《“法律人”建构论纲》，《中国法学》2006 年第 5 期。

10. 莫斯：《人类学与社会学五讲》，林锦宗译，广西师范大学出版社 2008 年版。

11. 普芬道夫：《论人与公民在自然法上的责任》，支振锋译，北京大学出版社 2001 年版。

12. 施特劳斯：《自然权利与历史》，彭刚译，生活·读书·新知三联书店 2006 年版。

13. 涂尔干：《宗教生活的基本形式》，渠东、汲喆译，商务印书馆 2011 年版。

14. 王启梁：《法律是什么？——一个安排秩序的分类系统》，《现代法学》2004 年第 4 期。

15. 韦伯：《经济与社会》（下卷），林荣远译，商务印书馆 1998 年版。

16. 张红：《人格权总论》，北京大学出版社 2012 年版。

17. 庄孔韶、杨洪林、富晓星：《小凉山彝族“虎日”民间戒毒行动和人类学的应用实践》，《广西民族学院学报》（哲学社会科学版）2005 年第 2 期。

18. Giorgio Agamben, Homo Sacer: Sovereign Power and Bare Life, translated by Daniel Heller - Roazen, Stanford, CA: Stanford University Press, 1998.

19. Thomas Hobbes, Leviathan, edited with an introduction and notes by J. C. A. Gaskin, New York: Oxford University Press, 1998.

作者简介

罗涛（1986— ），男，中国社会科学院民族学与人类学研究所博士后。研究方向：法律人类学。邮箱：shuiyun26@163.com。

论民族法学研究中的局限及可能进路

——以民族习惯法为分析对象[①]

刘顺峰

自新中国成立以来，特别是改革开放以来，中国的民族法学研究进入了一个新的阶段。揆诸当下中国民族法学的整体性研究进路，其是从如下几个方面展开的：民族区域自治理论、民族法制史、民族司法的理论与实践、民族法学的本体论探析以及民族习惯法等。而在如上几个研究向度中，从事民族习惯法研究的学者群体最为广泛，不仅有从事法学、人类学的学者们参与，更有社会学、历史学等领域的学者们参与。而之所以会出现这样的研究样态，一方面固然离不开民族习惯法本身的重要性与受关注度，另一方面乃在于民族习惯法"似乎"是一个宏大的命题，不同的理论范式与经验素材都可以往里面放。上述两个因素，特别是后一个因素的存在，使得对于民族习惯法的研究成果有不少都表现出"宏大叙事、泛泛而论者多，条分缕析，探幽发微者少"。

确实，若从一个学术研究或知识生产的普遍规律的视角来看，民族习惯法的诸多研究论题本身就表现出一种"没有命题的命题"的特质，这一点在民族习惯法与国家法的关系研究中表现得尤为明显。此外，民族习惯法作为一门强调经验理性的学科，田野调查是其展开研究并得出结论的一个"科学"方法，但是基于民族习惯法，特别是中国民族法学研究本身存在的困境——既有知识论意义上的又有方法论上的——传统的田野调查方法已然开始表现出其理论及实践上的局限性，一个超越传统田野调查方法的新方法亟须被建构起来。

---

① 本文原刊于《广西民族大学学报》（哲学社会科学版）2015 年第 2 期。

职是之故，在本文中，笔者拟综合采用法律人类学与历史法学的叙事视角，从中国民族法学研究中的整体秩序体系出发，一方面，指出当下民族习惯法研究中固有的论题选择局限性，并提出一个新的可能性的论题选择进路；另一方面，对于在民族习惯法研究中采用传统田野调查方法而表现出来的“二律背反”予以揭示，并尝试着提出一个整体性的兼顾历史、过程与关系的新的田野调查方法。

一　研究论题的“无命题化”：以民族习惯法与国家法的关系为例

当下，中国民族习惯法与国家法的关系论题研究通常又可细分为如下几个研究路径：一是国家法与民族习惯法的关系的理论概论研究，如国家法与民族习惯法在法律渊源上的同质性关系研究；二是以某个少数民族的习惯法为例，来展开其与国家法关系的比较研究，如藏族习惯法与国家法之间的关系研究；三是国家法与民族习惯法之间何以才能融合的研究，如国家法与民族习惯法融合的具体路径及方式的研究；四是将民族习惯法中的某个具体“法律”制度与国家法展开比较研究，如东乡族中的婚姻习惯法制度与国家婚姻法制度的比较研究。无论民族习惯法与国家法的关系的研究论题如何细分，从发生学的视角来审视，其结果必然都回归到两个结论中来，一个是民族习惯法应该吸收国家法的内容，在历史的传统与变迁中，不断形成新的习惯法体系；另一个是国家法应该同化民族习惯法，将国家法的基本概念、规则与原则体系等强行替代民族习惯法，从而形成所有族群场域内的单一国家法的法律秩序体系。然而，从一个社会秩序的分类体系的视角，我们不难发现：

（一）民族习惯法与国家法是两种社会秩序模式

一直以来，从事中国民族法学研究的学者，大多是以法律多元（legal pluralism）理论为基础来展开对于民族习惯法与国家法的关系探究的。法律多元理论不仅仅是一个解释法律如何运转的理论，而且还是一个对于法律是什么的理论。它会告诉一个观察者：法律会在不同的权威下以不同的形式平行存在的事实。[①] 换言之，法律多元理论意义下的“法”就不仅包括了国家法，同时也包括了民族习惯法。这一点就是专职从事法律人类学的西方学者在探究中国古代法律纠纷的过程中亦秉此观点。[②] 由此，法（law）的本身就是一套由国家法与民族习惯法建构起来的多元化规则、秩序体系。难怪早在一个多世纪前，美国著名法理学家与历史学家孟罗·斯密（Edmund Munroe Smith）就曾不无感叹地提道：“即使是在罗马法学发展至其最为顶峰的时代，当解释的最高权力归属于皇帝个人之时，罗马的法学家和罗马皇帝都宣称法律（law）是同时借由立法和习惯而建构起来的秩序体系。”[③]

从一定意义上说，不仅是西方的法律，就是有关西方政治的讨论也是建立在社会秩序如何维持这一问题意识之上的。[④] 由此，法必然就是一套秩序体系，虽然民族习惯法与国家法都使用了“法”的称谓，却是两套不同的法秩序体系。通过一个历史法学的梳理，我们发现，在人类发展的早期，人们都是以若干个独立的小的群体的方式居住，大部分的家庭都以其最为年长的男性为领导权威，在这样一种以年长男性为权威的小型社会里，法与传统的道德及宗教的关系最为密切，或者说法常常与这种小型社会的整体的道德与宗教是基本一致的，一般意义上的规范是并不存在的，确保服从的主要方式是禁忌和传统，对于禁忌与传统的违反会迅速产生消极的社会后果，由此，社会秩序的形塑与维续基本上依赖的是一种混合着道德与宗教、禁忌与传统的习惯法。[⑤] 换言之，从根本上来说，习惯法代表的是一种传统的社会秩序。[⑥] 随着传统社会生产方式，如采集和狩猎的不断发展，新兴的生产方式亦不断开始涌

---

① Sally Engle Merry, “McGill Convocation Addres: Legal Pluralism In Pratice”, McGill Law Journal, Vol. 59, Issue 1 (Sep), 2013.

② Leopold J. Pospisil, *Anthropology of Law: A Comparative Theory*, New York: Harper & Row., 1971, p. 15.

③ Munroe Smith. “Customary law I: Roman and Modern Theories”, Political Science Quarterly, Vol. 18, No. 2 (Jun), 1903.

④ 赵旭东：《秩序、过程与文化——西方法律人类学的发展及其问题》，《环球法律评论》2005 年第 5 期。

⑤ Cees Maris, Frans Jacobs edited, Jacques de Ville Translated, *Law, Order and freedom: A Historical Introduction to Legal Philosophy*, Dordrecht: Springer, 1997, pp. 5 – 8.

⑥ T. W. Bennett, T. Vermeulen. “Codification Of Customary Law”, Journal of African Law, Vol. 24, No. 2 (Autumn), 1980.

现，人与人之间开始突破传统小型群体社会的牢笼，陌生人群体社会开始形成，人们也不再互相之间彼此熟悉，社会结构的变迁使得旧有的习惯法难以适应，而要保证新的不同族群之间的社会秩序的稳定，一个超越小型族群社会之上的大型社会必然就得出现，而国家正是对这个群体的适格称谓。如前所述，小型族群的社会秩序是凭借习惯法来维系的，与之相关，大型群体的国家的秩序必然就得依靠立法来实现。传统与立法、自发与建构是习惯法与国家法的根本特质区别之所在。

借用上述西方法律人类学与历史法学的相关理论，并将之放于中国民族习惯法与国家法的比较实践中，我们不难发现，民族习惯法是一种"地方性的民族习惯系谱"，其根本目的——借用许章润教授对于"习惯法的价值理性"的描述——在于彰显为法典化与现代化所遮蔽的人间秩序。[①] 此外，民族习惯法必然反映的是该族群的文化、宗教、社会、道德与伦理，这种内在的局限性，又会使得民族习惯法本身在秩序的生长方式上呈现出一种"内生性的秩序"的特质，也即，其产生、形成与发展是在其地方族群内部的文化结构里展开的。固然，从一个现实主义视角予以审视，我们无法否认族群之间的交流与融合会对其秩序形态的重新建构产生一定的作用，但是这种作用对于民族习惯法本身的秩序发生原理却并不构成任何实质性的影响。相反，国家法作为一种超越族群意义上的法，其必然离不开人为的建构，这种建构从本质上来说，就是一种"外生性的秩序"，也即，国家法的产生、形成与发展是一种人为的、经过深思熟虑的理性权衡而最终形成的规则体系，它不是从其内部圆融自洽地成长起来的，它的每个发生、发展过程都有着人为的烙印。

（二）民族习惯法与国家法统一于中国法的整体秩序理性

民族习惯法与国家法虽然都是法，但却是两套不同的法律秩序体系。在一个统一的民族国家范围内，一套整齐划一的、适用平等的法律规范体系的存在是尤为必要的，它是保证族群意义上的秩序体系稳定的基础。但是，基于民族国家范围内民族成分的多样性及族群分布的广泛性等原因，各民族地方又都有着一套不同于国家法的民族习惯法秩序体

① 许章润：《"习惯法"的当下中国意义》，《读书》2009年第10期。

系。然而，这两套不同秩序体系虽有着诸多冲突甚至对立，但借用英国法律人类学家马克斯·格拉克曼（Max Gluckman）的社会情境（social situation）及冲突—平衡理论，民族习惯法与国家法又统一于中国法的整体秩序理性（reason of order）之中。

早在20世纪40年代时，马克斯·格拉克曼在《现代祖鲁兰的一个社会情境分析》的论文中，即提到了"社会情境"，他以祖鲁兰地区的一个大桥通车仪式来阐释不同群体的人能够联系到一起来的原因。格拉克曼在论文的一开始即提到："在我分析的开始，我会描述一系列事件，这些事件都是我在一天中记录下来的。社会情境是人类学家素材中的一个重要部分。他不仅通过它们来观察事件，而且还通过它们及它们在一个特定的社会中的互动关系来抽象出那个社会中的社会结构、关系、制度等。"接着，格拉克曼又提到，之所以在不同族群的人之间能够在大桥庆祝仪式上和睦相处，其背后暗含着的是一种互相之间基于利益、文化等的秩序诉求，一种由冲突再至平衡的秩序诉求。①

诚然，当下中国国家法与民族习惯法分属于两个不同的秩序体系，在各自的秩序成长过程中，又分别形成了一套基于其内部文化、价值与伦理的秩序理性，由此，他们之间的冲突往往是比较明显的，例如，在甘肃东乡族地区普遍存在的早婚现象，虽然作为一种国家意义上立法的《甘肃东乡族自治县自治条例》第61条规定："自治机关积极宣传贯彻《婚姻法》。自治县内的东乡族和其他少数民族男满二十周岁、女满十八周岁始可结婚，提倡晚婚晚育。"但是，笔者于2011年5月至6月在该地区从事田野调查的过程中，基于自治县内的三个乡所做的访谈及问卷调查中发现，在该规定的婚龄之前结婚的青年男女占到了36%以上。究其原因，笔者在对自治县北岭乡的一位司法干事进行访谈时，他的回答颇有代表性：

> 在咱们东乡族地区，女娃（女孩子）年龄二十多了，确实就不太好找了。"找赤"（东乡语"媒人"的意思）往往也是看女娃的年龄来给介绍，有时候，女娃年龄大了，"找赤"都不太愿意牵线

① Max Gluckman. "Analysis Of a Social Situation in Modern Zululand", Bantu Studies, Vol. 14, 1940.

> 搭桥了。其他地方我们不是很清楚，国家法的规定是啥，它和咱们的习惯（法）可能会有些不同，毕竟我们东乡族的婚姻都是同族内部的婚姻比较多一些，大家都是按照习惯（法）来办的。

但是从“场域”（field）理论的视角来看，民族习惯法与国家法之间的关系其实是处在统一的中国法秩序体系之下的，它们之间虽然有着不同的文化基础，但是往往又会基于整体的利益、共同的伦理等原因而在特定的社会情境下表现得非常协调。而这特别是在少数民族的刑事习惯法中表现得最为明显。2012 年 8 月 4 日至 12 日，笔者在甘南藏族地区的田野调查中即收集了一则相关的案例：

> 2011 年 8 月，在甘肃甘南藏族自治州某县境内发生了一起交通事故，共造成出租车司机以及 4 名乘客共 5 人当场死亡。2011 年 10 月 12 日当地交警部门认定大型货车的司机多而盖对本次事故负主要责任。后来由于在这 5 位死亡者中有一位是僧侣，受害方亲属便威胁必须要多加 2 万才能私了，这也即是所谓的“同命不同价”。但是，后来在该案移交到法院的过程中，法官提出，此类案件在多年前已经发生，但都是“同命同价”的处理方式，虽然在藏族习惯法中有着“同命不同价”的规定，但这并不符合当下社会整体的秩序诉求。最后，法官并没有判决肇事者应给予受害僧侣额外赔偿，当事人在听完法官的阐述后，亦表示接受判决。

在笔者多年的田野调查实践中，经常会遇见到这种“游走于”民族习惯法与国家法两种秩序之中的纠纷当事人，他们在乎的并不全然是真正的习惯法或国家法信仰，而更多地考虑的是关涉利益、社会关系、文化异同的综合权衡，即民族习惯法对自己有利，就使用民族习惯法；国家法对自己有利，就主张接受国家法，其间内藏的是一种生活意义上的实践理性与价值理性。然而，正是这种基于利益、社会关系及文化异同的综合性考量，使得民族习惯法与国家法之间虽然表面上不断表现出冲突，但实质上，在特定的情境中，总是统一于中国法的总体秩序理性之中。

综上，我们可以发现，从事民族习惯法与国家法的关系研究，无论得出了何种结论（国家法同化民族习惯法或民族习惯法吸收国家法或其他结论），其都是一个“没有命题的命题”。民族习惯法与国家法虽然归属于两种不同的秩序体系，且各自有着不同的秩序生成、生产方式，但都统一于中国法的整体秩序理性之中，它们二者之间虽然有着一定的冲突，但这种冲突会因为中国法的整体秩序理性而自动地趋于平衡。

二 民族习惯法田野调查中的局限性:结论与方法

从事民族习惯法研究除了借鉴学术界他人的理论成果外，另一最为重要亦最为独特的研究范式即是通过田野调查来获得客观的经验素材，继而再通过归纳得出“科学的”结论。确实，揆诸西方法律人类学的发展史，田野调查作为一种经验性的实证方法受到了诸多“追捧”，其最大优势即在于它的直观性和可靠性，在田野调查中，研究者可以直接感知客观对象，它所获得的是直接的、具体的、生动的感性认识，这是其他方法所无法企及的。[①] 此外，从一个并非“科学的”意义上来讲，其通过一种完全的经验描述的方式为法学家、人类学家提供了了解法律文化、分析纠纷解决过程的现实材料。然而，受制于传统的田野调查方法中所内存的固有局限性，如若不对其予以批判性揭示，那么，我们的研究结论与方法必然从一开始就陷入了一个前提性错误的知识论与方法论预设中。

（一）田野调查中的结论——先验知识系谱还是客观经验素材?

20 世纪初叶开始，不少人类学家就开始走出书斋，奔向田野，他们期望着能通过一种“科学”的方法来寻求对于法律文化的更加准确的理解。[②] 此后，田野调查方法一直是从事民族法学研究的学者们最为常用的方法，亦是法律人类学家、社会学家极力主张的方法。确实，法律人类学家们在田野工作过程中，借由观察、访谈、统计等方法展开对于被研究客体的深入研究，最终再归纳出丰富的素材与资料。然而，这种略显分散的素材与资料却难以得出科学而又公正的研究结论。难怪，

---

① 郑欣：《田野调查与现场进入——当代中国研究实证方法探讨》，《南京大学学报》（哲学·人文科学·社会科学版）2003 年第 3 期。

② 刘顺峰：《西方法律人类学论纲：历史、理论与启示》，《北京理工大学学报》（社会科学版）2014 年第 5 期。

美国人类学家与语言学家萨丕尔（Edward Sapir）就曾不无感叹地提出："作为一个社会科学家并不是件容易的事，田野调查中的完全的客观公正性（perfect objectivity）毫无疑问是个好东西，但是我们却得不到这个客观公正性。"[①] 著名的法律人类学家马林诺夫斯基虽然创造性地提出了参与观察（participant observation）的田野调查方法，但是他还是对于自己在特洛布尼恩德岛的田野调查中的一些问题给予了批判。[②] 从一个历史的视角来看，自20世纪80年代以来，不少西方的人类学家、法学家陆续从学理与经验的视角指出田野调查中存在的危机，如戈迪纳（Vesna V. Godina）就曾指出："田野调查固然是人类学研究的重要信条之一，它同时亦是最神秘的，但至少自1967年以来，它便陷入了深深的危机之中。"[③] 中国有关民族习惯法的研究基本是沿着西方法学与人类学的理论及实践范式展开的，因此，其也必然存在着一种方法论上的局限性。

众所周知，田野调查的地点以及谁在从事田野调查一直是田野调查方法中的两个关键要素，也是西方法律人类学始终强调的一个获得知识的前提。通过对于当下中国民族习惯法的田野调查方法的条分缕析，以田野调查者与田野调查地点为中心，我们发现存在着如下四种常见的田野调查类型，见表一：

表一

类型	田野调查地点	田野调查者
一	单一民族地区	来自于非民族地区的法学家或人类学家
二	单一民族地区	来自于民族地区的一个本土法学家或人类学家
三	多民族混合聚居地区	来自于非多民族混合聚居区的法学家或人类学家
四	多民族混合聚居地区	来自于多民族混合聚居区的法学家或人类学家

① Edward Sapir, *The Psychology of Culture. A Course of Lectures.* (Reconstructed and edited by Judith T. Irvine.), Berlin : Mouton de Gruyter, 2002, pp. 60 - 65.

② Bronislaw Malinowski. *Coral Gardens and Their Magic: A Study of the Methods of Tilling the Soil and of Agricultural Rites in the Trobriand Islands*, London: Routledge, 1935, pp. 452 - 453.

③ VesnaV. Godina, "Anthropological Fieldwork at the Beginning of the 21st Century: Crisis and Location of Knowledge", Anthropos, Vol. 98, Issue 2, 2003.

以类型一为例，由于田野调查者是来自于非民族地区的，因此，他或她的知识结构中往往会存在着对于田野调查地点的理论先见（fore - sight），这种先见或伽达默尔所谓的“Vorurteil”，常用英文“prejudice”或法文“préjugé”来表示，它并不必然意味着一个错误的判断，其或是部分地带着积极的或是部分地带着消极的价值的。[①] 诸如，一个来自于其他民族地区的法学家或人类学家在甘肃东乡族地区进行婚姻习惯法的田野调查时，这位法学家或人类学家的知识系谱里有：第一，东乡族是中国十个全民信仰伊斯兰教的少数民族之一；第二，东乡族地区地处高原地区，山高沟深，因此，人们之间的走动不太频繁，受其他族群的文化影响相对较少，社会关系相对较为稳定；第三，由于东乡族是全民信仰伊斯兰教，该地区的婚姻必然更多的是宗教内婚制；等等。这样的一种“先见”（Vorurteil）或谓“预设的”知识系谱固然构成了这位法学家或人类学家在田野调查中展开更深入细致探究的基础，然而，其弊病亦随之发生，如果该法学家或人类学家在田野调查中，仅仅或过分依赖于这种“先天”形式的知识材料，而忽略了田野调查中搜集的客观素材，就必然会使得田野调查的结论偏向于先前就已经在其脑海中存在的预设性的结论中，而其田野调查的工作不过是一个简单地、有意地证实此预设性结论的过程，此即：先验知识素材—田野调查中对预设的知识的检验或有意偏向—回到早已预设好的知识系谱结构中—证实早已预设好的结论。

（二）田野调查中的角色定位——“他者”还是“自我”？

其实，当一个法学家或人类学家在从事民族习惯法的田野调查时，他或她首先就会遇到一系列的困难，诸如田野调查地区的生活条件较为艰难；[②] 田野调查场域内的排外属性；[③] 局外人的无助感等；[④] 揆诸田野

---

① Hans - Georg Gadamer. *Truth and Method*, Second, Revised Edition. Translation revised by Joel Weinsheimer and Donald G. Marshall, Continuum Publishing Group, 2004, p. 273.

② Philip Carl Salzman. *The Lone Stranger in the Heart of Darkness*, *in Assessing Cultural Anthropology*. R. Borofsky, ed. Cambridge, Mass: McGraw - Hill, 1994, pp. 29 - 39.

③ Gananath Obeyesekere. *The Work of Culture. Symbolic Transformation in Psychoanalysis and Anthropology*. The University of Chicago Press, 1990, pp. 29 - 39.

④ Thomas Hylland Eriksen, *Small Places*, *Large Issues*: *An Introduction to Social and Cultural Anthropology*. Second Edition, Pluto Press, 2001, p. 235.

调查的诸多实践，很多法学家或人类学家都会无意地呈现出一个“小丑”（clown）的角色来。

例如，一个不会说东乡语的法学家或人类学家拟去东乡族地区展开田野调查，根据他或者她自身的学术经验及学术惯例，他或者她会尝试着去学习东乡族的语言，通过简单的自学训练后，他或者她明白了在东乡族词汇里，“人”的发音是“kun”，“了解了或知道了”的发音是“mejie”，“石头”的发音是“tashi”等，但是这却不能避免句式表达中的语义混乱及某一语词的情境意义误判。如上所述，民族习惯法的田野调查的主体往往是一群具有深厚学术积淀的法学家或人类学家，每当他们前往民族地区进行田野调查时，往往会受到当地族群成员的极大尊重，族群成员们对这些从事田野调查的学者们常常是说话尤为客套，由此，在这些学者面前，族群成员们更多地表达出的是一种理想主义的生活图景（ideal living picture），此外，更有不少所谓的“告密者”（informants）”会将历史上的传说当作曾经发生的一个事实来向田野调查者讲述。职是之故，有关民族习惯法的田野调查中，一个角色定位的局限性就彰显出来了，此即，一个田野调查者是无法真正以一个族群成员（member）的心态抑或说是以“自我”（self）的身份来参与调查的。

虽然说，早在20世纪30年代，马林诺夫斯基就曾提出了参与观察（participant observation）的方法来让自己浸入（immerse）到当地人的生活中，不受族群成员的格外注意，像族群中的普通成员一样行事，一言以蔽之，其目标是使得参与观察者能真正地融入田野调查地的社会与文化中去。[1] 然而，事实上，这个田野调查者是一个“双倍边际”（doubly marginal）人，即他或她是不断地穿行于自我的社会结构文化与调查地的社会结构文化之间的。[2] 实践中，这种不断地穿梭于语言、文化、场景中的田野调查者，总是会不停地遇到一种田野中的“自我”（self）与“他者”（the other）的身份困境，这是一种不得不面对的困境，这种困境若从哲学意义上来分析，可追溯至让·保罗·萨特（Jean - Paul

---

① Bronisaw Malinowski. *The Sexual Life of Savages in North - western Melanesia: An Ethnographic Account of Courtship, Marriage and Family Life among the Natives of the Trobriand Islands, British New Guinea.* Kessinger Publishing, 2005, p. 25.

② Edward Evans - Pritchard. *Witchcraft, Oracles and Magic Among the Azande.* ed. Eva Gillies, Oxford University Press, 1976, pp. 85 - 122.

Sartre）的有关“他者”理论的阐述。在《存在与虚无》中，萨特频繁地以“巴黎咖啡馆的一个服务员”为例，说道：“他会非常谨慎且专业地让他自己表现出一个服务员的角色。通过他的眼神、姿势，特别是他漫不经心地对于饮料托盘平衡表现出的拿捏自如。而凡此种种，如果他在家中对他的妻子也这样的话，那么，要不了几周，他们就离婚了。”①固然，在田野调查中，我们必须要做一个职业田野调查者，犹如萨特所谓的巴黎咖啡馆的服务员一样，但是，田野工作角色不同于服务员角色的是，田野工作的调查者在其从事田野调查的过程中非常希望能够获得客观的知识，其间激励着他或她的往往是一个波普尔（Karl Popper）意义上的“通过知识获得解放”的“渴望”。譬如，某个法学家或人类学家在浙江景宁畲族自治县展开田野调查的过程中就借贷习惯访谈某个畲族族员时，如果他先前有个不良借贷的记录或者他之前吃过他人借钱不还的亏，那么，当你问他关于借贷的习惯时，可能，首先他的脸就变红了，这种变化在法学家或人类学家自己看来，可能凭借经验推测觉得他是因为不高兴才这样的，而对于被调查者自己而言，这只是一种现象，但对于田野调查者来说，这却是一种现象的表情，法学家或人类学家难以把握这种现象的表情背后所隐藏着的动机、目的及缘由，由此，最终得出的结论也就因为被调查者的个人因素而显得有失偏颇了。其实，有关“自我”与“他者”之间关系的演绎，本身就是个“二律背反”的命题，因此，作为田野调查者来说，不论其是坚持其中某一个角色，还是不停地穿梭于两个角色之间，他或她纵然还是难以克服这个“身份”困境的，那么，客观的、科学的知识也就无从谈起了。

三 民族习惯法研究中的可能性进路：以论题与方法为中心

民族习惯法研究中固有的论题选择及方法的局限性，使得我们不得不在充分揭示这一局限性的基础上来建构一个科学的、合理的研究进路。有基于此，笔者拟借由论题的选择与方法论的更新这两个向度来重

① Jean - Paul Sartre. *Being and Nothingness: An Essay on Phenomenological Ontology*. Hazel E. Barnes translated, Routledge, 2003, p. 243.

新展开对于民族习惯法的可能性研究进路的探索。

（一）论题选择的比较化进路

在从事民族习惯法研究的过程中，如上所述，有许多命题的本身是没有命题的，例如民族习惯法与国家法的关系问题。因此，单纯从事这样的论题研究，不仅得不出“科学的”、客观的结论，亦对于民族法学的整体性知识增量难有实质性的贡献。那么，未来中国民族习惯法研究适可从哪些方面展开呢？笔者窃以为，如下三个进路较为具有可行性及必要性：

第一，民族习惯法文化的跨国比较研究。应该说，人类学，特别是法律人类学的一个重要核心特质即是（法律）文化的比较研究，[①] 而这在西方法律人类学界亦得到了一致的公认，并诞生了大量的成果。但是，当下从事中国民族法学研究的学者，往往基于民族风俗及语言、田野调查地点的选择、田野调查时间的安排以及法学与人类学整体性知识阙如等诸多原因，在民族习惯法的跨国比较研究这一块显得尤为薄弱。

例如，在从事藏族习惯法的研究中，可以对于海外藏族习惯法与国内藏族习惯法文化展开比较研究，譬如对“赔命价”这一藏族的传统习惯法在海外的存废情况展开实证调查研究，并比较其与国内存在的“赔命价”习惯法的同与不同及演化路径的差异，最终得出一个全球化视野下的中国藏族习惯法与海外藏族习惯法之间的特质异同的结论，这样的研究对于当下从事民族法学研究的学者们来说不是完全不可能的，虽然其间会存在着一些诸如语言、田野调查地点的选择、调查时间如何保证等方面的困难。

第二，比较国家理性视角下的民族习惯法研究。国家理性（the reason of state）讲述的是国家的宏大建构与历史发展的“故事”，其作为一个政治哲学术语，最早诞生于地中海地区，主要是意大利等诸邦的建构实践中。从“为何要有国家？”（Why do we need state?）到“如何才能有国家？”（How can we have state?）再到“国家应该怎样？”（What should state do?），一脉相承、层层递进，讲述的是国家——霍布斯意义

① Sally Falk Moore. “Certainties Undone: Fifty Turbulent Years of Legal Anthropology, 1949 - 1999”, Journal of the Royal Anthropological Institute. Vol. 7, Issue 1, 2001.

上的“利维坦”（leviathan）——从无到有、从有到逐步完善的艰辛历程。①

时至当下，国家理性所关注的主要是“国家应该怎样?”的问题。而揆诸中国当下之法学、人类学及政治学实践，全球化、民族认同、身份认同等问题不断涌现，如何建立起一个整体意义上的国家秩序，并将这种秩序与地方族群秩序有机枢连，必然属于民族习惯法研究不得不考虑的论题，而这就要从国家理性的视角出发来展开比较研究。

第三，近似民族与单一民族内部各支系习惯法的比较研究。由于中国地域的广阔性，民族分布往往较为分散，但是基于传统，特别是宗教的原因，往往会使得不少民族在习惯法之间存在着类似性。如东乡族习惯法与回族习惯法，似乎不少专业从事民族习惯法研究的学者觉得这两者之间可以等同，其实，就笔者有限的田野调查经验而言，二者不仅在历史上有着诸多不同，就是在当下也还存在着许多不同的地方。如在婚姻习惯法领域，东乡族地区的送彩礼方式与回族地区的就不太一样。在婚姻配偶的要求上，甘肃东乡族往往对于“教门”（主要有老教派、新教派、张一派、洪门派等）的同一性有着较高要求，而不少回族地区对于教门的要求相较于东乡族而言要相对宽松一些。此外，中国有一些少数民族的内部还存着诸多的支系，如苗族就有“红苗”“花苗”“青苗”，其分布在湖南、湖北、贵州等多个地方，因此，他们之间的物权习惯法、债权习惯法以及婚姻习惯法等经常会有着较大的差异。瑶族同样也有许多支系，其中较大的几个支系如布努瑶、勉瑶、拉珈瑶、平地瑶等，他们在许多民事及刑事习惯法方面都会存在着一定的差异。而对于这些近似民族的习惯法进行比较研究以及那些较大民族的支系的习惯法进行比较研究对于推动当下民族习惯法研究有着重要的知识论意义。

（二）方法选择的整体性进路

在民族法学的学术研究中，特别是对民族习惯法的实证分析中，对于方法的选择是尤为重要的。西方传统法律人类学的方法主要有观察、访谈、调查问卷、撰写法律民族志等。当下在我国的民族习惯法实证研

---

① 裴自余:《国家与理性：关于“国家理性”的思考》,《开放时代》2011年第6期。

究中，对于这些方法都有所应用，但是，细细观察却发现如上所有的法律人类学方法都可说是以“参与观察”为中心的。

传统意义上的参与观察讲述的是一个由记录到阐释再到最终结论的动态性过程[1]。但是，基于知识生成本身的内在矛盾性，特别是田野调查中他者与自我身份的“二律背反”，这就使得参与观察者往往难以得到公正的结论。而这就需要我们在田野调查中，不断强调一种以传统参与观察为基础，并被注入了历史、过程、关系主义视角的扩展式参与观察法（extended participant observation）。其实，在田野调查中对于历史与关系视角的采用，可以追溯到格拉克曼（Max Gluckman）有关“社会情境”（social situation）的分析。

而究竟何为“传统参与观察法”及“扩展式参与观察法”呢？具体到中国民族习惯法的方法论实践中，比如，一个在甘肃东乡族地区从事婚姻习惯法的学者，按照传统参与观察的方法的要求，该学者会融入到东乡族的社会族群中，学习他们的语言、了解他们的风俗与习惯、在东乡族地区居住时间至少超过一年，更重要的是，该学者还需要在当地族群中找到一个自己合适的角色（role），并以此角色来参与各项社会活动，此后，通过角色参与中的社会活动来不断构思出东乡族的民族志。但是，如果采取一种扩展式参与观察的方法就不一样了。除了上述各个要求外，还需要田野调查者在描述某个经验现象时，必须秉持一种历史主义的叙事理路。例如，田野调查者在对东乡族习惯法中的“打三休”这一现象进行客观记录后，还要去分析该现象背后所内蕴的历史主义过程及该过程中可能出现过的关系化语境。这种不断向前追溯的过程及其间所采用的关系视角突破了参与观察的经验局限性本身，从而加入了先前的历史、关系、过程的成分，这就会让我们从一个动态的、发展的、共时与历时兼顾的视角来审视东乡族习惯法，最终使得田野调查的经验结论相较于传统的田野调查而言，必然会更加趋向于客观性。表二是关于传统参与观察方法与扩展式参与方法的一个比较：

---

① Morris. S. Schwartz, Charlotte. G. Schwartz. “Problems in Participant Observation”, American Journal of Sociology, Vol. 60, No. 4 (Jan), 1955.

表二

	传统式参与观察 （Participant observation）	扩展式参与观察 （Extended participant observation）
表现方式	参与	参与、历史、过程、关系
角色定位	他者	自我、他者、历史中的自我与他者
是否受时空限制	受时空限制	不受时空限制
使用方法	描述	描述与分析
情境要求	共时	共时与历时
资料搜集方法	直接观察	直接观察、历史追溯、过程主义、关系视角

余　论

近六十多年来，中国的民族法学研究经历了一个从无到有、从稚嫩到成熟的发展过程。特别是自20世纪90年代初期伊始，国务院将民族法学列为法学的分支学科之一，我国便开始了一个全新的民族法学研究的新阶段。无论是从事民族学研究的学者，还是从事法学、人类学、社会学、历史学研究的学者对于民族法学的知识生产都投入了巨大精力，他们不仅拓展了传统民族法学研究的主题，更使得民族法学研究的范式越来越多地表现出跨学科的特质。然而，面对全球化进程中的中国法学，如何在论题的选择及方法的适用上更加科学与理性，是我们推进中国民族法学向更为纵深的向度发展的必然要求。

民族习惯法作为民族法学的一个重要研究论题，近几十年来，在诸多人文社会科学领域的学者，特别是民族学、法学、人类学等领域的学者们的精深研究中已然经历了从理论到实践的质的飞跃阶段。西方传统的法律人类学、历史法学等知识系谱为我们分析我国的民族习惯法提供了一个较好的概念、体系框架，但不能为我们提供一个完整的实践性路径，毕竟，西方的还是西方的，中国的终归是中国的。理论是理论，实践是实践，二者毕竟不能等同。当下中国民族习惯法的研究更多地要考虑论题本身的知识意义及方法论实践的中国场景，唯此，我们才能建构起一个康健有力、充满中国特色的民族法学秩序体系。

参考文献

1. 刘顺峰：《西方法律人类学论纲：历史、理论与启示》，《北京理工大学学报》（社会科学版）2014 年第 5 期。

2. 裴自余：《国家与理性：关于“国家理性”的思考》，《开放时代》2011 年第 6 期。

3. 许章润：《“习惯法”的当下中国意义》，《读书》2009 年第 10 期。

4. 赵旭东：《秩序、过程与文化——西方法律人类学的发展及其问题》，《环球法律评论》2005 年第 5 期。

5. 郑欣：《田野调查与现场进入——当代中国研究实证方法探讨》，《南京大学学报》（哲学·人文科学·社会科学版）2003 年第 3 期。

6. Bronisaw Malinowski. *The Sexual Life of Savages in North – western Melanesia: An Ethnographic Account of Courtship, Marriage and Family Life among the Natives of the Trobriand Islands, British New Guinea.* Kessinger Publishing, 2005.

7. Bronislaw Malinowski. *Coral Gardens and Their Magic: A Study of the Methods of Tilling the Soil and of Agricultural Rites in the Trobriand Islands*, London: Routledge, 1935.

8. Cees Maris, Frans Jacobs edited, Jacques de Ville Translated, *Law, Order and freedom: A Historical Introduction to Legal Philosophy*, Dordrecht: Springer, 1997.

9. Edward Evans – Pritchard. *Witchcraft, Oracles and Magic Among the Azande.* ed. Eva Gillies, Oxford University Press, 1976.

10. Edward Sapir, *The Psychology of Culture. A Course of Lectures.* (Reconstructed and edited by Judith T. Irvine.), Berlin: Mouton de Gruyter, 2002.

11. Gananath Obeyesekere. *The Work of Culture. Symbolic Transformation in Psychoanalysis and Anthropology.* The University of Chicago Press, 1990.

12. Hans – Georg Gadamer. *Truth and Method*, Second, Revised Edition. Translation revised by Joel Weinsheimer and Donald G. Marshall, Con-

tinuum Publishing Group, 2004.

13. Jean - Paul Sartre. *Being and Nothingness: An Essay on Phenomenological Ontology*. Hazel E. Barnes translated, Routledge, 2003.

14. Leopold J. Pospisil, *Anthropology of Law: A Comparative Theory*, New York: Harper & Row, 1971.

15. Max Gluckman. "Analysis of a Social Situation in Modern Zululand", Bantu Studies, Vol. 14, 1940.

16. Munroe Smith. "Customary law I: Roman and Modern Theories", Political Science Quarterly, Vol. 18, No. 2 (Jun), 1903.

17. Morris. S. Schwartz, Charlotte. G. Schwartz. "Problems in Participant Observation", American Journal of Sociology, Vol. 60, No. 4 (Jan), 1955.

18. Philip Carl Salzman. *The Lone Stranger in the Heart of Darkness*, *in Assessing Cultural Anthropology*. R. Borofsky, ed. Cambridge, Mass: McGraw - Hill, 1994.

19. Sally Engle Merry, "McGill Convocation Addres: Legal Pluralism In Pratice", McGill Law Journal, Vol. 59, Issue 1 (Sep), 2013.

20. Sally Falk Moore. "Certainties Undone: Fifty Turbulent Years of Legal Anthropology, 1949 - 1999", Journal of the Royal Anthropological Institute. Vol. 7, Issue 1, 2001.

21. Thomas Hylland Eriksen, *Small Places, Large Issues: An Introduction to Social and Cultural Anthropology*. Second Edition, Pluto Press, 2001.

22. T. W. Bennett, T. Vermeulen. "Codification of Customary Law", Journal of African Law, Vol. 24, No. 2 (Autumn), 1980.

23. VesnaV. Godina, "Anthropological Fieldwork at the Beginning of the 21st Century: Crisis and Location of Knowledge", Anthropos, Vol. 98, Issue 2, 2003.

作者简介

刘顺峰（1983—　），男，南开大学法学院博士研究生。研究方向：法律人类学。邮箱：nankailiushunfeng@163. com。

“文化改良主义”刍议[①]

——民国乡村建设运动再思考

辛允星

自近代以来，中国的“现代化”之路一直都是学界关注的基本理论话题。但凡对此给予系统思考的研究者大多都承认社会形态的转变是一项极其复杂的“系统工程”，只能是循序推进，而与此同时，人们对于社会变革的优先“突破口”问题则存在着鲜明的观点差异。有研究者总结中国思想界的演变历程指出，从魏源主张“睁眼看世界”到之后的“洋务运动”，体现了中国社会思想启蒙的第一阶段，即主要关注器物引进的时期；伴随着甲午战争的失败和“同治中兴”的结束，中国社会的思想启蒙进入到第二阶段，即开始反思社会组织形式与政治制度的时期；而戊戌变法的失败与辛亥革命的波折则引导中国社会思想进入到了启蒙的第三阶段，即开始深刻反省中国传统文化形态的时期。[②]可以认为，以上三个阶段所构成的序列过程体现了中国人在寻找社会变革“突破口”过程中的艰辛探索，最终，中国传统文化被“摆上台面”，成为了人们认为“亟须变革”的核心内容。在这个历史过程中，以王韬为代表的第一代现代知识分子开启了对中西文化（或者可以说传统与现代）关系的思考[③]，而以严复为代表的第二代知识分子已经深刻地认识到西方国家的强盛之根基在于以个体主义价值观为基础的“现代

---

① 教育部人文社科研究项目“中国基层民众的‘社会发展观’研究”（编号：14YJC840036）的阶段性成果。

② 金耀基：《从传统到现代》，法律出版社2009年版，第123—129页。

③ ［美］柯文：《在传统与现代之间：王韬与晚清改革》，雷颐等译，江苏人民出版社2006年版。

文化”[①]，正是基于这种认识，梁启超才郑重地提出了他的“新民说”理论[②]，推动中国的社会思想启蒙转向了以“文化”为重心的第三个阶段。

围绕中西文化之间关系的话题，民国时期的中国社会思想界出现了剧烈分化，大概可以划分为三种基本观点：中国文化优越论（通常被称为“复古论”）、全盘西化论（也有学者称为“充分世界化”）、中西文化调和论（即各种“折中主义”）。通过对以上不同的观点及其社会影响的对比可以发现：占据当时社会思想界主导地位的既不是以辜鸿铭等为代表的复古论者，也不是以陈序经等为代表的全盘西化论者，而是各色“文化折中主义者”，他们几乎都主张“取其精华，去其糟粕”式的中西文化调和。面对日益激烈化的社会思想论辩，中西文化调和论者必然要回答两个问题：中国传统与西方现代文化的精华元素分别有哪些？它们之间到底应该如何进行某种甄选性“调和”，其实践的依据何在？在这种情势的催促下，中国社会思想界开始有人尝试通过开展“社会实验”来证明中西文化调和的可能性，他们将“农民的思想改造”（即教育）作为工作的切入点，并配合开展生产合作化、新型社会组织建设等其他改革事项，从而掀起了一场轰轰烈烈的中国乡村建设运动，我们姑且将这种思想和行动方式统称为“文化改良主义”。尽管不同地方的乡村建设实验都具有各自的特色，但其共同点就在于，它们都强调“文化”在社会变革中的重要性，而且都认可“文化调和”的可能性，尽管这场运动的领袖之一梁漱溟也曾经认为这种“调和”很难做到，但他最终还是在行动上遵循了这种思想观点的逻辑[③]，因此成为了事实上的文化改良主义者。

一　民国时期的乡村建设运动

民国时期的乡村建设运动是中国近现代历史的重大事件，它虽然只是以少数知识分子的社会变革实验为“呈现”形式，但背后却蕴含着

① ［美］史华兹：《寻求富强：严复与西方》，叶凤美译，江苏人民出版社2010年版。

② ［美］张灏：《梁启超与中国思想的过渡》，崔志海等译，江苏人民出版社1995年版。

③ ［美］艾恺：《最后的儒家：梁漱溟与中国现代化的两难》，王宗昱等译，江苏人民出版社2011年版。

整个中国主流社会思潮激荡演进的逻辑，它是自鸦片战争以来“救亡图存”的国民理想所自然孕育出来的一种现实选择。虞和平认为，乡村建设运动的主体目的和内容是试图对旧有的中国农村政治、农业经济和农民素质进行具有一定现代化性质的改造，显示了一种农村改造的现代性模式。[①] 作为乡建运动领袖之一的晏阳初更是明确地提出，乡村建设运动的使命就在于“民族再造”，使国人走出“愚贫弱私”的状态，提高其素质，从而达到挽救中国的目的；他针对中国文化改造的“紧迫性”指出：

> 中国今日的生死问题，不是别的，是民族衰老，民族堕落，民族涣散，根本是“人”的问题；是构成中国的主人，害了几千年积累而成的、很复杂的病，而且病至垂危，有无起死回生的方药的问题。这个问题的严重性，比较任何问题都严重；它的根本性，也比任何问题还根本。我们认为，这个问题不能解决，对于其他问题的一切努力和奋斗，结果恐怕是白费力，白牺牲。[②]

民国乡村建设运动的另一位领袖人物梁漱溟认为，中国农村日益破败的原因在于“中西文化冲突”，西方文化的入侵迫使中国丧失了社会固有的礼俗秩序与组织构造；因此，国人应当在中国文化的“老根”上培育“新芽”，建设一个新的社会组织构造。[③] 从某种意义上来说，晏、梁两位先生提出的以上“公开主张”实际上已经成为了民国乡村建设运动的理论旗帜，他们推行的各种改革实验更是广为人知，虽然二者之间在一些思想理念和行动模式上存在很大差异，但是他们共同搭建起了中国乡村建设运动的“舞台”。此外，陶行知在南京北郊、黄炎培在徐公桥、高阳在无锡开展的乡村建设实验都可以视为这个舞台上的重要演员，甚至费孝通先生提倡的“乡土重建”[④] 在某种程度上也可以被

---

① 虞和平：《民国时期乡村建设运动的农村改造模式》，《近代史研究》2006 年第 4 期。

② 晏阳初、赛珍珠著，宋恩荣编：《告语人民》，广西师范大学出版社 2003 年版，第 33 页。

③ 张秉福：《民国时期三大乡村建设模式：比较与借鉴》，《中共南京市委党校学报》2006 年第 2 期。

④ 费孝通：《费孝通文集》（第四卷），群言出版社 1999 年版，第 300 页。

视作另外一种乡村建设路径的探索，只是当时尚未付诸相应的实践，因而没有能引起足够的关注。关于民国乡村建设运动的总体性质定位，中国学界虽然存在着细微的认识差异，但主流的观点可以概括如下：

> 对乡村建设运动性质的评价，学术界的观点基本一致，认为乡村建设运动是一种社会改良主义运动，它希望用和平的、非暴力的手段建设乡村，刷新中国政治，复兴中国文化；这是与中国共产党领导的以农村包围城市、武装夺取政权的运动相对立的，但是它也不同于国民党政府所推行的社会改良政策。在政治倾向上，乡建派是处于共产党与国民党之间的"中间派"，代表着部分爱国知识分子对中国现代化建设道路的选择与探索。[①]

由此可见，民国时期的中国乡村建设运动实际上就是旨在"挽救中国"的一种改良主义政治模式，它体现了当时中国多元社会思潮的其中一支；尽管其涉及政治、经济、文化等多个方面的具体内容，但是很显然，"传统文化的改造"处于核心位置。也可以认为，民国乡村建设运动的中心理念在于：通过对乡村文化的现代性变革来达到全面振兴中国农村乃至整个中国社会的目标，而这种变革的基本指导方针就是将中国传统文化与西方现代文化进行合理的"整合对接"，这种思路也正是前文所述"文化改良主义"的精髓之所在。所以我们可以得出这样的初步结论：民国乡村建设运动是清末以来的"文化改良主义"思潮自然演化的社会结果，更是这种思潮的实践载体，它们在本质上就是"一体两面"的。

众所周知，这场轰轰烈烈的乡村建设运动从一开始就受到了很多学术界人士的质疑，经过不到十年的探索，伴随着抗日战争的全面爆发而宣告终结。从表面上看，民国乡村建设运动的失败看似源自于一场来自外部影响的战争，而事实远非如此，不少学者都对此给出了自己的分析，著名经济学家孙冶方认为：一切乡村改良主义运动，不论它的实际工作是从哪一方面着手，但是都有一个共同的特征，即都以承认现存的

---

① 何建华等：《近二十年来民国乡村建设运动研究综述》，《当代世界社会主义问题》2005年第3期。

社会政治机构为先决条件；对于阻碍中国农村以至整个中国社会发展的帝国主义侵略和封建残余势力之统治，是秋毫无犯的。[①]正因为乡村建设运动的改良性质，使它没能也不可能解决外国农产品的大量倾销、土地分配严重不均和农民负担过于沉重这三个问题，它复兴农村经济的目的自然也就无法实现；就此而言，兴起于20世纪20年代末30年代初的乡村建设运动是一次失败的运动。[②] 有的学者直接指出，和谐农村社会建设只有在国家基本的社会政治、经济制度合理健全的环境下才能进行，而这一点，正是近代中国所不具备的。[③] 显然，以上这些观点都提出了“制度建设”优先于“文化改造”的理论命题，以革命论者的姿态对“文化改良主义”提出了挑战。

与此同时，还有学者从另外的理论视角来反思民国乡村建设运动当中所隐含的内在逻辑问题，比如“全盘西化论”的代表人物陈序经先生就曾经明确提出，乡建派的理论错误主要有两个：一是理论上的复古倾向；二是根本性的错误即在乡建者强调“以农立国”论。[④] 即是说，由于民国乡建运动所秉持的文化理念与世界发展的潮流方向相悖，因此很难获得成功。由此不难发现，以陈序经为代表的所谓“西化派”对民国乡建运动的批判和反思有着自己的独特立场，与政治革命派之间既有相同点，又存在差异：他们都认为，改造农村和农民文化难以从根本上解决当时中国的核心问题；但是“西化派”主张通过逐渐地“全面效法西方”来完成现代民族国家的建设，但是又不认为必须进行一场彻底的政治革命，因此，在与政治革命派共同质疑乡村建设运动的同时，又与他们形成了鲜明的立场差异。

二 “文化改良”的相关问题

从民国时期的乡村建设运动算起，经过近一个世纪的历史检验，

---

① 祝彦：《20世纪30年代乡村建设运动述评》，《学习时报》，2006年8月2日。

② 郑大华：《关于民国乡村建设运动的几个问题》，《史学月刊》2006年第2期。

③ 张忠民：《和谐的努力与幻灭——略论近代中国的“乡村建设运动”》，《社会科学》2008年第7期。

④ 刘集林：《西化与乡建——陈序经的乡村建设观与乡建论战》，《中南民族大学学报》（人文社会科学版）2007年第1期。

“文化改良主义”思潮实际上已经陷入了“实践的泥沼”而不能自拔；然而，海内外的文化改良主义思潮至今仍然十分活跃，以各色新儒家为代表的很多学界人士仍然痴迷于“取其精华，去其糟粕”的文化调和思想主张，有人大声呼吁重建中国文化，[①] 有人提出需要对中国文化进行创造性转化，[②] 甚至有人主张通过不断发掘中国儒家思想的传统“政治智慧”来实现中国特色的现代化。[③④]同时，这些或者新鲜或者老旧的文化改良主义观点还得到了中国主流政治意识形态的支持，所以，其社会影响力还在进一步扩大；面对这种局面，我们很有必要围绕本话题做进一步的理论探讨，以加深对这种拥有持久历史影响力的社会思想的“整体性”理解和把握。

（一）文化改良的依附载体

文化作为一个极其复杂的学术概念，可以从内容、传承、效用、差异和普遍性等多角度进行界定，[⑤] 因而其定义的外延具有很强的弹性，但是结合诸多的“文化”定义也会发现其相互重叠的核心内容，那就是特定人群的基本思维方式和行动倾向，它又可以简单地概括为所谓的“人心”。特定社会的各种文化元素是与经济生活和政治制度等其他社会元素紧密地缠绕为一体的，而且在某种意义上可以说，它十分类似于运行在其他社会硬件要素上的软件系统，所以具有很强的“依附性”。因此，文化的改良必然会触及其所依附的其他社会元素，或者说，它需要一个与自身改变相适应的社会实体要素作为支撑平台，若不具备这样的社会载体，文化的任何改变都会变得十分艰难；也就是说，在其他社会要素特别是经济生产方式和基本政治制度没有发生明显改变的情况下，文化的“首先改造”就显得缺少了物质基础，从而很容易沦为一种空想。进一步而言，相对于经济生产方式和某些政治制度元素的改变，文化率先发生改变的可能性并不大，这就是所谓“天不变、道亦不

---

① 余英时：《中国文化的重建》，中信出版社 2011 年版。

② 林毓生：《中国文化的创造性转化》，生活·读书·新知三联书店 2011 年版。

③ 蒋庆：《政治儒学——当代儒学的转向、特质与发展》，生活·读书·新知三联书店 2003 年版。

④ 江荣海主编：《传统的拷问——中国传统文化的现代化研究》，北京大学出版社 2012 年版。

⑤ 韦政通：《中国文化概论》，吉林出版集团 2008 年版。

变”的道理所在。

有学者对清末民国时期中国华北乡村社会的研究证实，当时的基层农村出现了所谓的“国家权力下沉”现象，主要表现为传统的乡绅阶层沦为政府统治农民的“帮凶”,[①] 地方社会的精英开始演变成为典型的“盈利型经纪人”。[②] 很显然，这种状况主要是由当时中国的“生态政治”[③] 所塑造出来的，是中国传统小农社会结构和帝国集权政治体制经历外国殖民势力冲击之后的一种自发演变结果。在这样的特殊历史时期，尽管乡村建设运动如火如荼地开展，但由于缺少现实的社会物质载体，中国乡村文化的改造运动必然难以取得效果，不仅普通民众的素质没有明显提高，而且还出现了社会精英群体的道德衰落，乡村的社会解体与文化衰微趋势进一步加剧。正是基于对这种情况的强烈认识，很多学者都认为，这种以文化变革作为切入点的社会运动并不具备所需要的社会前提，梁漱溟领导的乡村建设运动以儒家文化改造为核心，并力图实现中国传统伦理道德与西方民主科学的现代结合；这一取向实际上仍未逃出中体西用的“改良主义”窠臼，在当时的历史条件下难免失败的命运。[④] 应该承认，这种结果主要是由“文化”在社会系统当中的“依附性”地位决定的，而任何缺少独立运作能力的社会变革都可能因为缺少必要的“依托载体”而随时面临着夭折的结局。

（二）文化改良的运作方式

根据以上对文化核心内容的探讨可知，文化改良的中心任务就在于“变革人心”，而它的一个重要理念便是“取其精华，去其糟粕”，那么随之而来的问题就是：应当如何来具体运作这一看似十分合理的社会理想呢？显然，相对于明文规定的法令制度、具体的经济生产技术等其他社会要素而言，散布于广大民众内心深处的“文化”显得更加“捉摸不定”，在这种情势之下，如何从整体上把握文化的变革方向都成为了

---

① ［美］黄宗智：《华北的小农经济与社会变迁》，中华书局 2000 年版。

② ［美］杜赞奇：《文化、权力与国家：1900—1942 年的华北农村》，王福明译，江苏人民出版社 2010 年版。

③ 辛允星：《农村社会精英与新乡村治理术》，《华中科技大学学报》（社会科学版）2009 年第 5 期。

④ 贾可卿：《梁漱溟乡村建设实践的文化分析》，《北京大学学报》（哲学社会科学版）2003 年第 1 期。

问题，遑论对其进行操作化处理。更为重要的是，文化本身就是一套社会运行规则在人们内心中的各种"自然反射"，当人们置身于一种既有的社会生活样式之中，又如何可能会选择与这种生活样式不配套的新观念？因此，文化改良实际上是一个缺乏可行"运作方式"的社会理想，这种理想不仅难以实现，而且很容易被既得利益者所利用，转变成为政治统治的工具，启良先生对此论述道：

> 要"取其精华，去其糟粕"首先必须弄清楚何为精华，何为糟粕……关键是怎样"取"和怎样"去"……对于传统文化，还必须考虑它的精华与糟粕是否能依人的主观愿望，想"取"就可以取，想"去"就可以去……文化中的精华与糟粕，各人有各人的标准。像民主自由这类东西，有人看作是精华，有人看作是糟粕，是洪水猛兽。由于对精华和糟粕没有一个公认的标准，所以这套话语就很容易被某些人所利用，作为愚民和役民的思想工具。其结果，恐怕所"取"的恰恰是糟粕，所去的恰恰又是精华。①

与对民国时期乡村建设运动的"当代理解"相关，中国学界目前出现了这样一种"社会理想"主张，即尝试将马列主义思想、以新儒家为代表的文化改良理论以及所谓的"新保守主义"观点结合起来，共同抵制所谓的"全盘西化论"，以探索出一条适合中国国情的社会发展道路。这种主张其实就是对中国传统的政治革命路线与文化改良路线的某种"再整合"，若从"纯粹理想"的角度来看待这一奇妙构思，倒也不乏创新之处，但可以想见的是，这套社会变革思想一旦付诸实践，其中的悖论就会接踵而至，根本不可能转化为相应的社会实践，甚至可能演变成为一种无原则的"对现状的捍卫"。结合当下中国的社会现状，并反观当年的乡村建设运动及其历史结果，目前出现的这种社会理想就更加值得反思了。

（三）文化改良的动力机制

以"变革人心"为中心任务的文化改良虽然经常以少数人的倡导起

① 启良：《真善之间——中西文化比较答客问》，花城出版社2003年版，第36页。

步，但是其最深厚的动力源泉注定只能是基层社会的广大民众，离开了他们的主动参与和自我改变，文化改良就失去了根基。然而，中国基层民众在长期的历史演变过程中逐渐养成了独特的民族性格，其中一个重要特点就是“不患寡，而患不均”，在日常生活当中就体现为一种摇摆于对社会现实的“高度容忍”和“彻底颠覆”这样的“极化”心理状态，孙隆基先生将之概括为一种“铲平主义”心态。[①] 很明显，这种大众心态对改良主义的社会变革路线形成了致命的威胁，而极易造成大规模的激进革命之形势，相信，这种独特的“国民性特质”正是民国时期中国社会变迁的革命路线最终战胜改良路线的历史惯性力和传统文化作用力。这也就意味着，在中国乡村社会进行文化改良实验实际上缺乏一种可靠的动力机制，中国基层民众的特有思维方式决定了他们很难真正接受一套“改良主义”的社会变革路线，更谈不上身体力行地主动去实践这一社会理想了，这应当是中国乡建运动更深层次的“先天不足”因素。

民国时期，在自己国家长期遭受到国际不平等待遇的情况下，中国人已经将“民族振兴”作为最核心的历史任务，特别是在抗战爆发之后，这种民族情绪变得更加浓重，民族主义思潮的泛滥就导致中国民众不再有耐心去等待“改良”，而“政治革命”的简约化社会变革之路便水到渠成地演化为主流社会意识形态。[②] 从这种国民大众心态的转变过程中不难看出，与其说抗日战争中断了中国的乡村建设运动，还不如说中国不断高涨的民族主义情绪毁灭了中国所有的社会改良路线。可以稍显武断地认为：中国历史的发展惯性决定了乡村建设运动这种颇具“折中主义”色彩的社会变革方式难以在中国大地上生根发芽，改良主义路线注定要被已经酝酿成熟的“革命洪流”所冲毁；而这背后更关键的原因则在于：在中国乡村社会的土壤上根本就难以生发出文化改良的动力机制，这是中国数千年帝制文化的必然结果。

三　文化改良主义的内在理论困境

从上文对文化改良的依附载体、运作方式和动力机制三个方面内容

---

① ［美］孙隆基：《中国文化的深层结构》，广西师范大学出版社 2004 年版。

② 朱学勤：《五四以来的两个精神“病灶”》，《社会科学论坛》2000 年第 1 期。

的分析中可以发现，文化作为社会系统的组成要素之一，具有鲜明的历史连续性，而且在其他社会要素没有发生根本性改变的情况之下，它很难率先进行自我变革；因此，针对它而开展的任何改良行动都难免具有“保守”和“空想”的色彩，这与文化的本质特征有着天然的关联。进一步而言，文化改良主义思想之所以难以取得在实践领域的成功，最根本的原因可能就在于它从根本上忽视了很多重要的“文化理论”问题，围绕着对这些理论问题的辨析，我们可以分别从文化整体性、文化元素的嫁接、文化的“维模”功能三个角度对其做更进一步的详细阐释。

（一）文化整体性与核心价值观

作为民国乡村建设运动反对派代表人物的陈序经先生曾经反复指出，文化作为一个相对完整的意义系统，其本身是很难被拆分的，它的各个元素都有着密切的连带关系，这就是文化的“整体性”特征。一种文化形态区别于其他，最为关键的标志是核心价值观的差异，而同一文化体系的自发演变又经常体现为“文化重心”的转移①。这种“文化整体性”理论已经获得了一些人类学和心理学研究的支持，最具有代表性的成果应该就是本尼迪克特对其“文化模式”理论的阐释；② 以及西方格式塔心理学理论对人类心理结构之“内在整体性”的考察，③ 这些理论成果都间接地阐明了文化具有“自成一体”的特征。基于对此理论观点的独到认识，陈序经先生又在与友人的论辩过程中明确地指出，个人主义是西方近现代文化的核心，只有引入这种核心价值观（即他所谓的“全盘西化”），中国社会才可能从根本上进入现代化状态，但“在孔家思想统治之下，中国绝没有法子去产生个人主义；个人主义没法子产生，中国文化的改变，至多只有皮毛的改变，没有彻底的主张”④。在陈序经先生看来，文化改良主义者只是关注到对中西文化当中各种细节元素的“修剪”和“拼接”，却忽视了对两种核心价值观之间的截然对立关系，因而根本不可能有可操作方案。

换另外一个角度来说，每一种文化形态都存在着其独特的“基

① 陈序经：《文化学概观》，岳麓书社 2010 年版，第 263—276 页。
② ［美］本尼迪克特：《文化模式》，王炜等译，社会科学出版社 2009 年版。
③ ［美］考夫卡：《格式塔心理学原理》，李维译，北京大学出版社 2010 年版。
④ 陈序经：《中国文化的出路》，岳麓书社 2010 年版，第 120 页。

因”，它集中体现为某种超级稳定的“核心价值观”，只要是这个文化内核不变，对其他各种文化“枝叶”元素任何形式的“改良”往往都会沦为“新瓶装旧酒”的结果；只有改变了其“核心价值观”，某种文化形态才可能具备自我改造和调适的能力。在新的核心价值观确立过程中，传统文化元素自发跟进，要么在它的吸附力作用下转化为新要素，要么自动被淘汰掉，甚至还有些元素会原封不动地进入新的文化体系，从而最终形成某种“地方特色”的新文化形态，而绝不可能是字面意义上的“全盘改变”。显然，这种结果恰恰可能正是文化改良主义者所努力追求的，但这绝不是“文化改良主义”思维路线的自然成果。所以，中国的现代化事业需要首先接纳西方国家的“个体主义价值观”，而不再是纠缠于对其细枝末节文化要素的甄选工作；只要中国传统文化的集体主义“核心价值观”不能转化为“个体主义”的，那么所有的文化改良工作都将沦为对传统的表面“装饰”，而很难撼动其内在的本质属性，甚至还可能增强传统社会规则的运作能力，更不要说以此来推动经济生产方式和政治制度的变革了。

（二）文化元素的“嫁接”及其结果

中国的文化改良主义者经常回避对“核心价值观”的深究，而热衷于将西方文化当中的所谓优秀元素“嫁接”到中国传统文化根基上来，希望以此“尽收两者之利”，但是最终的结果却并不理想：中国传统文化的“整体性”不断被破坏，而新的文化形态却迟迟不能建立，很多的外来文化元素飘荡在中国传统文化的核心价值观外围，时而发生碰撞，时而进行磨合，最终，一种不伦不类的“多元文化结合体”也就被制造了出来。但是很明显，这种文化形态由于缺少内在的“匹配性”而难以形成凝聚力，又由于新的“文化整体性”难以确立，中国的文化断裂（堕距）[①] 现象就显得日益严重，信仰缺失正是其最鲜明的体现。而且更为吊诡的是，我们越是强调“改良”，中国的乡村社会状态似乎越是恶化，对各种不同文化元素的精心“嫁接”不仅未能结出更高品质的果实，还导致了原有品种的退化。

---

① ［美］奥格本：《社会变迁——关于文化和先天的本质》，王晓毅等译，浙江人民出版社 1989 年版。

文化改良主义者极力推崇的"文化嫁接"不仅容易导致文化整体性的破坏，还可能扭曲政治体制与社会文化之间的互动关系。很多传统政治与社会制度的捍卫者为保持自己的既得利益，经常刻意将有利于自己的外部文化元素引入本国传统文化内部，从而进一步强化传统文化对落后政治秩序的稳定功能，其结果自然是"集中外文化糟粕于一体"，而两种文化的精华元素却被"人为淘汰"了。在这种情况下，传统的落后政治模式和运行逻辑不仅很难因新文化元素的引入而得到改观，甚至还会促使其走向更为极端的方向。因此，只有克服文化改良主义的思维方式，勇敢面对不同文化形态核心价值观之间的差异，果断地进行符合时代潮流的选择，中国才可能避免这种现象的发生，从而顺利地建设一种新的现代文化形态。

（三）文化在社会系统中的"维模"功能

在一个特定的社会系统当中，文化元素具有天然的"惰性"，是最难以进行率先改变的成分，社会学家帕森斯先生在其知名的"AGIL"理论模型当中曾明确指出，相比于其他社会元素而言，文化主要是发挥着"维模"的功能[①]，即强化其他社会要素既有运作模式的作用，所以，任何社会的变革都很难从文化（或曰大众心理）层面开启。英格尔斯先生曾经也提到：人的现代化是一个国家走向现代化的重要环节，但很多国家在培育民众的"现代人格"过程中都经历了很多挫折，[②] 相对于其他社会元素而言，文化元素的变迁呈现出了明显的滞后性特征。政治学界的亨廷顿先生等也根据自己的研究指出，传统文化是制约第三世界国家顺利实现现代化的强大阻力，但真正意义上的"现代化"又离不开国民大众价值观的改变，很多国家因此而陷入了社会发展的陷阱。[③] 从日常生活中我们也可以发现，社会大众的基本思维和行动方式经常体现为某种"集体无意识"或者潜意识层面的行为习惯，它通过自身基因的不断"自我复制"程序而具备了"自我强化"的某种超级能力；若没有生存环境的显著改变，它们是很难被作为"操作对象"

---

① Porsons, Talcott, *The social system*, London: Routledge 11 New Fetter Lane, 1991, pp. 324 – 359.

② ［美］英格尔斯：《人的现代化》，殷陆军译，四川人民出版社1985年版。

③ ［美］亨廷顿等：《文化的重要作用》，程克雄译，新华出版社2010年版。

来进行人为“改造”的。因此可以说，企图以改良传统文化作为社会变革突破口的设想几乎就是一种“幻想”，这是由文化的本质属性所决定的。

四 结论与讨论

立足21世纪的当代中国回望民国时期的乡村建设运动，我们应该会有五花八门的情感评价和理论总结，但是不管大家如何表达自己的何种情感，总是需要从社会理论层面上对其进行理性主义的分析思考，否则我们就真的“辜负了”这段宝贵的百年历史，更难以对当下的这个重要时代做出合理与适当的“定位”。有学者将民国时期那一批以挽救乡村破败命运为使命的知识分子的思维方式概括为“晏阳初模式”，[①]并运用文化社会学的理论视角对其进行了剖析，认为那是一种“成问题”的“社会医疗”（建构主义性质）思维，根本不可能把握住真实的中国乡村社会与文化，更不要奢谈对其进行“规划式”的改造了。在笔者看来，以现代性的核心要素作为参照，中国乡村显然存在很强的“时代不适应性”，这也确实正是中国传统文化与国家现代化之间的核心冲突所在，但是“问题的存在”不代表就“必然存在相应的直接解决措施”，该问题注定需要在一个相对漫长的综合性社会变迁过程中来解决，身处这个过程之中的思考者必然需要面对错综复杂的“思想纠结”，正如有研究者所指出的，在传统与现代、中国与西方、历史与现实、情感与理智、共性与个性之间努力寻找化解传统与现代冲突之道的费孝通最终却陷入了无可逃遁的紧张。[②] 这与其说是费孝通个人思想中的张力，毋宁说是处在民族认同与现代性诉求结合处的知识分子的共有困境。[③]

有困境就有挣扎和探索，文化改良主义应当就是中国知识分子对自

---

① 赵旭东：《乡村成为问题与成为问题的中国乡村研究》，《中国社会科学》2008年第3期。

② 陈占江、包智明：《“费孝通问题”与中国现代性》，《中央民族大学学报》（哲学社会科学版）2015年第1期。

③ 李友梅：《文化主体性及其困境——费孝通文化观的社会学分析》，《社会学研究》2010年第4期。

己国家民族命运问题的一种艰难探索。关于如何从理论上考察这种思想和行动方式，陈序经对梁漱溟等乡建派的批判至今还有着重要价值，其中最大的启发应当在于：文化不是可以任意捏弄的“泥人”，它具有内在的“整体性”和“历史连续性”，所以很难将其作为变革社会的合适“纽带”。文化改良主义者企图通过人为的甄选工作实现一种旧文化基因与新文化表象的“有效链接”，这种“理性规划式”的文化建设之路看似是一种合理的社会变革模式，其实只是一种缺乏事实依据的空想，充分体现了哈耶克向世人所警示的那种“理性的自负”。[①] 当文化改良主义者纠结于各种“现代”与“传统”文化要素“如何嫁接”的时候，实际上就已经跳进了“如来佛的手掌心”，从而不可能抓住真正要害的工作；针对此，胡适先生曾经指出，用理智来教人信仰我们认清的大方向，用全力来战胜一切守旧恋古的感情，用全力来领导全国朝着那几个大方向走——如此而已。[②] 即是说，在文化变革问题上，作为社会个体的知识分子唯一能够做的事情就是“指明方向”，而根本不可能再从事“更细致”的具体工作了；有学者还指出，陈序经的“全盘西化”论其实就是一种要在中国确立现代性精神的理论，[③] 显然这就是一种指明方向的“整体性事务”，而丝毫不涉及文化改良主义所追求的文化改造工作。

从以上的论述中可以看出，当一个国家的文化变革在“方向上”出了问题，即使再细致的“改造规划”都必然化为泡影；从这个意义上说，中国乡村建设运动之所以难以取得成效，原因可能并不在于各种细节规程的失当，而在于其努力的方向本身存在问题，更重要的原因可能在于“文化改良主义”思想及其实践的自然规律。关于文化的变革，我们所能做的可能仅仅在于：确立一种作为方向指南的“核心价值观”并持之以恒地给予提倡，在此基础之上任由中西各种文化元素自发生长开去，只要这种新的文化内核具有时代生命力，那么它生长的具体路线就是不需要也不可能被规划的。有意识地把“旧的最好的东西和新的最

---

① ［美］哈耶克：《致命的自负》，冯克利等译，中国社会科学出版社2007年版。

② 胡适：《答陈序经先生》，《独立评论》，160号；转引自［美］格里德《胡适与中国的文艺复兴》，鲁奇译，江苏人民出版社2010年版，第241页。

③ 张世保：《陈序经“全盘西化”论解析》，《中南民族大学学报》（人文社会科学版）2008年第2期。

好的东西”结合在一起的企图，无论动机是多么美好而善良，都将由于现代化模式和社会其他结构相互之间的奇异依存性而注定要失败。① 当前，中国正在发生一场深刻的文化转型，它是继社会转型之后的更深刻变革……文化无疑是为人的需要而存在的，当人的需要发生改变时，文化转变也就不可避免，任何文化倒退的追求都是没有实际意义可言的。② 三十多年的改革开放在推动中国经济生产方式和政治社会体制发生重大转变后，终于开始对中国文化发挥影响，这种影响不是“文化改良”意义上的主动变革，而是一种自发性的社会发展逻辑过程；可以预见的是，这个过程将启发我们对清末民国时期的中国社会思想格局给予认真的再思考。

参考文献

1. ［美］艾恺：《最后的儒家：梁漱溟与中国现代化的两难》，王宗昱等译，江苏人民出版社 2011 年版。

2. ［美］奥格本：《社会变迁——关于文化和先天的本质》，王晓毅等译，浙江人民出版社 1989 年版。

3. ［美］本尼迪克特：《文化模式》，王炜等译，中国社会科学出版社 2009 年版。

4. 陈序经：《文化学概观》，岳麓书社 2010 年版。

5. 陈序经：《中国文化的出路》，岳麓书社 2010 年版。

6. 陈占江、包智明：《“费孝通问题”与中国现代性》，《中央民族大学学报》（哲学社会科学版）2015 年第 1 期。

7. ［美］杜赞奇：《文化、权力与国家：1900—1942 年的华北农村》，王福明译，江苏人民出版社 2010 年版。

8. 费孝通：《费孝通文集》（第四卷），群言出版社 1999 年版。

9. ［美］哈耶克：《致命的自负》，冯克利等译，中国社会科学出版社 2007 年版。

10. 何建华等：《近二十年来民国乡村建设运动研究综述》，《当代

① ［美］罗兹曼主编：《中国的现代化》，国家社会科学基金“比较现代化”课题组译，江苏人民出版社 2010 年版，第 4 页。

② 赵旭东：《从社会转型到文化转型——当代中国社会的特征及其转化》，《中山大学学报》（社会科学版）2013 年第 3 期。

世界社会主义问题》2005 年第 3 期。

11. ［美］亨廷顿等：《文化的重要作用》，程克雄译，新华出版社 2010 年版。

12. ［美］黄宗智：《华北的小农经济与社会变迁》，中华书局 2000 年版。

13. 胡适：《答陈序经先生》，《独立评论》，160 号；转引自［美］格里德《胡适与中国的文艺复兴》，鲁奇译，江苏人民出版社 2010 年版。

14. 贾可卿：《梁漱溟乡村建设实践的文化分析》，《北京大学学报》（哲学社会科学版）2003 年第 1 期。

15. 蒋庆：《政治儒学——当代儒学的转向、特质与发展》，生活·读书·新知三联书店 2003 年版。

16. 江荣海主编：《传统的拷问——中国传统文化的现代化研究》，北京大学出版社 2012 年版。

17. 金耀基：《从传统到现代》，法律出版社 2009 年版。

18. ［美］考夫卡：《格式塔心理学原理》，李维译，北京大学出版社 2010 年版。

19. ［美］柯文：《在传统与现代之间：王韬与晚清改革》，雷颐等译，江苏人民出版社 2006 年版。

20. 李友梅：《文化主体性及其困境——费孝通文化观的社会学分析》，《社会学研究》2010 年第 4 期。

21. 林毓生：《中国文化的创造性转化》，生活·读书·新知三联书店 2011 年版。

22. 刘集林：《西化与乡建——陈序经的乡村建设观与乡建论战》，《中南民族大学学报》（人文社会科学版）2007 年第 1 期。

23. ［美］罗兹曼主编：《中国的现代化》，国家社会科学基金“比较现代化”课题组译，江苏人民出版社 2010 年版。

24. 启良：《真善之间——中西文化比较答客问》，花城出版社 2003 年版。

25. ［美］史华兹：《寻求富强：严复与西方》，叶凤美译，江苏人民出版社 2010 年版。

26. ［美］孙隆基：《中国文化的深层结构》，广西师范大学出版社

2004 年版。

27. 韦政通：《中国文化概论》，吉林出版集团 2008 年版。

28. 辛允星：《农村社会精英与新乡村治理术》，《华中科技大学学报》（社会科学版）2009 年第 5 期。

29. 晏阳初、赛珍珠著，宋恩荣编：《告语人民》，广西师范大学出版社 2003 年版。

30. ［美］英格尔斯：《人的现代化》，殷陆军译，四川人民出版社 1985 年版。

31. 虞和平：《民国时期乡村建设运动的农村改造模式》，《近代史研究》2006 年第 4 期。

32. 余英时：《中国文化的重建》，中信出版社 2011 年版。

33. 张秉福：《民国时期三大乡村建设模式：比较与借鉴》，《中共南京市委党校学报》2006 年第 2 期。

34. ［美］张灏：《梁启超与中国思想的过渡》，崔志海等译，江苏人民出版社 1995 年版。

35. 张世保：《陈序经“全盘西化”论解析》，《中南民族大学学报》（人文社会科学版）2008 年第 2 期。

36. 张忠民：《和谐的努力与幻灭——略论近代中国的“乡村建设运动”》，《社会科学》2008 年第 7 期。

37. 赵旭东：《乡村成为问题与成为问题的中国乡村研究》，《中国社会科学》2008 年第 3 期。

38. 赵旭东：《从社会转型到文化转型——当代中国社会的特征及其转化》，《中山大学学报》（社会科学版）2013 年第 3 期。

39. 郑大华：《关于民国乡村建设运动的几个问题》，《史学月刊》2006 年第 2 期。

40. 朱学勤：《五四以来的两个精神“病灶”》，《社会科学论坛》2000 年第 1 期。

41. 祝彦：《20 世纪 30 年代乡村建设运动述评》，《学习时报》，2006 年 8 月 2 日。

42. Porsons, Talcott, The social system, London: Routledge 11 New Fetter Lane, 1991.

作者简介

辛允星（1982—　），男，浙江师范大学法政学院讲师。研究方向：政治社会学、社会心理学。邮箱：xinxing175@ 126. com。